# Comprendre les savoir-faire métallurgiques antiques et médiévaux

*L'expérimentation archéologique et archéométrique sur la plate-forme expérimentale de Melle*

editions errance

**Illustration de couverture :**
Le four de coupellation lors d'une expérimentation nocturne.

UMR 5060 IRAMAT
Laboratoire Métallurgies et Cultures

Pour recevoir gratuitement notre catalogue et des informations sur les nouveaux titres publiés par les Éditions Errance concernant l'archéologie, l'histoire et le patrimoine, veuillez nous adresser vos coordonnées ou nous envoyer votre carte de visite.

contact@editions-errance.fr


ISBN : 978-2-87772-521-7

# SOMMAIRE

# Remerciements

Ce travail alliant recherche et valorisation a été rendu possible grâce à un réel partenariat avec les acteurs de la valorisation touristique du site des mines d'Argent de Melle. Ce partenariat effectif depuis 1995 ne s'est jamais démenti. Nos remerciements vont également à Jean-Charles Méaudre qui, sur le terrain, a accepté le rôle délicat de gestionnaire, et, ultérieurement, s'est chargé de travailler à la relecture de ce livre.

# Liste des auteurs

ARANDA Régis, forgeron

ARLES Adrien, post-doctorant, IRAMAT – CNRS, Université d'Orléans, Centre Ernest Babelon, 3D rue de la Férollerie, 45071 Orléans cedex 2, adrien.arles@cnrs-orleans.fr

ARRIBET-DEROIN Danielle, maître de conférences, Université de Paris I Panthéon-Sorbonne

BELLOT-GURLET Ludovic, maître de conférences, Université Paris VI / CNRS UMR 7075 Lab. Dynam Interact. & Réactivité LADIR, 94320 Thiais

BLET-LEAMRAQUAND Maryse, ingénieur de recherche, IRAMAT – CNRS, Université d'Orléans, Centre Ernest Babelon, 3D rue de la Férollerie, 45071 Orléans cedex 2, lemarquand@cnrs-orleans.fr

BOMPAIRE Marc, directeur de recherche, IRAMAT – CNRS, Université d'Orléans, Centre Ernest Babelon, 3D rue de la Férollerie, 45071 Orléans cedex 2, bompaire.marc@wanadoo.fr

BROUSSEAU Louis, docteur de l'Université Paris IV – Sorbonne

COLLIOU Christophe, doctorant en archéologie, GRHIS, Université de Rouen, ArkeMine SARL. Plaine de Clairac, 26760 Beaumont-lès-Valence, Christophe.colliou@arkemine.fr

CUZANGE Laurence, conservateur-restaurateur - Atelier Debitus - 14 rue de la Bourde, 37000 Tours, cuzange@debitus.com

DILLMANN Philippe, directeur de recherche, UMR 5060 IRAMAT – LMC, et SIS2M LAPA, CEA Saclay, bat. 637, 91191 Gif-sur-Yvette, dillmann@drecam.cea.fr

DUBOS Jean, maître fondeur, consultant, jeandubos@orange.fr4

FAUCHER Thomas, membre scientifique, Institut français d'archéologie orientale au Caire (Égypte)

GAFFIERO Arwen, doctorante, IRAMAT, Centre Ernest-Babelon, UMR 5060 - Université d'Orléans, 3D rue de La Férollerie, 45071 Orléans cedex 2, arwen.gaffiero@wanadoo.fr

GAUTHIER Joseph, doctorant en histoire et archéologie des techniques, CRESAT - EA 3436, Université de Haute-Alsace, Mulhouse, josep.gauthier@laposte.net

GRATUZE Bernard, directeur de recherche, IRAMAT, Centre Ernest-Babelon, UMR 5060 - Université d'Orléans, 3D rue de La Férollerie, 45071 Orléans cedex 2, gratuze@cnrs-orleans.fr

GUILLOT Ivan, professeur, MCMC - ICMPE - UMR 7182 CNRS - Université Paris-Est Créteil, 2-8 rue Henri Dunant, 94320 Thiais, guillot@icmpe.cnrs.fr

GUIRADO Marie-Pierre, doctorante, UMR 5060 IRAMAT – LMC, et SIS2M LAPA, CEA Saclay, bât. 637, 91191 Gif-sur-Yvette, marie-pierre.guirado@cea.fr

HADJAD Noémie, étudiante, MCMC - ICMPE - UMR 7182 CNRS - Université Paris-Est Créteil

HELBERT Anne-Laure, LPCES - ICMMO, UMR CNRS 8182 - Université Paris-Sud XI, bât. 410, 15 rue Georges Clemenceau, 91405 Orsay cedex, France.

L'HERITIER Maxime, post-doctorant, IRAMAT CNRS UMR 5060, Centre Ernest-Babelon, 3D rue de la Férollerie, 45071 Orléans cedex 2, lheritier.maxime@neuf.fr

LEROY Stéphanie, post-doctorante, UMR 5060 IRAMAT – LMC, et SIS2M LAPA, CEA Saclay, bât. 637, 91191 Gif-sur-Yvette, stephanie.leroy@cea.fr

LOISEL Claudine, Laboratoire de Recherche des Monuments Historiques - 29 rue de Paris, 77420 Champs-sur-Marne, claudine.loisel@culture.gouv.fr

NEFF Delphine, ingénieur-chercheur, LAPA: LMC IRAMAT CNRS UMR 5060 et SIS2M CEA/CNRS UMR 3299, CEA Saclay, 91191 Gif-sur-Yvette cedex, delphine.neff@drecma.cea.fr

OLIVIER Julien, doctorant, IRAMAT, UMR 5060 CNRS, Université d'Orléans

PEREZ Andrea, post-doctorante, LAPA: LMC IRAMAT CNRS UMR5060 et SIS2M CEA/CNRS UMR3299, CEA Saclay, 91191 Gif-sur-Yvette cedex, andrea.perez@cea.fr

PEYRAT François, céramiste, 7 rue du Mont, 86140 Aulnay, Peyrat-francois@wanadoo.fr

SOLAS Denis, LPCES - ICMMO, UMR CNRS 8182 - Université Paris-Sud XI, bât. 410, 15 rue Georges Clemenceau, 91405 Orsay cedex, France

SUSPENE Arnaud, maître de conférences, IRAMAT, Centre Ernest Babelon, UMR 5060 - Université d'Orléans, 3D rue de La Férollerie, 45071 Orléans cedex 2, suspene@yahoo.fr

TEREYGEOL Florian, chargé de recherche, UMR 5060 IRAMAT – LMC, et SIS2M LAPA, CEA Saclay, bât. 637, 91191 Gif-sur-Yvette, tereygeol@cea.fr

TEXIER Annick, ingénieur, Laboratoire de Recherche des Monuments Historiques - 29 rue de Paris, 77420 Champs-sur-Marne, annick.texier@culture.gouv.fr

VEGA Enrique, UMR 5060 IRAMAT – LMC, et SIS2M LAPA, CEA Saclay, bât. 637, 91191 Gif-sur-Yvette, enrique.vega@drecam.cea.fr

ZYMLA Anna, Laboratoire de génie des procédés et matériaux de l'École Centrale Paris - Grande Voie des Vignes, 92295 Châtenay-Malabry cedex, anna.zymla@ecp.fr2

Fig. 1 : Coulée de flans pour approvisionner l'atelier de frappe.

# INTRODUCTION

La table ronde qui s'est tenue à Saclay en décembre 2009 a marqué la fin du premier projet collectif de recherche portant sur la paléométallurgie expérimentale. Ce projet, qui se poursuit aujourd'hui encore, a pris place de 2007 à 2009 et a regroupé plus d'une quinzaine d'équipes grâce au soutien du Service Régional de l'Archéologie Poitou-Charentes, du CNRS, du comité de gestion des Mines de Melle, des collectivités territoriales (la municipalité de Melle et le département des Deux-Sèvres) et des laboratoires de recherche partenaires. Au cours de ce programme de recherche expérimentale, chacun a pu définir ses problématiques spécifiques en fonction du site, des matériaux et des périodes qu'il aborde. Néanmoins, trois grands thèmes sous-tendent la majeure partie des expérimentations conduites dans le cadre de ce projet.

Une première problématique apparaît commune à un grand nombre des chercheurs impliqués. Il s'agit de la compréhension des chaînes opératoires. Au même titre que la fouille des mines et des installations de surface, l'expérimentation vise en premier lieu à restituer des procédés de production dans leur complexité en intégrant, selon le besoin, tout ou partie de l'environnement lié au procédé considéré. Le recours à l'expérimentation se comprend alors aussi bien pour tester les hypothèses de reconstruction des réacteurs dans le cadre des opérations métallurgiques que pour élaborer les produits et les sous-produits miniers et métallurgiques : minerai, métaux et déchets au sens large (stérile, schlamm, slick, scories, battitures, litharge etc.). Si l'approche qualitative est un objectif qui a été atteint souvent et légitimement, les expérimentations ont parfois été employées pour répondre aux questions quantitatives tant pour ce qui touche à la production elle-même qu'aux matériaux nécessaires pour y parvenir (minerais et combustibles principalement), ainsi qu'aux déchets formés. Ce "bilan matière" doit toujours être considéré avec prudence. Il est très tentant d'utiliser le résultat de quelques expériences pour remonter rapidement à la notion de production sur un site archéologique particulier et finir par fournir une donnée d'ordre économique. Dans le passé, le cas le plus symptomatique reste sûrement les expériences de Sellwood sur la production monétaire grecque. Les résultats quantitatifs de ces expériences ont été repris sans les limites dont ils étaient entourés, et réemployés depuis pour aider à la quantification des productions monétaires antiques (Sellwood, 1963). Le risque est alors grand d'aller trop loin dans l'interprétation du résultat expérimental. Seule la reproductibilité de l'expérience doublée d'une constance de la production rend valide le transfert de la donnée expérimentale vers d'autres champs de recherche.

Le recours au texte est le second thème largement abordé ici. Le souhait d'un passage par l'expérimentation pour éclairer et comprendre des textes issus du corpus technique n'est pas nouveau. Elle nous a été réclamée de vive voix par Robert Halleux qui suivait en cela son désir déjà exprimé en 1974 (Halleux R., 1974, p.102). Pourtant, cette idée était restée à l'état de vœu pieux car l'expérimentation a d'abord concerné majoritairement la métallurgie du fer. Or, cette métallurgie a laissé, jusqu'à une date récente, peu ou pas de textes techniques exploitables en vue de l'établissement d'un protocole expérimental. Par ailleurs, l'expérimentation en paléométallurgie des métaux non ferreux, et sur les alliages cuivreux principalement, a surtout porté jusqu'à maintenant sur des périodes exemptes de sources écrites. Enfin, le recours au texte est toujours délicat car, jusqu'au xv^e^ siècle, les textes techniques se rattachent d'abord et majoritairement au corpus des textes alchimiques (Papyrus de Leydes et autres). Ces documents difficiles d'accès n'ont guère suscité l'intérêt par leur nature relativement obscure de prime abord. Il faut reconnaître également qu'expérimenter à partir du texte implique nécessairement un recours à une interdisciplinarité bien comprise. Cette pratique qui consiste à aller chercher dans d'autres disciplines les réponses que l'on ne peut trouver dans la sienne est sûrement, plus qu'ailleurs, un des apanages de l'archéologie minière et métallurgique. Si l'archéologue s'est naturellement tourné vers les sources écrites analysées par l'historien, l'inverse reste rare. Plus rare est encore l'historien s'engageant résolument dans l'approche expérimentale d'un phénomène donnée. C'est tout le débat entre science et technique qui apparaît ici.

Le fort développement des approches archéométriques en paléométallurgie a eu pour conséquence directe l'apparition d'une autre façon de penser l'expérimentation

Fig. 2 : Production de cendres pour la réalisation de coupelles en suivant les recettes médiévales.

qui est actuellement en pleine expansion : celle de la création d'un référentiel facilitant l'étude physico-chimique du mobilier archéologique. L'expérimentation se place alors non plus en fin de la chaîne de production de l'information mais comme un maillon entre le terrain et le laboratoire. Elle permet dans un premier temps de créer des échantillons qui "ressemblent" aux objets archéologiques. Selon le degré du niveau invasif que peut supporter un objet archéologique, la recréation expérimentale permet d'aller plus loin dans l'approche archéométrique. Une scorie, déchet archéologique habituellement présent en grand nombre, peut être facilement préparée pour une analyse. La comparaison avec l'objet expérimental sera alors complète. À l'inverse, faute d'un matériel abondant, il est délicat de vouloir découper certaines pièces. Les coupelles d'essai en sont une parfaite illustration. Peu nombreuses en Europe, leur étude a pu être développée grâce à la création d'un référentiel expérimental.

Ajoutons également que la recréation expérimentale en laboratoire comme sur le terrain conduit à l'obtention d'un échantillon dont les composants d'origine sont connus. Il est loisible alors d'utiliser ce référentiel pour travailler sur les questions de filiation et de provenance des objets à condition d'avoir pris soin de choisir les matériaux de base en rapport direct avec l'objet archéologique (minerai d'un gisement archéologique, argile du four etc.). Avec ces mêmes recréations, nous pouvons calibrer les appareils de mesure alors que les standards font défaut dans le commerce. Enfin, lorsqu'on peut légitiment penser que la chaîne de production est maîtrisée, l'étude de l'objet expérimental plutôt que celle de l'objet archéologique peut être engagée pour expliquer les processus de formation, comme l'a montré Adrien Arles.

Fig. 3 : Analyses par XRF portable *in situ* pour orienter les expérimentations et obtenir une première estimation de la qualité des produits (ici, analyse de coupelle de cendre).

Ces approches variées de l'expérimentation ne pouvaient trouver leur expression que dans un espace spécialement dédié à cette pratique comme l'est le site de Melle. Celui-ci se compose d'une plate-forme couverte consacrée au plomb et à l'argent. Il s'agit du bâtiment principal du complexe. Il offre une surface couverte de 40 m² au sein de laquelle se trouvent un four de coupellation et ses soufflets, deux fours d'essai, un four de réduction mobile et du mobilier annexe comme une enclume, un laminoir etc. Cet espace reste modulable pour certaines des structures et nous avons pu adjoindre d'autres éléments au gré des besoins (ventilation électrique, aires de préparation et de séchage de l'argile etc.). Un autre espace couvert a été mis en place pour permettre la conservation aisée des structures expérimentales devant servir pendant quelques années. L'aire couverte est de 24 m². Il s'agit d'une charpente métallique sur laquelle est fixée une toile amovible abritant de l'eau. Sur l'ensemble du terrain où sont implantées ces structures, il est possible en fonction des nécessités expérimentales d'édifier des fours, voire d'ajouter des éléments bâtis comme dans le cas du four à réverbère ou du foyer d'affinage de la fonte. La réussite de l'entreprise repose également sur la mise à disposition d'espaces de stockage où chacun peut entreposer son matériel, et où il est loisible de stocker les quantités de charbon, de bois, de minerais, d'argile nécessaires à la conduite de la quasi-totalité des opérations. Un bâtiment supplémentaire de 60 m² a été édifié regroupant en un même lieu le matériel précieux, fragile ou sensible à l'eau et une remise pour l'outillage. En outre, les chercheurs disposent d'une pièce pour déposer, le temps de l'expérimentation ou à plus long terme, leur matériel. 40 m² sont réservés à l'entreposage du charbon mais également des métaux, des minerais et des appareillages (souffleries électriques, outils etc.) Les 20 m² restant servent également à l'entreposage du petit matériel fragile (appareils de mesure, creusets etc.) mais aussi de petite salle de briefing où il est aisé d'assurer le transfert de données d'un appareil de mesure sur les ordinateurs. La mise à disposition d'un accès Internet complète le dispositif. Enfin, le temps des sessions expérimentales, une tente de type barnum est édifiée afin de pouvoir disposer d'un espace de vie à proximité immédiat du lieu d'expérimentation, permettant aussi bien de prendre les repas que d'engager les séries d'enregistrement (photo, dessins etc.) ou de réaliser les analyses *in situ*. Ce sont en quelque sorte les coulisses de l'expérimentation…

Dans le cadre de ce PCR qui réunit une trentaine de personnes au sein de 12 équipes françaises comme européennes, une série d'expérimentations s'est organisée. Certaines n'ont fait l'objet que d'une session alors que d'autres ont pu profiter pleinement du caractère trisannuel de l'opération. Chacune s'inscrit dans un des trois axes de recherche définis ci-dessous. Plusieurs arrivent à croiser différentes problématiques.

Ce livre est le fruit d'un travail collectif. Bien que chacun conduise ses propres expériences, la collaboration entre les différents acteurs est une réalité tant sur la plate-forme qu'ultérieurement en laboratoire. La plate-forme tient ainsi sa place de lieu de rencontre entre les différentes équipes et dans certains cas, il a même été possible de mutualiser les expériences dans le respect des objectifs de chacun.

Fig. 4 : La plate-forme principale.

Fig. 5 : Le four à réverbère, en attente d'une prochaine opération, a été couvert pour le tenir à l'abri des rigueurs de l'hiver.

Fig. 6 : La plate-forme durant une expérimentation et sa valorisation.

Enfin, l'approche expérimentale est un véritable outil de communication facilitant largement la valorisation du travail de recherche en archéologie comme en archéométrie. Le site des mines d'argent des Rois Francs est bien sûr un site à vocation touristique et culturelle. Il n'allait donc pas de soi que le terme "recherche" puisse être ajouté sans équivoque. La synergie créée entre les chercheurs paléométallurgistes et le site des Mines d'argent des Rois Francs de Melle (Deux-Sèvres) avait permis de développer depuis 1996 (Téreygeol, 1998) des opérations ponctuelles d'archéologie expérimentale destinées tout autant à l'approfondissement des études archéologiques qu'à une diffusion du savoir auprès des visiteurs. Cet axe permettant une collaboration fructueuse entre un site culturel à vocation touristique et des chercheurs est ainsi pérennisé via la mise en place d'une plate-forme expérimentale permanente. Grace à cela, ce sont, chaque année, plus de 5000 visiteurs qui découvrent le travail de recherche en archéologie expérimentale.

*F. Téreygeol*

# Expérimentation d'un bas fourneau réutilisable fonctionnant en ventilation naturelle

## *Experimentation of a reusable bloomery furnace operating in natural ventilation*

Christophe COLLIOU et François PEYRAT

**Résumé** : En marge des recherches sur la réduction directe en ventilation forcée, une série de quatre expérimentations a été conduite sur un type de bas fourneau à scorie piégée fonctionnant en ventilation naturelle. Ce four a été extrapolé à partir des résultats d'une fouille archéologique Inrap d'un site protohistorique haut-normand (Les Prés de Montadet, commune du Fossé (76440), Seine-Maritime).

Les expérimentations ont été réalisées en utilisant les matériaux tirés du site et le minerai avoisinant. Le four, d'un diamètre interne de 60 cm, a été construit à partir de modules standardisés atypiques. Quatre tuyères ont été placées à la base de la cheminée pour ventiler, surplombant une fosse de 60 cm.

Lors des réductions du minerai de fer, la fosse a parfaitement joué son rôle de piégeage de la scorie. Le curage de la fosse s'est effectué en passant par le bas du four. Une loupe de fer a été récupérée à chaque expérimentation.

L'obtention de ces quatre masses métalliques et la réussite des curages successifs montrent tout l'intérêt des recherches sur ces bas fourneaux réutilisables fonctionnant en ventilation naturelle.

***Abstract***: *On the margins of research on the direct reduction in forced ventilation, a series of four experiments was conducted on a type of furnace slag trapped operating in natural ventilation. This bloomery furnace has been extrapolated from the results of an archaeological excavation of a site Inrap protohistoric in Haute-Normandie (Les Prés de Montadet, Common of Le Fossé (76440), Seine-Maritime).*

*The experiments were performed using materials from the site and the surrounding minerals. The furnace, an internal diameter of 60 cm, was built from atypical standardized modules. Four tuyeres were placed at the base of the chimney, overlooking a pit of 60 cm.*

*During reductions in iron ore, the pit has played his role perfectly for the capture of the slag. The cleaning out of the pit was carried through the bottom of the oven. A bloom was recovered in each experiment.*

*Achieving these four metal masses and success of successive cleaning demonstrates the importance of research on these reusables furnaces operating in natural ventilation.*

**Mots-clés** : Expérimentation, four réutilisable, métallurgie du fer, réduction directe, scorie piégée, ventilation naturelle.

***Key-words*** *: Bloomery furnace, reusable furnace, slag trapped, natural ventilation.*

## INTRODUCTION

Les traces d'une activité liée à la métallurgie du fer se retrouvent sur de nombreux sites de fouilles. Les travaux de différents chercheurs (Serneels, 1993 ; Dunikowski, 1995 ; Fluzin, 2000 ; Mangin, 2004) ont permis de grandes avancées pour la compréhension des déchets de production et des structures utilisées pour obtenir le fer. La volonté de mettre en pratique les informations tirées du terrain et ainsi tenter d'appréhender plus tôt les conditions de la réduction a conduit depuis déjà quelques années les archéologues sur la voie de la reconstitution expérimentale (Tylecote, 1971 ; Leroy, 2000 ; Martinelli, 2000). Ceci étant, les fours dont les expérimentations ont été tentées fonctionnaient majoritairement par ventilation forcée. Or, les résultats de diverses fouilles laissent envisager l'usage, à différentes époques, de structures fonctionnant en tirage naturel sur un principe de convection. Il convenait donc d'élargir l'expérimentation en paléométallurgie du fer à la question de la ventilation naturelle. L'article présente les résultats de quatre expérimentations extrapolées à partir des résultats d'une fouille archéologique. Sans prétendre répondre à la question de la ventilation naturelle ni à son fonctionnement de façon généraliste, il permet d'ouvrir la réflexion sur le possible fonctionnement d'un type de four réutilisable de grand diamètre.

## 1. La fouille de la déviation de Forges-les-Eaux (76)

Menée durant l'été 2005, la fouille (Varin, à paraître[1]) réalisée au lieu-dit les Prés de Montadet, sur la commune du Fossé, au sud-est de Forges-les-Eaux, a révélé un site protohistorique entièrement tourné vers l'activité métallurgique. Diverses structures de réduction ont été découvertes et notamment le four St 105, daté du IIIe siècle avant notre ère, et choisi comme base de réflexion de ce programme expérimental.

Ce bas fourneau se composait d'une tranchée donnant accès à la fosse de piégeage de grand volume (environ 120 cm). Une porte était nettement visible à l'interface entre la tranchée et la fosse (fig. 1).

1. Fouille des Prés de Montadet, responsable d'opération : W. Varin, arrêté de prescription 595. Rapport Inrap en cours de rédaction.

Ce véritable couloir d'accès à la base de la fosse dépassait les 3 m de long pour 1 m de large. Il suivait une pente descendante jusqu'à la porte.

La partie basse de ce bas fourneau était creusée dans un substrat composé de sable compact faiblement argileux. La paroi intérieure de la fosse et une partie du couloir d'accès étaient parementées de scories piégées équarries. Les blocs disposés dans la cuve avaient été recouverts d'un revêtement sableux très soigné, épais d'environ 3 cm.

La fosse avait été grossièrement curée après la dernière réduction et des scories très adhérentes à la paroi laissées en place. Les déchets de production retrouvés dans cette fosse avaient un faciès caractéristique de scories piégées : ces scories étaient très vacuolaires et composées majoritairement de vide et de charbons non brûlés. Aucune ne présentait un aspect cordé.

Fig. 1 : Vue du four St 105. La porte et les scories composant la paroi sont clairement visibles (cliché D. Lepinay, Inrap).

Plus de 200 éléments géométriques en terre argileuse ont été retrouvés dans la tranchée lors de la fouille (fig. 2). Ces éléments étaient tous losangiques et, pour la très grande majorité, non cuits[2]. Ils constituaient les modules de construction de la cheminée (fig. 3).

2. Divers fragments de paroi ont été placés dans un seau d'eau. En une demi-journée, l'ensemble était réduit à l'état de boue argilo-sableuse.

Après son abandon, le four s'est écroulé sur sa partie la plus faible, la porte. Les blocs de paroi placés sur le dessus de la couche d'effondrement se sont délités, préservant ceux du dessous en formant une couche étanche. Ces modules de construction ont été baptisés "saumons". Ce bas fourneau à scories piégées a connu de multiples utilisations, comme le prouvent divers fragments de parois rechapés retrouvés dans la couche d'effondrement.

Fig. 2 : Saumons écroulés dans la tranchée d'accès.

Fig. 3 : Saumon losangique.

Plusieurs fosses aux alentours du four contenaient des nodules de sidérite, un minerai potentiel très riche. La somme des nodules collectés sur le site a dépassé les 150 kg. De plus, un creusement profond réalisé lors des travaux de construction a révélé une couche de minerai du même type que celui retrouvé sur le site. Ici aussi, plus de 150 kg ont été récupérés.

## 1.1. Réflexion sur le mode de ventilation du four

Durant des expérimentations de réduction directe en ventilation forcée, différents essais ont montré que la zone la plus chaude se situe à la sortie de la tuyère. La scorie est rendue liquide dans cette zone. Une partie notable de la scorie produite coule sous la tuyère.

Partant de cette constatation, les coulures de scories, quand elles sont encore en place, sont susceptibles de donner des indications sur l'emplacement et le nombre d'orifices de ventilation dont disposait un four. Or, la structure 105 conserve beaucoup d'indices de sa dernière réduction, et notamment des scories piégées monoblocs, distinctes les unes des autres. Il est alors possible d'interpréter certaines des "stalagmites" montant sur la paroi et régulièrement espacées comme les reliquats des anciennes coulées de scories, générées par les zones d'action de la ventilation dans le four. Quatre arrivées d'air ont ainsi été clairement relevées[3] lors de la fouille du four St 105 (fig. 4).

Fig. 4 : Proposition de positionnement des arrivées d'air pour le four St 105 (cliché D. Lepinay, Inrap).

## 1.2. Les postulats concernant le fonctionnement du four St 105

Ce four St 105 est de grand diamètre (supérieur à 120 cm pour l'intérieur de la fosse) et présente une fosse de récupération du déchet de production. Ces faits, associés à la proposition d'une ventilation effectuée par un minimum de quatre arrivées d'air, nous ont amené à prendre comme premier postulat un fonctionnement

3. Si les quatre scories qui remontent vers la source de la coulée sont vraiment "lisibles", cela ne signifie pas que ce four ait fonctionné avec seulement quatre entrées d'air. Le four a connu un début de curage, certaines des scories ont été déplacées ou enlevées, cette valeur de quatre tuyères est donc à prendre comme un minimum.

par ventilation naturelle. Dans cette idée, le comburant n'est pas poussé à l'aide de soufflet dans le four, ce dernier aspire par différents orifices l'air dont il a besoin.

Différents fragments de parois, certains d'une longueur supérieure à 30 cm, ont conservé le revêtement intérieur et l'organisation des saumons[4]. Ces derniers ont été préservés de la désagrégation par la cuisson, ce qui n'est pas le cas de la très grande majorité des saumons retrouvés. Ces morceaux de paroi devaient très probablement être situés à proximité des arrivées d'air, ils ont ainsi subi les températures élevées générées aux alentours du flux. Or, si beaucoup de débris de paroi portent les traces d'une chaleur intense et des scorifications, aucun ne présente de trace de vitrification.

Différentes expérimentations de réduction montrent une vitrification de la paroi quand les fours fonctionnent avec un système d'évent[5], ou bien quand les tuyères d'arrivée d'air sont très courtes et pénètrent peu dans le four (fig. 5).

Fig. 5 : Paroi interne d'un four à évents (XP Vivet, Chauvel, Paimpont 2003).

L'absence de vitrification sur les blocs de paroi cuits et scorifiés ne suffit pas pour affirmer que le four St 105 fonctionnait avec des tuyères, d'autant qu'aucun fragment de ce type n'a été retrouvé sur le site. Cependant, les traces de rechapage attestent de l'aspect réutilisable de ce bas fourneau ; on peut supposer que plusieurs réductions menées avec des évents auraient vraisemblablement fortement marqué la paroi[6] et laissé des indices.

4. Le périmètre interne du four à sa base dépasse les 3,50 m. La courbure du four ne se retrouve pas sur des morceaux de 30 cm, il n'a pas été possible de replacer ces fragments de paroi dans l'espace. L'étude de ces différentes pièces n'a pas permis de retrouver le sens de montage des saumons.

5. Un évent correspond ici à un simple trou dans la paroi par où passe le flux d'air. La tuyère est un conduit placé à travers la paroi, elle déporte à l'intérieur du four l'arrivée du flux.

6. Le cas le plus probant est l'expérimentation de J.-B. Vivet et J.-C. Chauvel lors de la fête du fer 2003 à Paimpont. Ce bas fourneau alimenté par ventilation naturelle était muni d'une ceinture

À défaut de pouvoir conclure, l'utilisation de tuyères pénétrantes pour la ventilation du four est posée en second postulat.

C'est cette hypothèse qui a été retenue lors de la construction du four expérimental.

## 2. Objectifs de la première expérimentation

Les données recueillies sur la structure 105 interrogeaient sur de nombreux points. Une première expérimentation devait permettre de vérifier les diverses idées extrapolées à partir des résultats de la fouille.

Les attentes se situaient à trois niveaux :

1/ La construction du four.

Le passage à l'expérimentation apporterait des informations sur la faisabilité d'une cheminée réalisée en utilisant les saumons, tout en évaluant les difficultés d'une telle entreprise.

Ce premier essai devait permettre également de quantifier les volumes de matériaux mis en œuvre et le temps passé pour la réalisation de la cheminée.

2/ Le fonctionnement du four.

La mise en température de travail du four allait autoriser un examen en conditions réelles du comportement des différents matériaux et des matières premières. On pouvait s'interroger sur la tenue dynamique des parois lors de la réduction et sur l'intérêt de construire un four avec ce principe de saumons face à une méthode plus "traditionnelle".

Une des questions cruciales était d'établir si la qualité calorimétrique d'un four ainsi fabriqué autorisait la bonne marche d'une réduction.

Ce premier essai devait en outre fournir une série d'informations sur les consommations en combustible et en minerai, mais également sur le temps de réduction et la conduite de feu.

3/ La nature des produits obtenus avec ce type de four.

La réduction en ventilation naturelle est un sujet presque vierge. Aucun travail expérimental n'envisageait alors quelles allaient être la forme et la nature des produits obtenus, ni où se situeraient dans le four les scories et l'éventuelle loupe de fer.

## 3. Méthodes

### 3.1. Origine des matériaux et des matières premières

Pour cette expérimentation, les matériaux correspondant au plus près à ceux retrouvés en fouille ont été utilisés : 150 kg d'un minerai correspondant au type

d'évents. Après la réduction, l'intérieur du four autour et au-dessus des évents était complètement vitrifié sur une trentaine de centimètres de hauteur (vitrification verte très marquée).

retrouvé sur le site ont été récupérés. Le minerai a été grillé puis broyé. Plusieurs tonnes de terre argileuse et de sable avaient été prélevées sur les lieux mêmes de la fouille archéologique et conservées par la mairie de Forges-les-Eaux pour les différentes expérimentations.

### 3.2. Test du minerai (E01 et E02)

Une première série d'expérimentations[7] devait éprouver le minerai récupéré à proximité du site. Deux réductions en ventilation forcée ont été menées. Les deux essais ont permis d'obtenir des loupes de plusieurs kilogrammes essentiellement composées de métal (résultats vérifiés par tronçonnage). Le minerai a alors été considéré comme recevable pour la réduction en ventilation naturelle.

### 3.3. Test de la matière première (cheminée construite en saumon, XP01 et XP02)

La deuxième série d'expérimentations devait aborder la réalisation de la cheminée à l'aide des saumons. Un autre problème touchait à la préparation de la matière première. F. Peyrat, potier de son état, a étudié le retrait au séchage et à la cuisson de la terre prélevée sur le site[8]. Son expérience et l'étude du matériel archéologique lui ont fait choisir un rapport argile-granulat opportun pour obtenir un matériau au plus près des saumons originaux.

La première tentative de mise en œuvre de la terre du site s'est déroulée lors des Journées du patrimoine 2006 à Forges-les-Eaux. Après la fabrication des saumons, les premiers essais d'assemblages ont été expérimentés sur un bas fourneau à ventilation forcée, de façon à connaître les conditions de montage ainsi que la tenue des parois au retrait du séchage puis aux contraintes de la chauffe.

Fig. 6 : Essai de montage à blanc des saumons.

Le geste pour la fabrication des saumons s'est avéré très simple, mais directement dépendant de la qualité de la mise en œuvre de la pâte. La mise en forme s'effectue

7. Réductions réalisées avec une soufflerie électrique et un four construit en terre limoneuse (tab. 1) en mars et mai 2006 au parc de Brotonne (76).

8. L'étude a consisté en la réalisation d'éprouvettes de 10 cm, servant à mesurer les retraits à cru et à cuit (Peyrat, 2009).

entre les paumes creusées des deux mains. Un pré-séchage est pratiqué sur chant, puis la pièce est retournée pour conserver une uniformité de texture.

Une première colonne a donc été montée à l'aide de ces modules à l'état "mi-verts[9]", trempés au fur et à mesure dans une barbotine épaisse (fig. 7).

Fig. 7 : Four à ventilation forcée XP01.

À chaque tour, l'inclinaison des saumons a été inversée pour ne pas créer un effet de spirale. Si, avant l'expérience, la perspective de pouvoir monter des parois hautes par cette méthode laissait dubitatif, il s'est vite avéré qu'elle comporte des avantages remarquables, tant sur le plan du temps de réalisation que sur celui de la tenue au séchage et à la chauffe. Le four XP01 à ventilation forcée a été monté en une seule fois. Chaque saumon, posé presque vert, avait déjà effectué une bonne partie de son retrait. La résistance à l'écrasement au cours du montage s'en est trouvée grandement améliorée, et le temps de séchage réduit en conséquence. De plus, l'inversion de sens des saumons à chaque tour fait que chacun d'entre eux devient une clef de voûte et s'oppose à l'affaissement.

La réduction avec le four XP01 n'a posé aucun problème. La paroi avait été découpée au préalable pour récupérer facilement la loupe de fer (fig. 10), étudier et curer le four. Moins de 11 kg de minerai ont été passés pour avoir une vision claire du parcours de la scorie. Une loupe de presque 3 kg a été récupérée. Dans le four, la scorie avait coulé sous la tuyère, jusqu'au fond du foyer[10].

9. Vert : se dit d'une terre entre l'état plastique et l'état sec. Moment opportun pour réaliser des coupes ou des collages sans déformation des pièces à coller (Peyrat, 2009).

10. Une deuxième réduction (XP02) a été tentée pour tester le four avec une masse notable de minerai (28 kg). La loupe obtenue pesait 5,7 kg (fig. 13).

## 4. L'expérimentation RED XIII, Forges-les-Eaux (76), septembre 2006

L'expérimentation RED XIII, réduction en ventilation naturelle de minerai de fer, s'est déroulée du 11 au 17 septembre 2006.

Si la fouille de la structure 105 avait amené beaucoup d'informations, les consommations en minerai et combustible comme le temps de réduction restaient inconnus. La masse de scorie retrouvée au fond du four laissait présager une consommation en minerai importante. Aussi, lancer une expérimentation avec un four de 120 cm de diamètre interne semblait prématuré. Beaucoup de paramètres restaient inconnus, comme les consommations, la conduite de feu et la tenue d'une cheminée de haute taille construite en saumons.

Néanmoins, cet essai en ventilation naturelle ne créait pas un précédent pour les expérimentateurs[11]. Partant de l'expérience accumulée, la décision a été prise de réduire de moitié le diamètre interne du four par rapport à celui de la fouille, soit 60 cm. D'après les essais déjà réalisés, le rapport entre le volume actif du foyer et la colonne vide serait alors suffisant pour instaurer un phénomène de ventilation naturelle[12]. Le rapport entre le couple foyer-cheminée nous semble la clé de ce principe de ventilation. Il restait à définir la hauteur de la cheminée. Une colonne vide serait le moteur du principe de la ventilation naturelle. Les essais déjà réalisés avaient montré que 130 cm au-dessus des tuyères suffisaient pour activer la convection. Cette valeur a été retenue pour la construction de la cheminée de RED XIII.

Ce four était destiné à un usage unique. Les conditions de l'expérimentation ne permettaient pas d'enterrer la fosse de piégeage ni de construire la porte et le couloir d'accès. La fosse a été construite au sein d'une structure en terre et briques, et n'avait que 20 cm de profondeur. Son calorifugeage a été particulièrement soigné avec la mise en place sur la paroi d'un bandeau d'isolant thermique recouvert d'un revêtement sableux. Le but était d'éviter que la scorie formée à la sortie des tuyères ne fige trop rapidement.

---

11. 12 expérimentations en ventilation naturelle ont précédé l'expérimentation RED XIII.

12. Durant les phases de préchauffage de différents fours expérimentaux en ventilation naturelle, nous avons remarqué que l'abaissement du niveau de combustible dans la cheminée correspond à une augmentation du tirage et de la température.
Lors des essais de réductions, nous avons cherché à obtenir un tirage maximum pour atteindre une température idoine et éviter de figer la scorie. Une technique s'est imposée : l'alimentation de la cheminée reste entre 30 à 40 cm de hauteur au-dessus des tuyères. La colonne est donc en grande partie vide et joue pleinement son rôle de cheminée de tirage. La partie pleine (en comparaison avec la partie vide) du four a été dénommée "zone de travail".
Les expérimentations réalisées (de RED I à RED XII) laissent supposer qu'un four cheminée fonctionnant en ventilation naturelle doit posséder un diamètre interne minimum de 60 cm au niveau des arrivées d'air. Le volume de la zone de travail avoisine alors 0,09 $m^3$, ce qui est nécessaire et suffisant pour permettre au four de fonctionner en ventilation naturelle (fig. 12) (Colliou & Aranda, 2005 ; Colliou & Peyrat, 2007).

Les quatre tuyères ont été disposées presque à plat sur les bords de la fosse, en opposition deux à deux.

La méthode de construction avec les saumons, développée sur le four XP01, a été appliquée à l'identique pour la construction de la cheminée. La colonne est constituée d'une seule épaisseur de saumons (paroi mince), sur 1,30 m de haut au-dessus des tuyères. Durant la montée en température, un ceinturage métallique a été mis en place sur la cheminée au moment des fortes dilatations. Justifié par souci de sécurité, il ne s'est pas avéré nécessaire.

## 4.1. La conduite de feu

Le préchauffage du four a commencé dès le début de la construction et s'est poursuivi jusqu'au début de la réduction, soit plus de deux jours de montée progressive en température. Cette précaution a semblé indispensable pour préserver la cheminée des chocs thermiques.

Le principe de fonctionnement de ce four reprenait l'idée du tirage naturel lié à une colonne vide, déjà développée[13]. Ainsi, c'est dans une cheminée vidée sur 1 m que les charges alternatives de charbon et de minerai ont été versées.

Le temps entre les charges a varié de 6 à 25 minutes, suivant la consommation du four. La cheminée était pigée[14] régulièrement et indiquait quand le rechargement devait être effectué.

Pour trouver les conditions appropriées de fonctionnement du four, les charges sont passées empiriquement de 1,2 à 2,4 kg et jusqu'à 3,6 kg de minerai, pour respectivement 1 kg, de 1 à 3 kg, puis de 4 à 6 kg de charbon. Le four donnait lors des dernières charges l'impression d'un fonctionnement à pleine capacité. Aucun problème de colmatage de tuyère ou de baisse de régime n'a été relevé durant la réduction.

Fig. 8 : Position de la loupe sous les tuyères.

13. Colliou & Aranda, 2005.

14. La pige est une longue et épaisse baguette de bois vert.

Après 64 kg de minerai, 71 kg de charbon et 7 h 30 de réduction, les expérimentateurs ont décidé de stopper l'essai en bouchant les tuyères et le gueulard. La crainte d'un figeage global de la scorie dans la zone de travail a motivé cet arrêt de l'opération.

Arrêter le four en marche s'est avéré particulièrement éprouvant : une demi-heure a été nécessaire pour luter le gueulard, avec la crainte que la paroi ne se fende sous la pression des gaz.

### 4.2. Résultats

Après une journée de refroidissement, la cheminée a été démontée pour observer les résultats. La loupe apparaissait clairement distante des tuyères (fig. 8). Le produit obtenu a été extrait par le dessus et dégangué au marteau de sa scorie périphérique (la loupe était cerclée de scorie dense). Cette loupe pesait 17 kg et adoptait une forme plano-convexe. Après tronçonnage, le métal était bien présent ; cependant, il n'apparaissait pas sous une forme dense, mais plutôt comme une "mousse de fer" (fig. 9). Cette mousse s'écrasait à froid, elle perdait encore de la scorie qui éclatait sous les chocs. Un premier essai a permis de vérifier la possibilité d'agglomérer ce métal en lopins forgeables.

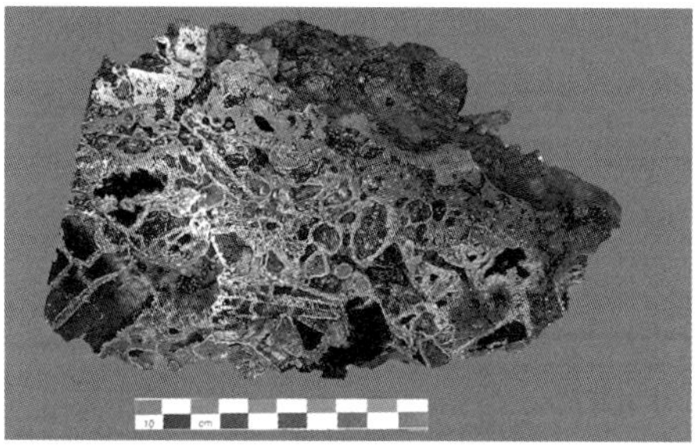

Fig. 9 : Rayon extrait de la loupe RED XIII.

La scorie a moulé le fond de la fosse destiné à la recevoir. Cette "galette" de scorie était très clairement séparée de la loupe.

Aucune vitrification n'apparaissait sur la paroi aux alentours des tuyères.

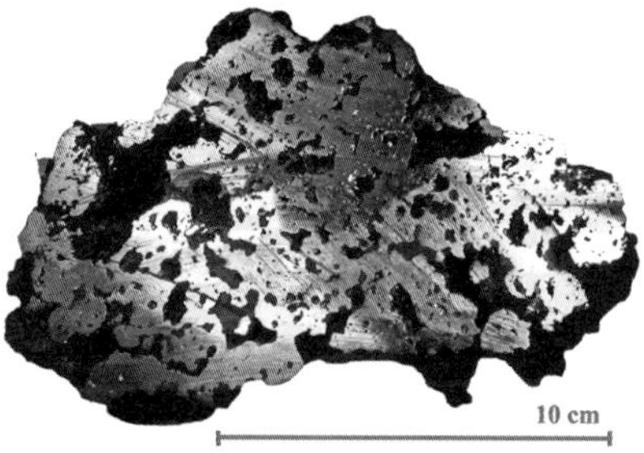


Fig. 10 : Loupe issue de la réduction XP01.

## 5. Les nouveaux objectifs d'un programme d'expérimentations au sein du PCR

Une reconstitution d'un four de même type que RED XIII a eu lieu durant l'été 2007, sur la plate-forme d'expérimentation des Mines d'argent des Rois Francs à Melle (Deux-Sèvres), dans le cadre du PCR "Paléométallurgie et expérimentation" dirigé par F. Téreygeol.

Ce nouveau four a été doté d'une tranchée de travail et d'une fosse de piégeage pour la scorie.

Cette campagne d'expérimentation avait plusieurs objectifs.

Le but premier était d'arriver à faire couler la scorie jusqu'en bas de cette fosse. Cette opération s'annonçait fondamentale, car si la scorie fige à proximité des tuyères, elle compromet toute l'opération. Des travaux antérieurs ont bien montré la difficulté pour obtenir une température convenable en fond de fosse et la conserver, car cette dernière n'est plus alimentée en comburant durant la réduction[15].

Dans un second temps, si la scorie arrivait à couler au fond de la fosse, il convenait de comprendre comment les métallurgistes pouvaient curer le four et sortir la loupe sans faire s'écrouler la cheminée et en laissant le four apte à une nouvelle réduction.

Cette campagne devait enfin éprouver les résultats et la conduite de feu tirés de l'essai RED XIII par l'obtention d'une nouvelle loupe métallique (fig. 9).

### 5.1. Méthodes

Les différents paramètres utilisés pour l'expérimentation RED XIII ont été intégralement repris, de la disposition des quatre tuyères à l'utilisation de saumons pour la construction de la cheminée, en passant par le diamètre du four et la hauteur de la cheminée. À nouveau, 1 500 kg de la terre prélevée sur le site de fouille ont été ramenés sur la plateforme d'expérimentation.

L'emplacement du four a été choisi sur un lieu idéal : une pente de remblai argilo-caillouteux abritée des vents dominants. La fosse de 60 cm de profondeur et de diamètre, en forme d'ogive, a été enduite d'une préparation réfractaire à base de sable de quartz provenant du lieu de fouille. La tranchée de travail partait du bas de la fosse et s'étendait sur 2,50 m de long, pour 70 cm de largeur. La cheminée s'élevait de 140 cm au-dessus de la fosse (fig. 11). La construction en saumons a néanmoins été plus délicate que pour RED XIII. En effet, à Forges-les-Eaux, une seule personne, donc les mêmes mains, avait façonné les 500 saumons nécessaires à l'ouvrage. À Melle, plusieurs personnes ont participé à la fabrication de ces modules. Les morphologies et "coups de main" différents ont formé des saumons beaucoup plus irréguliers. Or, il s'est avéré que la facilité de montage était directement dépendante de la régularité

15. Colliou et Aranda, 2005.

des modules. Néanmoins, l'ouvrage a été mené à bien. Un enduit interne réfractaire, réalisé avec le sable argileux du site, et un enduit extérieur, en "terre à saumon", ont été appliqués pour parfaire l'étanchéité.

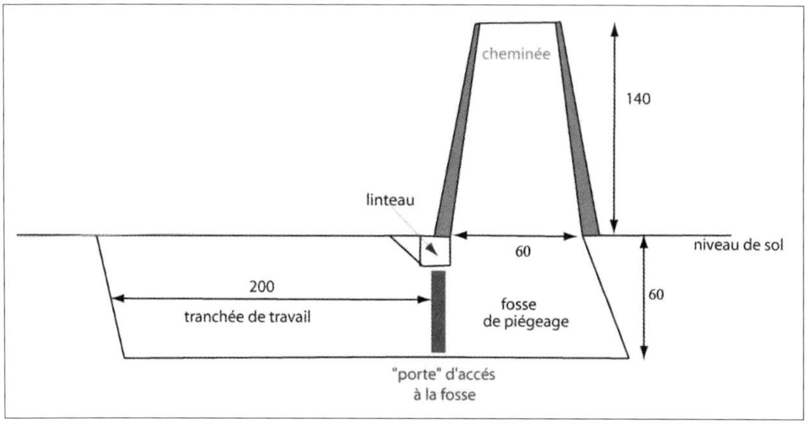


Fig. 11 : Le four RED XIV.

## 5.2. Résultats de l'expérimentation RED XIV de juillet 2007[16]

La réduction a duré huit heures durant lesquelles 100 kg de minerai et environ 110 kg de charbon ont été passés sans problème[17]. Le four a été arrêté par bouchage des tuyères et du gueulard. Cette opération s'est révélée à nouveau particulièrement critique, l'appareil lancé à plein régime a difficilement accepté de s'éteindre. Quatre jours plus tard, la température était suffisamment retombée pour permettre une intervention.

La tranchée de travail a été élargie, de manière à pouvoir travailler dans la fosse en étant allongé. La scorie piégée était effectivement présente jusqu'au fond du four et avait moulé la fosse. Cette scorie a été facile à briser avec un simple piochon. La fosse dégagée, la loupe est apparue, vue par en dessous, bien discernable de la scorie piégée. Elle se présentait comme une sorte de galette. Comme dans le cas du four RED XIII, la loupe était cerclée d'une couronne de scorie dense. Cette couronne a été cassée avec précaution pour ne pas abîmer le revêtement du four. Après palpation, nous avons constaté l'absence de contact entre les tuyères et la face supérieure relativement plane de la loupe. Comme dans l'expérimentation de 2006, la masse métallique était distante de quelques centimètres de l'extrémité du système de ventilation. La loupe a été basculée prudemment et sortie sur chant, sans rien endommager dans le four.

16. L'expérimentation s'est déroulée du 2 au 8 juillet 2007. Après vérification, les expérimentateurs ont constaté une erreur dans la sélection du minerai utilisé pour cette réduction. La moitié du minerai passé était de très mauvaise qualité. La loupe s'est avérée fortement chargée en scorie, son poids est donc à prendre avec réserve.

17. Par problème, on entend ici une obturation de la tuyère par la scorie.

Lors de la sortie, la porte située dans la base du four n'a été que légèrement rognée. Ses dimensions, 35 cm de large pour 60 cm de hauteur, se sont révélées adaptées pour permettre l'extraction de la loupe.

Un premier tronçonnage sommaire a permis de constater la présence de fer métal, sous une forme très similaire à celle obtenue dans l'expérimentation RED XIII.

Les tuyères avaient subi une dégradation de surface après cette première réduction, mais elles paraissaient aptes à supporter une seconde opération.

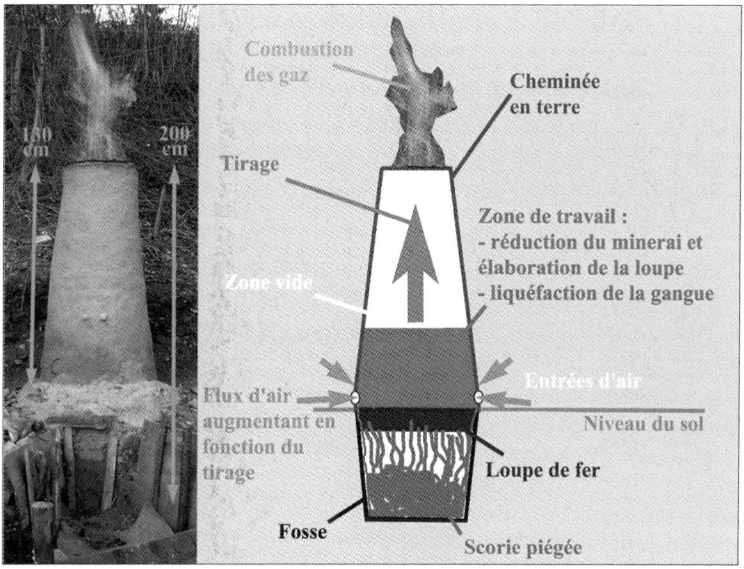


Fig. 12 : Schéma de fonctionnement du four RED XIV.

## 6. Expérimentation RED XV (mars 2008)[18]

Le four construit sur la plate-forme d'expérimentation de Melle pour la réduction RED XIV a passé l'hiver de façon satisfaisante : aucune dégradation majeure n'a été constatée sur la structure. À la fin mars 2008, le four semblait susceptible de subir une nouvelle réduction. Après un rechapage rapide de la base et un préchauffage prudent (une journée), l'opération RED XV a été lancée. La conduite de feu utilisée pour l'opération RED XIV a été reprise à l'identique. À noter : le total des charges se limite à 82 kg par manque de minerai, face aux 100 kg utilisés lors de l'expérimentation RED XIV.

Aucun problème majeur n'a été recensé durant la réduction. Seul l'arrêt de l'opération est resté une étape délicate.

18. L'expérimentation s'est déroulée du 18 au 21 mars 2008.

### Résultats 2008

La scorie est une nouvelle fois parvenue au fond de la fosse de piégeage, moulant cette dernière. Comme pour l'expérimentation précédente, la masse scorifiée de fond de fosse a été relativement facile à enlever, en brisant au piochon les stalactites qu'elle formait. Une fois débarrassés de la scorie, nous avons constaté la présence de la loupe, située au même endroit dans le four que lors des expérimentations RED XIII et XIV.

Cette loupe a été extraite de la même manière que la précédente : par la base du four, sur chant, sans aucun problème notable.

La loupe présentait extérieurement le même aspect que sa devancière. Après tronçonnage, on a retrouvé le caractère vacuolaire déjà observé sur le produit de l'expérimentation RED XIII. Néanmoins, cette loupe était moins dense que celle de RED XIII.

Les tuyères avaient perdu un peu de matière (environ 2 cm), mais elles semblaient encore parfaitement fonctionnelles et capables de supporter une nouvelle réduction.

La cheminée, la zone de travail du four et la fosse n'ont subi aucune dégradation majeure après cette seconde réduction. Au mois de juillet 2008, après le curage, l'ensemble de la structure était propre à subir une nouvelle réduction.

## 7. Expérimentation RED XVI (avril 2009)[19]

### 7.1. Les objectifs de la campagne 2009

Il devenait nécessaire de faire fonctionner le four avec une masse de minerai plus importante. En effet, lors des expérimentations RED XIV et XV, les réductions ont été stoppées par un problème externe (rupture du stock de minerai dans les deux cas) sans que rien dans le fonctionnement du four n'ait justifié cet arrêt.

Une expérimentation avec un minimum de150 kg de minerai devait permettre de juger des limites de ce type de structure, notamment de l'altération de son système de ventilation et de la cheminée.

Les expérimentations ont montré qu'un four en ventilation forcée signale au métallurgiste le terme de l'opération par une modification significative des temps de charge, l'apparition d'un "lac" de scorie liquide à proximité de la tuyère, ou une modification des températures. Nous avons envisagé la possibilité de retrouver des signes similaires avec une structure fonctionnant en ventilation naturelle.

19. L'expérimentation s'est déroulée du 15 au 16 avril 2009.

## 7.2. Méthodes

Deux paramètres ont été modifiés lors de cette expérimentation :

- Les charges de minerai et de charbon sont passées de 3,6 à 4 kg.
- La forme ogivale originelle de la fosse a été creusée pour obtenir un tronc de cône (le diamètre le plus important se situe en bas de la fosse). Le volume de réception est ainsi passé de 55 litres à plus de 90.

Cette modification permettait à la fosse de recevoir une plus grande quantité de scorie, mais surtout, la nouvelle forme autorisait une manipulation plus commode de la loupe lors de son extraction.

## 7.3. Résultats 2009

L'observation du préchauffage par le gueulard a révélé une difficile montée en température de la partie arrière de la fosse. Malgré le passage de 160 kg de minerai, la réduction s'est déroulée sans aucun signe d'un engorgement ou d'une fin d'opération. Les limites de fonctionnement de ce four n'ont toujours pas été atteintes. L'arrêt de la réduction s'est une fois de plus révélé délicat.

| Nbre de tuyères | venti-lation | Ø du four | hauteur cheminée | durée réduction | minerai total | charbon (réduction) | poids loupe | réalisation d'un lopin | obser-vations | temps de pré-chauffage |
|---|---|---|---|---|---|---|---|---|---|---|
| E01 /**1** | forcée | 30 cm | 60 cm | 4 h | 24 kg | 32 kg | | non testée | four en limon | / |
| E02 /**1** | forcée | 30 cm | 60 cm | 4 h 30 | 24 kg | 28 kg | | non testée | four en limon | / |
| XP01/**1** | forcée | 26 cm | 60 cm | 2 h 15 | 10,9 kg | 19 kg | 2,895 kg | réussie | matériaux du site | / |
| XP02/**1** | forcée | 26 cm | 60 cm | 4 h | 28,2 kg | 40 kg | 5,7 kg | réussie | matériaux du site | / |
| | | | | | | | | | | |
| RED XIII/**4** | naturelle | 60 cm | 130 cm | 7 h 30 | 64 kg | 71 kg | 17 kg | réussie | matériaux du site | 2 j 1/2 |
| RED XIV/**4** | naturelle | 60 cm | 140 cm | 7 h 15 | 100 kg | ≈ 105 kg | ≈ 29 kg | non testée | matériaux du site | 2 j 1/2 |
| RED XV/**4** | naturelle | 60 cm | 140 cm | 6 h 40 | 82 kg | ≈ 90 kg | ≈ 30 kg | non testée | matériaux du site | 1 j |
| RED XVI/**4** | naturelle | 60 cm | 140 cm | 11 h | 160 kg | ≈ 170 kg | 41 kg | non testée | matériaux du site | 7 h |

Fig. 13 : Les expérimentations en chiffre. Le poids de charbon correspond à la consommation lors de la réduction, le préchauffage et le "remplissage" du four ne sont pas pris en compte.

La scorie n'est pas parvenue au fond de la fosse de piégeage, elle se tenait à une dizaine de centimètres du fond. Cependant, la face supérieure de la masse de scorie était bien séparée de la loupe. Cette face présentait même un aspect lisse par endroits. Cette masse a été relativement facile à briser et à retirer. La loupe, vue de dessous, présentait le même aspect que lors des autres expérimentations. Elle se tenait à nouveau sous les tuyères, sans contact avec elles. Malgré un poids et une épaisseur plus importants, cette loupe a été extraite de la même manière que ses devancières.

Elle pesait 41 kg à la sortie du four. Si la partie inférieure présentait le même aspect vacuolaire que les précédentes, la partie supérieure était nettement plus dense en métal. Les essais de tronçonnage ont seulement permis de constater cette densité (jusqu'à 4 cm de métal compact) sans pouvoir obtenir un quartier complet, faute du matériel adéquat.

Les tuyères avaient perdu de la matière (environ 2 cm sur la longueur), et des zones de vitrifications vertes étaient distinctes autour des tuyères.

L'intérieur de la cheminée n'avait pas subi de dégradation majeure après cette troisième réduction.

## 8. Discussion

Ce bas fourneau a été développé en suivant au plus près les informations archéologiques et en utilisant les matières premières du site. La structure s'est révélée suffisamment performante pour supporter trois réductions et deux hivers. Ce four a indéniablement prouvé ses capacités en matière de réutilisation.

L'obtention de masses métalliques et les coulées de scorie moulant le fond de la fosse montrent tout le potentiel du principe de réduction en ventilation naturelle.

Une part importante de ce four et son fonctionnement sont extrapolés, à commencer par le choix de l'utilisation de tuyères ou celui de la conduite de feu. Le bas fourneau originel était certainement différent de cet appareil expérimental. Les propositions mises en application et décrites ici n'ont pas la prétention de pouvoir être généralisées à d'autres structures. Le concept de la cheminée vide et sa hauteur définie empiriquement peuvent également paraître en dehors de toute réalité. Le principe fonctionne néanmoins, avec des matériaux et des techniques susceptibles d'avoir été trouvés et employés à des époques reculées. Ce four se veut être une base de réflexion sur le sujet presque vierge de la ventilation naturelle.

Les quatre loupes obtenues en ventilation naturelle sont nettement moins massives que celles tirées de fours travaillant en ventilation forcée. Cette différence tient peut-être à un problème d'optimisation de la conduite de feu, ou à la mise en œuvre d'une masse de minerai en rapport avec les dimensions et les capacités du four.

Ces hypothèses pourraient faire l'objet d'une nouvelle campagne d'expérimentation, où de plus, les productions de ce type de four seraient mises en œuvre.

# Approche archéométrique de l'expérimentation : étude du comportement des éléments chimiques du minerai à l'objet ferreux pour les problématiques de provenance

## *An archaeometric approach of the experimentation: study of the chemical elements behaviour from the ore to the slag inclusions in iron object for provenance issues*

---

Stéphanie LEROY et Christophe COLLIOU

**Résumé** : En sidérurgie ancienne, dans le cadre de la filière directe, il est possible d'apprécier le lien de parenté entre le minerai de fer et l'objet. Pour remonter à l'origine de ce dernier, des éléments chimiques adéquats sont sélectionnés afin de définir la signature chimique d'un minerai et de suivre son héritage jusqu'aux inclusions des objets. Pour sélectionner ces éléments, l'étude de leur comportement et des différentes sources de contaminations lors de la réduction est une démarche nécessaire. L'archéologie expérimentale permet alors d'en fournir un outil interprétatif efficace. La réduction expérimentale d'un minerai de fer réalisée ici a permis d'ajouter, aux résultats déjà existants, de nouvelles données sur le comportement des éléments chimiques, notamment ceux présents à l'état de traces. Les résultats permettent de mettre en évidence une série d'éléments traces susceptibles de caractériser la signature chimique d'un espace sidérurgique dans le cadre d'études de provenance.

***Abstract*** : *For the direct process, it is possible to relate the iron ore to the object derived from it. To determine the origin of this last one, appropriate chemical elements are selected in order to define the chemical signature of a given iron ore and then to follow its heritage to the slag inclusions of the objects. To select these elements, it is essential to study their behaviour and the elements affected by various types of pollution during the reduction. Experimental archeology can then provide an effective interpretive tool. In addition to current data, new information on the behaviour of the chemical elements, especially trace elements, were obtained from the experimental smelting here performed. Our results help* *to highlight a set of trace elements that may characterise the chemical signature of a given iron production area for the provenance studies.*

**Mots-clés** : Minerai de fer, inclusions, comportement, éléments traces, pollution, réduction expérimentale.

***Key-words** : Iron ore, slag inclusions, behaviour, trace elements, contamination, experimental smelting.*

## INTRODUCTION

De récentes études archéométriques (Coustures *et al.*, 2003 ; Desaulty *et al.*, 2009 ; Leroy, 2010) ont montré qu'il est possible de relier un objet issu de la filière directe à une région sidérurgique de référence grâce à l'analyse de composition des minerais, des déchets de l'opération de réduction (scories) et d'objets mis au jour sur des sites archéologiques de la région. En effet, lors de l'étape de réduction, certains oxydes du minerai de fer sont réduits et migrent dans la matrice métallique, tandis que d'autres ne le sont pas et passent dans les scories et les inclusions non métalliques de l'objet. Les oxydes non réduits passent en même proportion dans la scorie ; ce fait explique la conservation des rapports de concentration de ces éléments, du minerai jusqu'aux inclusions. Plusieurs travaux ont utilisé la notion d'héritage chimique du minerai (Coustures *et al.*, 2006 ; Dillmann et L'Héritier, 2007 ; Desaulty, 2008 ; Desaulty *et al.*, 2009). En conséquence, une signature chimique de la région de référence peut être définie à l'aide de ces rapports spécifiques, puis suivie jusqu'aux inclusions non métalliques d'objets dont on cherche l'origine. Il faut néanmoins tenir compte de plusieurs limites à cette approche. En effet, les scories (et donc les inclusions dans l'objet) sont formées non seulement des éléments du minerai, mais aussi d'autres composés apportés au système par des pollutions extérieures comme les cendres de charbon de bois, le revêtement du four de réduction ou d'éventuels ajouts. Les éléments présents dans les sources de pollution migrent également dans les scories et modifieront, par conséquent, la signature initiale du minerai. Seul le rapport de deux éléments présents dans le minerai, qui passent très majoritairement dans la scorie et dont les teneurs ne sont pas modifiées par des pollutions extérieures, reste constant du minerai jusqu'à la scorie (Desaulty, 2008). Par conséquent, tous les oxydes présents dans le minerai ne sont pas aptes à caractériser une signature chimique. Ainsi, l'étude du comportement et de la pollution des éléments, du minerai jusqu'à l'objet, s'avère une démarche nécessaire pour choisir les couples d'éléments adéquats, capables de définir les signatures chimiques des espaces sidérurgiques par un rapport constant élémentaire. Cette étude constitue la base des raisonnements utilisés pour les recherches sur la provenance des alliages ferreux.

Les grandes tendances sur le comportement des éléments majeurs ont été établies à partir de la thermodynamique, ainsi que des observations faites lors des travaux de reconstitution expérimentale (Ploquin, 1994 ; Serneels, 2002 ; Dillmann et L'Héritier, 2007). En revanche, le comportement des éléments traces, c'est-à-dire ceux présents à moins de 1000 ppm, a été moins étudié dans le cadre de la sidérurgie ancienne. Les travaux récents de Desaulty *et alii* (2009) constituent, à ce jour, l'étude la plus complète sur leur comportement. Nous avons testé ici un autre système (minerai, charbon, paroi) que ceux étudiés en Normandie (Desaulty *et alii*, 2009), afin d'enrichir la base de données actuelle sur la compréhension du comportement des éléments traces. Seule l'étude de minerais, de scories et de produits métalliques issus de la même réduction et dans des conditions connues (minerai et contaminations) permet d'atteindre cet objectif. L'approche expérimentale archéométrique est, à notre sens, la manière la plus rigoureuse et la plus pertinente pour la collecte de telles informations.

## 1. Réduction expérimentale

Dans le but de disposer d'échantillons de référence, une expérimentation de réduction directe (XP07) nous a permis de produire des scories et du métal à partir d'un minerai géologique connu et typé chimiquement (forte concentration en MnO et pauvre en $P_2O_5$). Ce minerai (XP07.min) provient d'une mine exploitée au cours de l'époque médiévale en Ariège (Midi-Pyrénées), celle du Mont Rancié (Leroy, 2010).

La réduction a été réalisée en ventilation forcée dans un fourneau construit à partir de briques réfractaires, de sable et d'argile de Forges-les-Eaux (Haute-Normandie). Un orifice, laissé à la base du four pour permettre l'évacuation théorique des scories, est maintenu fermé pendant l'opération de réduction avec un isolant thermique (argile de Forges-les-Eaux). Un revêtement interne et externe en argile a été appliqué sur les parois de four. La tuyère a été inclinée de 35° par rapport à l'horizontale. Le minerai a subi un chauffage préliminaire dans un feu en aire ouverte. Cette opération de grillage le rend friable et permet de le concasser facilement jusqu'à le mettre en poudre. La surface de réaction entre les gaz de combustions et le minerai est alors plus grande, ce qui facilite la réduction. Le charbon de bois introduit dans le four a été calibré. Seuls les morceaux de dimensions moyennes (maille de 4 cm) ont été utilisés. La réduction a été menée avec 10 kg de minerai et 16 de charbon de bois. L'expérimentation a fonctionné en système isolé : aucun ajout volontaire n'a donc été apporté durant la réduction.

Une masse métallique de 3 kg (fig. 1), ainsi que des fragments métalliques, ont été obtenus. L'observation microscopique d'une coupe transversale de cette masse a montré qu'elle contenait une quantité importante de scorie sous forme d'inclusions et que l'ensemble de la structure métallique était ferritique ($C < 0,02\,\%_{mass}$). La réduction n'a produit que de petites scories, aucun écoulement hors du bas fourneau n'a été constaté pendant la réduction. Cette expérience a fourni des échantillons de référence pour permettre l'étude de la chaîne opératoire complète du point de vue du comportement des éléments chimiques (fig. 2).

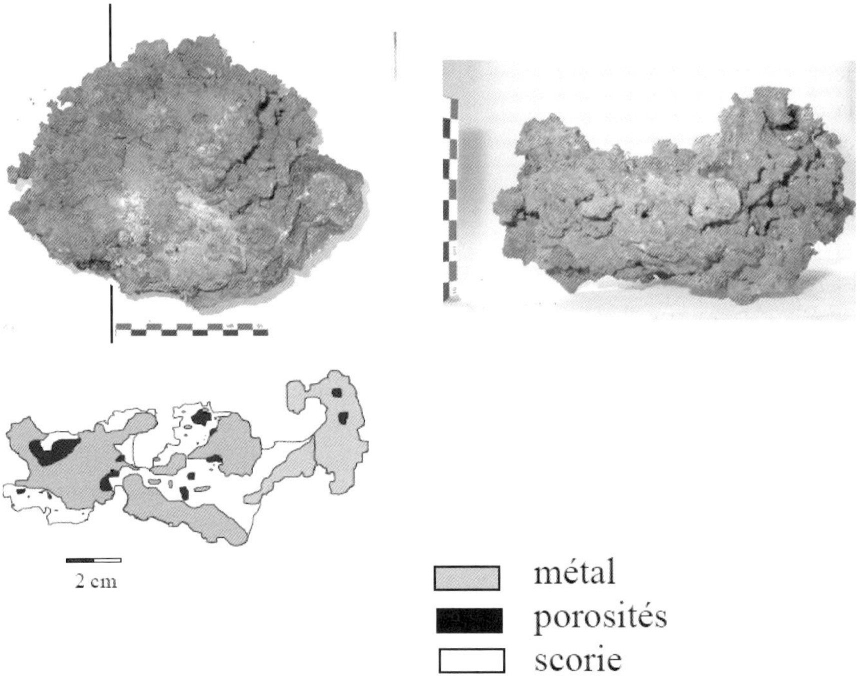


Fig. 1 : Produit de la réduction expérimentale XP07.

| Nom de l'échantillon | Remarque |
|---|---|
| XP07-min | Minerai géologique du Mont Rancié grillé et mis sous forme de poudre |
| XP07-sco1 | Fragment de scorie coulée |
| XP07-sco2 | Fragment de scorie coulée |
| XP07-loupe | Loupe de fer issue de la réduction |
| XP07 paroi1 | Fragment de paroi du fourneau |
| XP07 paroi2 | Fragment de paroi du fourneau |

Fig. 2 : Échantillons de référence issus de la réduction expérimentale XP07.

## 2. Résultats

### 2.1. Caractérisation du corpus d'étude

L'ensemble des matières premières (minerai, argile, charbon de bois) utilisé pour cette expérimentation a été analysé afin de préciser leur participation à la formation de la scorie. Les compositions en éléments majeurs, mineurs et traces du minerai et du charbon de bois sont comparées et représentées dans la figure 3.

Les analyses chimiques du minerai confirment la teneur élevée en manganèse (de l'ordre de 3 $\%_{mass}$) et pauvre en phosphore (< 0,5 $\%_{mass}$). Elles montrent également une quantité en fer de l'ordre de $45\,\%_{mass}$. Il est à noter l'abondance en calcium ($\sim 21\,\%_{mass}$) et la pauvreté en alcalins K et Na ($< 0{,}2\,\%_{mass}$). La composition de ce minerai est typique des gisements d'hématite à gangue calcique caractéristiques de la mine de Rancié. Pour les éléments traces, seuls les éléments suivants ont des teneurs qui dépassent la centaine de ppm : Ba (jusqu'à 2300 ppm), Ti (500 ppm), Zn et Sr (~ 200 ppm). Les éléments La et Ce sont également présents en quantité relativement abondante (~ 50 et 80 ppm respectivement). Les résultats de l'analyse du charbon de bois montrent que sa composition en éléments majeurs est du même ordre de grandeur que celles trouvées dans la littérature : des teneurs abondantes en Ca ($32\,\%_{mass}$) et K ($17\,\%_{mass}$) et non négligeables pour les éléments Fe, Mg, Mn et Al ($0{,}5 < \%_{mass} < 2{,}5$). Pour les éléments traces, les taux les plus élevés sont ceux du Ti (50 ppm) et ceux des éléments Ba, Rb, Sr, Zn (8 < ppm < 50). Ils sont cependant notablement plus faibles que ceux présents dans le minerai.

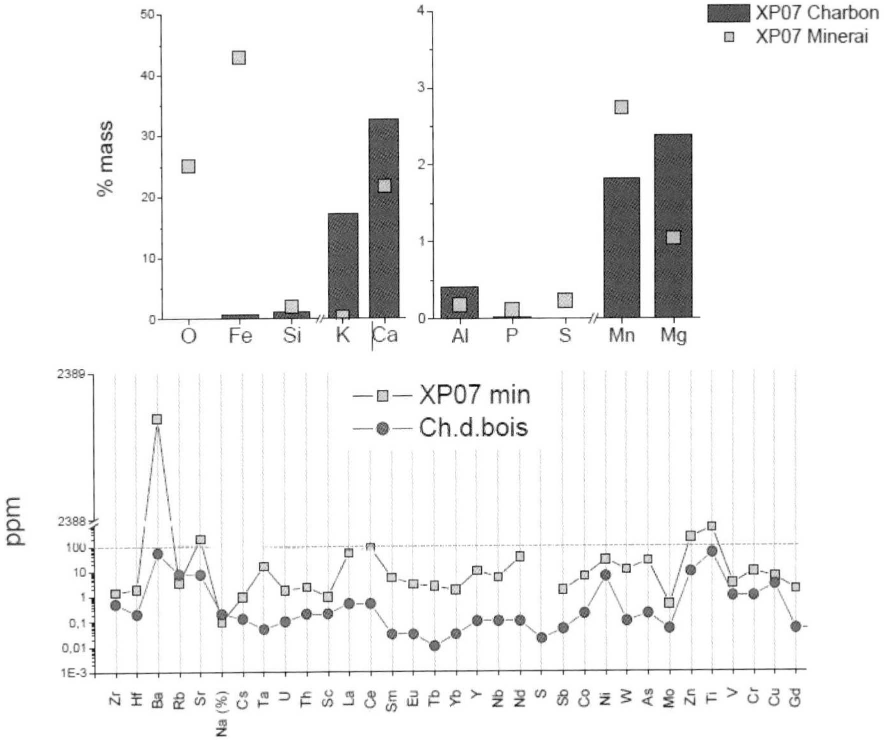


Fig. 3 : Comparaison des compositions en éléments majeurs, mineurs et traces du charbon de bois et du minerai. Nombre d'échantillons analysés : un pour chaque matière première (EDS, ICP-MS, INAA).

La confrontation des compositions du minerai et du charbon laisse penser que ce dernier apportera principalement du potassium au système d'autant plus que le minerai utilisé en contient très peu ($0{,}3\,\%_{mass}$). Toutefois, l'influence du charbon pour le calcium ne doit pas être négligée, même si sa teneur dans le minerai est élevée ($21\,\%_{mass}$). Les teneurs en magnésium et aluminium présentes dans le minerai sont faibles par rapport à celles du charbon de bois. En conséquence, on pourra s'attendre, pour ces éléments, à une influence chimique des cendres du charbon de bois sur la composition de la scorie.

Deux prélèvements de la paroi utilisée pour la construction du four ont également été analysés. Les résultats de composition en éléments majeurs, mineurs et traces comparés au minerai sont reportés dans la figure 4.

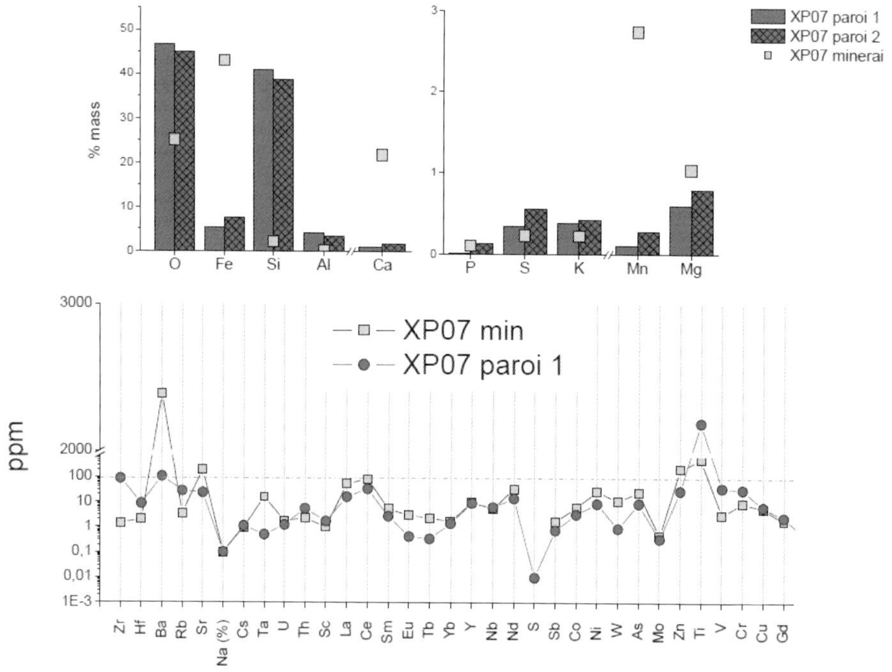


Fig. 4 : Comparaison des compositions en éléments majeurs et traces de la paroi du bas fourneau et du minerai. Nombre d'échantillons analysés : deux pour la composition en éléments majeurs de la paroi et un pour les éléments traces ; un échantillon pour la composition en éléments majeurs et traces du minerai (EDS, ICP-MS, INAA).

Les constituants principaux de la paroi sont O (~ 45 %$_{mass}$), Si (~ 41 %$_{mass}$), Fe (~ 6 %$_{mass}$) et Al (4 %$_{mass}$). Le Ca est en revanche présent en quantité beaucoup plus faible (1 %$_{mass}$). Les éléments mineurs et traces les plus abondants dans la paroi sont Ti (~ 2200 ppm) et, à un moindre degré, Ba (105 ppm) et Zr (85 ppm). Pour les autres traces, les teneurs sont nettement inférieures à la centaine de ppm. Celles en Zr, Rb, Ti, V et Cr sont importantes comparées à celles détectées dans le minerai. Pour ces éléments, la contribution de la paroi pourrait être perceptible. Compte tenu des faibles teneurs en Al et Si dans le minerai, l'influence de ces éléments pourrait également être détectable sur la composition de la scorie.

## 2.2. Comportement des éléments et sources de pollution

Afin de mettre en exergue les comportements et les pollutions des différents éléments lors du procédé direct, nous appliquerons la représentation graphique adoptée par Desaulty (2008) – où les compositions des déchets sont représentées normalisées à celle du minerai original. En d'autres termes, nous observons le rapport entre la concentration d'un élément dans l'échantillon et celle de ce même élément dans le minerai : $[E]_{scorie}$ / $[E]_{minerai}$, avec [E] la concentration élémentaire. Cette normalisation permet de définir deux facteurs d'enrichissement ($E^m$) par rapport aux minerais : (1) $E^m_{sc}$, facteur d'enrichissement de la scorie par rapport au minerai ; (2) $E^m_p$, facteur d'enrichissement de la matrice métallique de la loupe par rapport au minerai. Dans le cadre de cette étude, la composition de la matrice métallique de la loupe n'a pas été analysée. Nous nous baserons donc uniquement sur les résultats obtenus sur les scories et l'interprétation sera effectuée par rapport à $E^m_{sc}$.

Pour différencier les comportements, nous reprenons les critères de Desaulty (2008) :

- Si la courbe qui illustre la composition des scories se situe au-dessus de la courbe du minerai ($E^m = 1$), cela signifie que le procédé entraîne un enrichissement de l'élément dans l'échantillon par rapport au minerai.

- dans le cas contraire (c'est-à-dire : $E^m < 1$), cela signifie que le procédé entraîne un appauvrissement de l'élément dans l'échantillon par rapport au minerai. De manière générale, un certain nombre d'éléments chimiques seront enrichis dans la scorie ($E^m_{sc} > 1$) et appauvris dans le métal ($E^m_l << 1$). Ils vont très majoritairement passer dans la scorie au cours de la réduction. Par conséquent, mais aussi en raison de la déplétion en Fe dans la scorie, leurs concentrations seront plus élevées dans la scorie. Pour ces éléments, un enrichissement modal $E^m_{sc\ modal}$ peut être défini comme étant l'enrichissement dans la scorie qui a le plus fort effectif.

Concernant cette étude, deux scories coulées issues de la réduction ont été étudiées. Leurs compositions élémentaires sont très proches et nous avons, par conséquent, calculé les concentrations normalisées à partir de la moyenne des deux séries de mesure. Le facteur d'enrichissement relatif à l'ensemble des éléments analysés pour XP07 est représenté à l'échelle logarithmique dans la figure 5.

On peut remarquer que la valeur de $E^m_{sc}$ est proche pour plusieurs éléments. L'enrichissement dans la scorie qui a le plus fort effectif (ou $E^m_{sc\ modal}$) peut alors être déterminé. Pour rechercher sa valeur, une courbe de répartition en fréquence est réalisée. Pour cette expérimentation, la valeur de $E^m_{sc\ modal}$ est proche de 1,4 (fig. 5). Un nombre conséquent d'éléments présente un même enrichissement lors de l'opération de réduction. On peut supposer qu'il n'est pas lié aux pollutions amenées par les sources de contamination (paroi et charbon de bois). Cela signifierait, en effet, que les éléments présents dans ces sources ont tous des concentrations identiques et sont enrichis de la même manière, ce qui est peu probable. En effet, les analyses du charbon de bois et de la paroi, détaillées auparavant, permettent de réfuter cette hypothèse. Nous pouvons admettre que les éléments pour lesquels $E^m_{sc}$ est proche ne soient pas pollués significativement par les autres composants du système. $E^m_{sc\ modal}$ reflète alors l'enrichissement de la scorie par rapport aux minerais pour les éléments faiblement pollués. En conséquence, on s'attend à ce qu'ils aient des rapports constants entre eux.

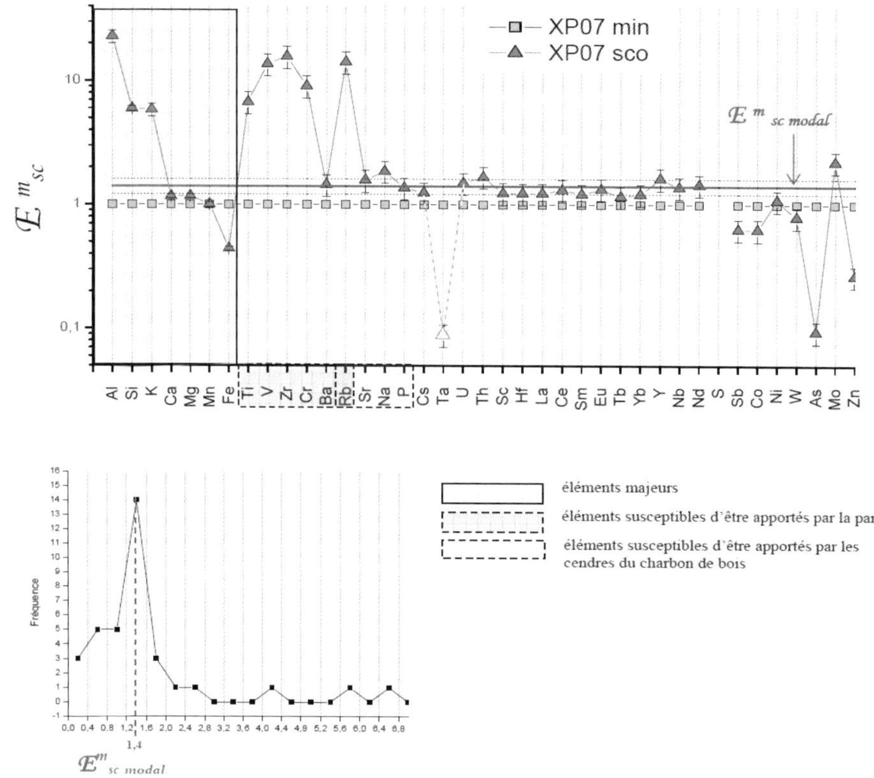


Fig. 5 : (haut) Composition moyenne des scories normalisée à celle du minerai et valeur de $E^{m}_{sc\ modal}$ pour l'expérimentation XP07.
(bas) Fréquence des valeurs $E^{m}_{sc}$ pour la détermination de $E^{m}_{sc\ modal}$ (EDS, ICP-MS, INAA).

Lorsque $E^{m}_{sc} > E^{m}_{sc\ modal}$, les éléments sont davantage enrichis dans la scorie par rapport au cas précédent. Cet enrichissement plus marqué traduirait une contamination par les cendres de charbon de bois ou la paroi du bas fourneau (c'est le cas de Al, Si, K, Ti, V, Zr, Cr, Rb). On note également une teneur légèrement supérieure pour le sodium. Ces éléments auraient donc été apportés au système par les contaminants.

Comme le montre la figure 3, les cendres du charbon de bois sont riches en potassium et calcium. Cependant, seul l'apport chimique en potassium semble significatif. Rappelons que la pollution d'un élément est d'autant plus perceptible que sa teneur est faible dans le minerai et, comme nous l'avons vu précédemment, le minerai employé pour la réduction est très riche en calcium (21 $\%_{mass}$). Les cendres du charbon de bois n'ont donc pas notablement influencé la teneur en calcium des scories. Concernant la légère pollution en sodium, nous pouvons supposer que les scories ont incorporé la faible part de contamination que pouvait apporter la cendre. De manière générale, l'influence des cendres du charbon de bois est faible pour cette réduction. Ceci est à mettre en relation avec des teneurs relativement basses, surtout pour les éléments traces, par rapport au minerai.

Dans la mesure où la paroi est très riche en silicium et aluminium, il n'est pas étonnant de retrouver leur importante contribution dans la composition des scories. Les éléments traces lithophiles enrichis par rapport au minerai (Ti, V, Zr, Rb, Cr) sont également clairement apportés par le revêtement du bas fourneau. Enfin, nous remarquons que certains éléments, comme le baryum et le strontium, sont présents en quantité relativement élevée dans la paroi. Aucune contamination de ces éléments n'est cependant perceptible sur la composition de la scorie. Ceci pourrait être notamment dû à leur teneur particulière dans le minerai : 2300 ppm pour Ba et 200 ppm pour Sr.

Lorsque $1 \leq E^{m}_{sc} < E^{m}_{sc\ modal}$, la scorie montre un faible enrichissement, inférieur à $E^{m}_{sc\ modal}$. On peut donc supposer qu'une part de l'élément est également passée dans le métal. Ce cas de figure correspond aux éléments qui se partagent entre la scorie et le métal. L'analyse élémentaire de la matrice métallique devrait permettre de vérifier cette proposition.

Lorsque $E^{m}_{sc} < 1$, les éléments sont considérablement appauvris dans la scorie. Pour la réduction XP07, c'est le cas de Fe, As, Zn, Sb, W et Co. Soit ils sont enrichis dans le métal, soit ils sont volatils. Pour cette expérimentation, dans la mesure où le métal n'a pas été analysé, il nous est impossible de différencier les deux hypothèses. D'après la littérature, le comportement volatil de certains d'entre eux (As, Zn, etc.) est cependant bien connu. Le même phénomène peut être observé pour le tantale. Ce dernier résultat peut cependant sembler erroné dans la mesure où il ne correspond pas au comportement lithophile attendu d'après la bibliographie (Hagemann et Treuil, 1998). Nous l'attribuons donc à une erreur de dosage du minerai. En effet, sur l'ensemble des minerais de la mine du Rancié analysés, les teneurs en Ta sont généralement très faibles (0,5 < ppm < 3), voire inférieures à la limite de détection. Le dosage à 15 ppm dans le minerai utilisé pour XP07 peut donc être entaché d'une très forte erreur.

L'ensemble de ces comparaisons nous amène à distinguer quatre comportements pour les éléments analysés :

1/ un passage majoritaire de l'élément dans la scorie, sans pollution.

2/ un passage majoritaire de l'élément dans la scorie, avec pollution.

3/ un partage de l'élément entre la scorie et la matrice métallique.

4/ un appauvrissement dans la scorie (passage dans le métal ou éléments volatils).

## 3. Discussion

Dans la figure 6, sont confrontés les résultats de l'expérimentation XP07 à ceux obtenus dans de précédents travaux (Desaulty, 2008).

Cette comparaison montre pour certains éléments un même comportement quelle que soit l'expérimentation. Pour d'autres, celui-ci semble différer en fonction de la réduction. Ces derniers sont encadrés dans le tableau. On peut donc regrouper les éléments analysés en fonction de ces caractéristiques.

| | $\mathcal{E}^m_{sc} \sim \mathcal{E}^m_{sc\,modal}$<br>$\mathcal{E}^m_l << 1$<br>Passage majoritaire dans la scorie, sans pollution | $\mathcal{E}^m_{sc} > \mathcal{E}^m_{sc\,modal}$<br>$\mathcal{E}^m_l << 1$<br>Passage majoritaire dans la scorie, avec pollution | $1 \leq \mathcal{E}^m_{sc} < \mathcal{E}^m_{sc}$ *modal*<br>$\mathcal{E}^m_l > 1$<br>Partage entre la scorie et la matrice métallique | $\mathcal{E}^m_l > 1$<br>$\mathcal{E}^m_{sc} << 1$<br>Passage majoritaire dans la matrice métallique | $\mathcal{E}^m_{sc} < 1$<br>$\mathcal{E}^m_l < 1$<br>Volatil |
|---|---|---|---|---|---|
| **XP03** | Al. Zr. Hf. Ba. Cs. Ta. U. Th. Sc. La. Ce. Sm. Eu. Tb. Yb. Y. Nb. S. Mn | Si. Rb. Ca. Sr. Na. K. Mg | Fe. W. P. | Sb. Co. Ni. As. Mo. | Zn |
| **XP05** | Al. Zr. Hf. Ba. Ta. U. Th. Sc. La. Ce. Sm Eu. Tb. Y. Nb. Yb. | Si. Rb. Ca. Sr. Na. K. | P. Mn. S. Fe. W. Mo. *Cs*. *Mg*. | Co. As. Ni. Sb | Zn |
| **XP09** | U. Th. La. Ce. Sm. Eu. Yb. Sr. K. Mg | Ca. Si. | | | |
| XP07 | Ca. Mg. Ba. Sr. Cs. U. Th. Sc. Hf. La. Ce. Sm. Eu. Tb. Yb. Y. <u>Nd.</u> Nb. P | Al. Si. K. <u>Ti.</u> V. Zr. <u>Cr</u>. Rb. Na | Mn. Mo.Ni | Co. Sb.Fe.W.As. Zn | |

☐ éléments au comportement variable en fonction des expérimentations
<u>E</u> éléments analysés pour XP07 mais non analysés pour les autres expérimentations
$\mathcal{E}^m_l$ facteur d'enrichissement de la loupe (métal) par rapport au minerai (Desaulty, 2008)

Fig. 6 : Bilan du comportement des éléments analysés lors de l'expérimentation XP07 comparé à celui observé par Desaulty (2008) (XP03, XP05, XP09). Éléments encadrés : éléments au comportement variable. Éléments soulignés : ceux analysés uniquement dans le cadre de l'expérimentation XP07.

### 3.1. Les éléments au comportement variable

Certains, comme Al, Zr, Sr, Ca et Mg, ont un comportement non reproductible. En effet, selon l'expérience, ils appartiennent à la famille des éléments pollués ou à celle des non pollués. Cette variabilité met en avant un aspect essentiel de ces comportements : leur dépendance à la composition initiale du minerai. La pollution apportée aux systèmes semble donc être tributaire des rapports de teneurs qui peuvent exister entre le minerai, le charbon de bois et la paroi. Ceci confirme que ces éléments signeront d'abord un système de réduction (minerai, charbon, paroi, ajouts) avant de signer un espace sidérurgique (Dillmann et L'Héritier, 2007). Ils ne permettent donc pas de tracer la signature chimique du minerai à l'objet et ne peuvent qu'autoriser, dans certains cas favorables, la distinction de corpus homogènes issus d'un même système de réduction. Il semble cependant possible de considérer les valeurs absolues des teneurs des minerais étudiés avant de rejeter complètement certains éléments.

En effet, si celles-ci sont très élevées dans le minerai candidat à la provenance, son absence dans les inclusions pourra être révélatrice d'une incompatibilité sans que sa présence soit pour autant une preuve absolue de compatibilité.

Parmi les éléments qui peuvent être appauvris dans la scorie, seuls le magnésium et le manganèse ont des comportements qui dépendent de la réduction. Le résultat obtenu sur le magnésium pour l'expérimentation XP05 est inattendu dans la mesure où, d'après la thermodynamique, il ne devrait pas être réduit lors de l'opération en bas fourneau. Le comportement du manganèse est moins bien cerné à ce jour et les publications sont contradictoires à son sujet. Aucune étude n'a clairement démontré le fait que le manganèse se partage entre le métal et la scorie. En effet, la thermodynamique montre que dans les conditions du bas fourneau, les oxydes de manganèse ne sont pas réductibles. Le manganèse peut alors difficilement jouer le rôle carburigène (qui favorise la formation de carbures) qui lui est connu en métallurgie contemporaine. Il pourrait éventuellement y avoir formation de carbures de manganèse dans le métal, qui se forment en effet à plus basse température (Truffaut, 1994). Cependant, à notre connaissance, aucune preuve de la présence de ce type de carbure dans les aciers anciens n'a jamais été fournie en archéométallurgie. Dillmann *et alii* (2006) émettent néanmoins l'hypothèse que le manganèse puisse passer en très faible quantité (< 60 ppm) dans le métal. D'après les données des expériences XP05 et XP07 (appauvrissement dans la scorie (Desaulty, 2008)), on pourrait penser qu'une partie de l'oxyde de manganèse est réduite pendant l'opération. Ce point sera à approfondir dans de prochaines études.

### 3.2. Les éléments au comportement reproductible

Au contraire, d'autres – qu'ils soient toujours pollués lors de l'opération ou, à l'inverse, jamais affectés – semblent avoir un comportement reproductible d'après les différentes expérimentations conduites dans le présent travail et par Desaulty (2008). Il est intéressant de noter que les majeurs Si, Na et K sont toujours très sensibles à une pollution apportée par les cendres de charbon de bois (Si, Na, K) ou les parois du fourneau (Si). La même remarque peut être apportée pour l'élément trace Rb et également à un moindre degré, puisqu'ils n'ont été étudiés que dans le cadre de notre expérimentation, Cr, Ti et V.

Pour les quatre réductions considérées ici, une série de traces n'est pas touchée par la pollution et a donc un comportement reproductible. Il s'agit des terres rares, de certains actinides et du baryum. Le résultat obtenu sur le baryum peut toutefois paraître étonnant d'autant plus que les teneurs en cet élément sont généralement élevées dans les parois et le charbon de bois (jusqu'à 1000 ppm). Pour l'expérimentation XP07, on explique cette observation par le fait que le baryum soit beaucoup plus abondant dans le minerai (2300 ppm) que dans le charbon de bois (50 ppm) ou la paroi (100 ppm). Ceci confirme ce qui vient d'être soulevé, à savoir que pour certains éléments, la pollution plus ou moins significative dépend en partie des teneurs initiales contenues dans le minerai. Pour les expérimentations de Desaulty

(2008), les différences entre les quantités dans le minerai et les sources de pollution étaient cependant moins marquées. Pour XP03, la teneur en baryum présente dans le minerai était de 230 ppm pour, respectivement, 100 ppm et 340 ppm dans le charbon et la paroi. Pour XP05, celle dans le minerai (100 ppm) était plus faible que dans la paroi (350 ppm). Cela montre qu'en plus de dépendre des teneurs initiales dans le minerai, la pollution est également liée aux quantités respectives des contaminants (parois et charbon) incorporées par la scorie par rapport au minerai. À ce titre, pour qu'il y ait pollution par certains éléments, il semble que la quantité de ce polluant, contenue dans le charbon de bois ou la paroi, doive être significativement plus élevée que dans le minerai et non du même ordre de grandeur, comme c'est justement le cas pour les expériences menées par Desaulty (2008).

Nous avons vu que seuls les rapports des éléments présents dans le minerai qui passent toujours très majoritairement dans la scorie ($E^{m}_{sc} > 1$) et dont les teneurs ne sont pas modifiées par des pollutions extérieures ($E^{m}_{sc} \sim E^{m}_{sc\ modal}$) peuvent caractériser un espace sidérurgique. À la lumière des observations précédentes, les terres rares et les actinides sont les moins susceptibles d'être pollués. Nous pouvons donc considérer qu'ils sont les seuls adéquats pour caractériser la signature chimique d'un espace sidérurgique dans le cadre des études de provenance. Un bilan de ces éléments est reporté dans la figure 7, et la constance de quelques-uns de leurs rapports, du minerai jusqu'à l'inclusion dans l'objet pour XP07, est illustrée dans la figure 8.

| | éléments logés dans la scorie & non pollués |
|---|---|
| Éléments majeurs | aucun élément |
| Éléments mineurs et traces | Cs, Ta*, U, Th, Sc, Hf, La, Ce, Sm, Eu, Tb, Yb, Y, Nb, Nd** |

* D'après les travaux de Desaulty (2008)
** D'après les résultats de l'expérimentation XP07

Fig. 7 : Éléments analysés dans cette étude susceptibles de caractériser la signature chimique d'un espace sidérurgique par une constance des rapports.

Ces résultats sont apportés sans s'appuyer sur les spécificités de composition de minerais d'espaces sidérurgiques donnés. Avant de réaliser toute étude de provenance, il est important de soulever la nécessité d'examiner également les valeurs élémentaires absolues des minerais étudiés.

Enfin, le comportement de certains éléments dans les conditions de l'altération superficielle peut être également abordé. Quelques-uns tels que U et Ce, peuvent, dans certaines conditions, être sensibles à l'altération, car ils sont très solubles et donc mobiles sous l'action des eaux de surface (Steinberg *et al.*, 1979). Leurs teneurs dans les minerais peuvent ainsi être affectées. En revanche, on peut considérer que dans les scories, les éléments sont piégés dans des phases solides stables, ce qui rend l'altération des scories négligeable. L'affectation des teneurs dans les minerais par les phénomènes d'altération ne constitue néanmoins qu'un risque.

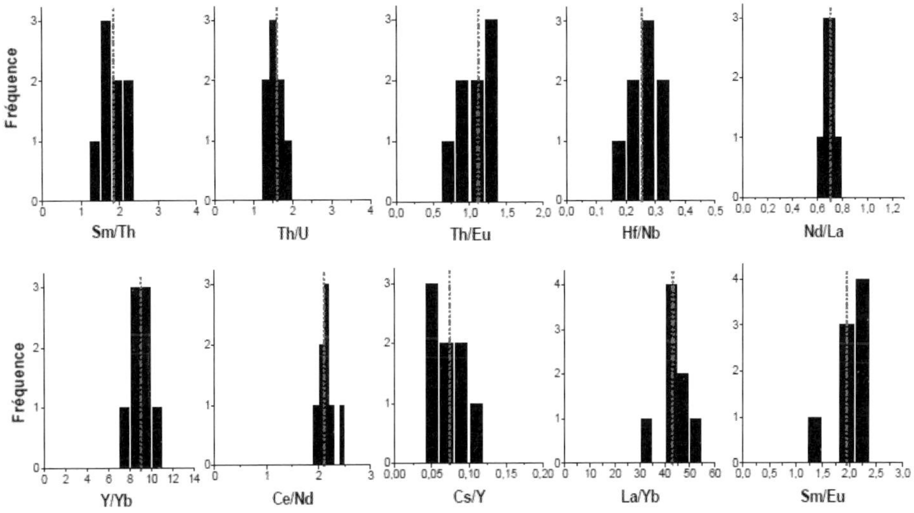


| Rapports élémentaires | Sm/Th | Th/U | Th/Eu | Hf/Nb | Nd/La |
|---|---|---|---|---|---|
| Rapport moyen | 1,83 | 1,57 | 1,11 | 0,26 | 0,70 |
| Ecart type (σ) | 0,34 | 0,19 | 0,23 | 0,05 | 0,04 |
| **Rapports élémentaires** | **Y/Yb** | **Ce/Nd** | **Cs/Y** | **La/Yb** | **Sm/Eu** |
| Rapport moyen | 9,02 | 2,15 | 0,073 | 42,85 | 1,99 |
| Ecart type (σ) | 0,95 | 0,14 | 0,017 | 6,59 | 0,26 |

Fig. 8 : Distribution en fréquence de dix rapports d'éléments traces pour le minerai, les scories et les inclusions de l'expérimentation XP07. Nombre de mesures : une mesure de minerai, deux de scories et cinq d'inclusions. Trait rouge pointillé : valeur moyenne des rapports ; σ : écart-type (ICP-MS, INAA, LA-ICP-MS).

## CONCLUSION

L'objectif de ce travail de recherche était de préciser le comportement des éléments traces dans la filière sidérurgique directe, dans le but de contribuer aux études de provenance dans la métallurgie du fer. L'archéologie expérimentale permet de fournir un outil interprétatif indispensable au comportement des éléments chimiques. L'expérimentation que nous avons réalisée ici est donc sans aucune application archéologique immédiate. Afin de cerner les spécificités de l'approche expérimentale archéométrique, le lecteur pourra se référer à l'article de Dillmann (2009) qui pose les bases d'une réflexion autour de la réalisation d'expérimentations proprement dédiées à des questions archéométriques.

À partir des analyses de composition de notre corpus de référence, nous avons pu mettre en évidence le comportement lithophile de certains éléments et ceux dont la concentration a été modifiée par des pollutions dans le cas spécifique de notre réduction. Ces résultats, comparés aux données issues de précédentes expérimentations, nous ont permis de compléter les connaissances actuelles. Les éléments qui vont rester associés au métal (Co, As, Ni...), à la scorie (Hf, La, Ce, Th...) ou qui se partagent entre les deux (P, Mo...) ont ainsi pu être mis en évidence. Ces observations ont permis d'éliminer ceux qui, en raison de leur comportement lors de la réduction, ne peuvent pas servir de traceur de la signature chimique du minerai. Une grande quantité d'éléments présents initialement dans le minerai migrent dans le déchet de l'opération et vont par conséquent se retrouver dans les inclusions de l'objet fini. Nous avons montré que certains d'entre eux peuvent voir leurs concentrations considérablement modifiées par des pollutions extérieures. L'influence d'une source de pollution (cendre, paroi du bas fourneau...) sur un élément dépend de sa teneur initiale dans le minerai : si sa teneur est faible dans le minerai, l'influence d'une pollution extérieure sera d'autant plus perceptible. Il n'existe donc pas de distinction absolue entre les éléments potentiellement pollués par des contributions extérieures et ceux exempts de cette pollution. Néanmoins, nous avons pu sélectionner une série de traces qui n'est jamais touchée par la pollution et a donc un comportement reproductible lors de la réduction. Seule cette sélection, atteinte avec nos moyens expérimentaux, est susceptible de caractériser la signature chimique d'un espace sidérurgique par une constance des rapports.

Par cette approche spécifique de l'expérimentation, sont obtenues des informations indispensables pour mener à bien des études sur l'origine géographique d'un alliage ferreux, qu'il serait impossible d'atteindre autrement.

## REMERCIEMENTS

Nous tenons à remercier l'équipe ArkeMine pour l'aide apportée lors de cette campagne d'expérimentations. Cette recherche entre dans le cadre d'un travail de thèse sur la provenance et la circulation de produits ferreux dans les Pyrénées ariégeoises et en Lombardie (Leroy, 2010 ; Leroy *et al.*, 2011), subventionnée par le CNRS et le Synchrotron SOLEIL. Une partie du travail a été financée par le programme de recherche ACEUR ANR05JCJC-0164 de l'Agence Nationale française de la Recherche.

# Reconstitution d'affinage wallon de la fonte : premières expérimentations archéologiques et archéométriques

## *Understanding the Walloon method of iron refining: first archeological and archeometric experiments*

Andrea Perez, Philippe Dillmann, Danielle Arribet-Deroin, Enrique Vega, Régis Aranda, Maxime L'Héritier, Delphine Neff, Ludovic Bellot-Gurlet

**Résumé** : Cet article présente une reconstitution expérimentale de la phase d'affinage de la filière indirecte de réduction du minerai de fer. Un foyer expérimental de type wallon a été restitué, à partir des sources archéologiques, iconographiques et historiques disponibles sur l'affinage wallon. Le travail sur une gueuse de fonte grise phosphoreuse à matrice perlitique a permis de mieux comprendre les gestes techniques liés à cette opération. Par ailleurs, l'analyse métallographique des produits et déchets de l'opération a permis de valider l'opération de décarburation, mais également celle de déphosphoration. De plus, un certain nombre d'indices métallographiques liés à la filière indirecte et observés précédemment dans des matériaux archéologiques ont pu être confirmés. Nous montrons ainsi les différents apports de la démarche en archéologie expérimentale, de la compréhension du geste technique à celle des matériaux trouvés en fouille.

***Abstract:*** *This article presents an experimental reconstruction of the indirect process refining stage. An experimental Walloon finery hearth was restored, by means of archaeological, iconographic and historic sources that are available on Walloon refining. A series of operations using a phosphorous grey cast iron in perlitic matrix highlight both refining techniques and conditions. On the other hand, the metallographic analysis showed the importance of the metal-slag reaction phase in obtaining a carbon-free and phosphorous-free material. Furthermore, some metallographic indications of the indirect process that were observed previously in archaeological materials were confirmed. This study demonstrates the various contributions of the experimental archaeology approach, from the technical gesture understanding to that of materials found in excavations.*

**Mots clés :** Affinage, fer, fonte, méthode wallonne.

***Key-words :*** *Iron refining, cast iron, Walloon method.*

## INTRODUCTION

Entre le XIV^e^ et le XVI^e^ siècle, le procédé sidérurgique indirect apparaît et se diffuse dans le nord de l'Europe pour remplacer progressivement son prédécesseur, le procédé direct. Contrairement à ce dernier, le procédé indirect se déroule en deux étapes. La première est la réduction du minerai de fer dans un haut fourneau, qui produit de la fonte à l'état liquide, un alliage de fer contenant un faible pourcentage de carbone, mais également de silicium et de phosphore. La seconde étape, l'affinage, consiste à transformer cette fonte en fer ou en acier par oxydation de certains de ses éléments, notamment le carbone et le silicium. La loupe qui était alors obtenue était ensuite mise en forme à l'aide d'un marteau hydraulique. Une des premières variantes de cette opération est la méthode dite wallonne qui apparaît en Wallonie au début du XIV^e^ siècle (Awty, 2006 et 2007). Elle se diffuse ensuite vers le sud de l'Europe pour arriver, en France, en Champagne et dans le Nivernais (Belhoste et Léon, 1996) dès la fin du XIV^e^ siècle et dans de nombreuses régions dont la Normandie à partir de 1450 (Belhoste, 2001). Le procédé migre ensuite vers l'Angleterre (Belhoste *et al.*, 1991).

Nous ne reprendrons pas ici l'historiographie et la chronologie détaillée des prémisses du procédé indirect et de l'affinage et nous nous intéresserons uniquement à ce que nous appellerons le procédé wallon "stabilisé" sous sa forme haut fourneau, foyer d'affinage, foyer de chaufferie et marteau hydraulique. D. Crossley (1972 et 1975a) et O. Bedwin (1978 et 1980) ont fouillé des hauts fourneaux et une affinerie dans le Weald (Royaume-Uni). Peter Crew a également mis au jour un haut fourneau daté du XVI^e^ siècle au Pays de Galles (Crew et Williams, 1985). Enfin on pourra citer les études consacrées au haut fourneau de Marsolle en Belgique (Weber, 1997). Les articles relatant ces études présentent des données très intéressantes sur la construction et l'organisation spatiale des zones de travail associées aux hauts fourneaux primitifs. En revanche, les informations concernant l'affinerie elle-même sont très partielles.

Depuis plus de quinze ans, le haut fourneau de Glinet, situé en Haute-Normandie (commune de Compainville – Seine-Maritime) et en activité aux XV^e^- et XVI^e^ siècles, ainsi que l'affinerie qui lui était attachée ont été fouillés par Danielle Arribet-Deroin (Arribet-Deroin, 2001 et 2010 ; Dillmann *et al.*, 2007). Sur la zone de l'affinerie, le marteau hydraulique et le billot de son enclume ont été mis au jour, ainsi qu'un probable foyer de chaufferie. Bien que le foyer d'affinerie n'ait pas pu être fouillé en détail à ce jour, de nombreux fonds de foyers, reliés sans ambiguïté à l'opération d'affinage, ont été découverts. Dans le cadre de ces travaux, une approche multidisciplinaire a été mise en place afin de comprendre, en plus de l'organisation spatiale et technique du site, le déroulement de l'opération d'affinage. À cette fin, deux objectifs ont été poursuivis : appréhender la composition chimique et la structure des produits métalliques et des scories issues de l'affinage, et mieux saisir les gestes techniques et le déroulement de cette opération, par ailleurs peu documentée historiquement pour la période considérée (*cf. infra*). De plus, les analyses métallographiques des produits trouvés à Glinet (Dillmann *et al.*, 2007) ont pu montrer que, d'une part, de la fonte phosphoreuse était produite dans le haut fourneau (composition liée à celle du minerai), et que, d'autre part, à l'issue de l'affinage, c'était un fer phosphoreux, quasi exempt de carbone qui était obtenu (%C < 0,02). Si les matériaux affinés et produits ont pu être caractérisés à Glinet, il n'en demeure pas moins que de nombreuses questions perdurent sur le déroulement de l'opération d'affinage et la spécificité du traitement des fontes phosphoreuses que nous avons déjà évoquées dans de précédents articles (Lechevallier *et al.*, 2000).

En complément des données archéologiques, un certain nombre de descriptions d'opérations d'affinage peuvent être également trouvées dans les sources historiques. De manière générale et quelle que soit l'époque, l'affinage wallon, ou apparenté, est décrit comme suit (Buchwald, 2008 ; Denouden, 1981 ; Le Coze, 2008 ; Mackenzie et Whiteman, 2006 ; Tylecote, 1992) : il prend place dans un foyer ouvert dans lequel une oxydation contrôlée à haute température (1100-1300 °C) permet d'éliminer le carbone de la fonte ainsi que le silicium et le phosphore. Ces éléments passent dans la scorie après leur oxydation. Une partie de la réaction d'oxydation a lieu dans le vent de la tuyère qui sert également à alimenter la combustion du charbon de bois du foyer. Dans un second temps, il semble que la scorie amassée dans le fond du foyer d'affinage joue un rôle important dans l'oxydation de certains éléments de la fonte et affecte en conséquence grandement le rendement de l'affinage. Les données thermodynamiques laissent prévoir que le silicium soit le premier élément de la fonte à être oxydé (Philibert *et al.*, 1998). Ensuite viennent le carbone, le phosphore et le fer, dans un ordre fortement tributaire des conditions thermodynamiques locales (températures, pressions partielles) et de la composition des scories. Par exemple, on sait qu'à haute température certains phosphates, notamment de fer, formés par oxydation du phosphore peuvent être réduits par l'action du carbone. C'est la raison pour laquelle le procédé d'affinage Bessemer, apparu durant le XIX^e^ siècle, n'est pas adapté à l'affinage des fontes phosphoreuses. Aux températures qu'il met en jeu (> 1500 °C), il est impossible de retirer le phosphore du métal sans ajout de calcium permettant de former un phosphate plus stable (c'est le principe du procédé Thomas-Gilchrist). Cependant, ce point n'est peut-être pas aussi important à des températures plus basses, dans les conditions du foyer wallon, où les phosphates de fer pourraient être plus stables (Dillmann, 1998 ; Im *et al.*, 1996). On voit qu'il est fondamental d'étudier l'ensemble de ces paramètres et la façon dont ils étaient contrôlés par les hommes de l'art à la fin du Moyen Âge et à l'époque moderne, où des fontes phosphoreuses étaient couramment affinées.

Enfin, d'importantes questions restent posées à propos des capacités de production du nouveau procédé aux premières périodes. Pour le XV^e^ siècle et le début du XVI^e^, aucune donnée précise n'est accessible à ce jour. Du point de vue du rendement fer/fonte à l'issue de l'affinage, des comptabilités britanniques (Crossley, 1975b, p. 187) donnent certaines indications pour la deuxième moitié du XVI^e^ siècle. Ainsi, en 1563, on mentionne un rapport de trois tonnes de gueuse [terme employé pour dénommer la barre de fonte, et que nous continuerons d'employer dans la suite de cet article] pour deux tonnes de fer ("... *rate of thre tonn of sowes to too tonn of iron...*"). D'autre part, des données plus précises sont disponibles pour les périodes plus tardives, et notamment pour le XVIII^e siècle pour lequel il est clair que les capacités de production d'une forge indirecte sont bien supérieures à celles d'une forge utilisant le procédé direct, toutes choses étant égales par ailleurs. En particulier, quelques rendements recensés par Le Coze (2008) et Diderot (1751) expliquent que "de vingt-six livres de fer crud, on n'en retire que treize d'acier" ; pour Bouchu (Bouchu et Courtivon, 1774) "Le déchet ordinaire de la fonte réduite en fer, est au moins d'un tiers, quinze cent de fonte pour un mille de fer". Buchwald (2008, p. 278) cite Angerstein indiquant que 1 600 livres de fonte sont nécessaires pour obtenir 1 000 livres de fer doux. Dumas donne un rendement, pour le début du XIX^e siècle, de 71 % (Dumas, 1833). Précisons qu'il semble que ces rendements soient donnés à l'issue des opérations d'épuration et de compactage sous le marteau hydraulique, qui génèrent également une certaine perte en métal. Concernant le volume de la production, certaines sources historiques sur les forges directes pyrénéennes au XVI^e siècle (Cantelaube et Verna, 2000) montrent des capacités de production étonnamment élevées qui seraient à même de rivaliser avec les premières installations du procédé indirect. Ces points sont importants quand on considère, à ces périodes, la concurrence des deux procédés et la persistance du procédé direct dans certaines régions. Ainsi, la grande irrégularité de l'activité du haut fourneau et le goulot d'étranglement que constituait l'opération d'affinage, tout du moins avant l'apparition de la méthode wallonne à deux foyers, pourraient avoir conduit dans un premier temps à des capacités de production du même ordre entre les deux filières.

Afin de compléter les données archéologiques et historiques par une série d'expérimentations et tenter d'aborder certaines de ces questions, nous avons entrepris de restituer un foyer wallon et de conduire plusieurs opérations d'affinage de fonte phosphoreuse. Pour ce faire, nous avons utilisé à la fois les données archéologiques correspondant au site de Glinet (en particulier pour les dimensions des culots d'affinage donnant des indications sur celles du foyer) et les informations historiques liées aux descriptions de l'opération d'affinage, disponible à partir du XVIII^e siècle. Ainsi, après une première campagne de calibrage en 2006, où les gestes techniques les plus efficaces ont pu être déterminés, trois expériences ont été conduites en 2007 sur la plate-forme des Mines d'argent des Rois Francs de Melle (Deux-Sèvres), dans le cadre du PCR "Paléométallurgie et expérimentation". Après une brève présentation des données historiques depuis le XV^e siècle, qui peuvent nous renseigner sur la pratique et le principe de l'affinage wallon, nous allons indiquer dans cet article les principaux résultats issus d'une des restitutions du procédé wallon.

## 1. Données historiques

Malheureusement, il n'existe quasiment pas de données historiques contemporaines au site de Glinet donnant des informations précises sur les opérations d'affinage. Agricola n'en parle pas dans le *De Re Metallica* (1556). Certains auteurs (Williams, 2003) pensent que Biringuccio évoque l'affinage dans un passage de *La Pirotechnia* (Biringuccio, 1540) où ce dernier explique la manière d'obtenir de l'acier par traitement simultané et brassage de fonte et de fer. Le texte de Biringuccio est cependant complexe et son interprétation fait encore l'objet de débats entre les spécialistes (Dillmann *et al.*, 2010). Dans le poème de Nicolas Bourbon "Paternae ferrariae tumultuaria descriptio" (1529, fol. LIII v.), l'affinage est décrit de manière très succincte comme une opération pendant laquelle la fonte qui n'est pas du fer véritable ("*germanum ferrum*") est améliorée: il faut pour cela le transformer, l'améliorer une deuxième fois dans un vaste fourneau pour en faire du fer forgeable ("*ferrum plicatile*"). Quand il est rassemblé en boule ("*in globulos*"), des hommes énergiques s'en emparent, l'aplatissent et l'aplanissent. Certaines toiles du peintre Henri Bles (1490-1550) montrent également le procédé (fig. 1), mais, bien qu'elles soient tout à fait intéressantes pour comprendre certains agencements de l'atelier (par exemple le fait que le foyer soit placé environ à 80 cm au-dessus du sol), cette source iconographique ne nous éclaire pas du point de vue du déroulement technique de l'opération.

Les premiers écrits détaillés sur l'affinage datent du XVIIIe siècle. Le chimiste Jean Hellot (1685-1766) (Birembaut et Tuillier, 1966) décrit avec précision l'affinage dans ses cahiers, reprenant les travaux de Réaumur. Le foyer d'affinage pour produire du fer est décrit comme étant fait de cinq plaques de fonte, formant un parallélépipède

Fig. 1: Détail de la toile d'Henri Blès (c. 1490-1550) "Paysage avec Forge", Vaduz, coll. du Prince de Liechtenstein (voir cahier couleur).

rectangulaire d'environ 70 x 75 cm de côté. La tuyère est placée sur un des côtés longs du rectangle et la plaque de fonte correspondant à ce côté est légèrement surélevée. Du côté opposé, un trou à la base du foyer permet d'évacuer une partie des scories produites. Cet auteur nous donne une très belle description des gestes de l'opération : "La gueuse, échauffée jusqu'à un certain point, se ramollit mais elle ne fond pas parfaitement. Elle laisse de temps en temps tomber de grosses gouttes dans le fond de l'ouvrage comme on laisserait tomber un morceau de cire d'Espagne qu'on tiendrait sur une bougie. Les gouttes qui forment la loupe sont pourtant moins fluides, elles ont la consistance d'une pâte molle. Ce sont ces gouttes qui exercent l'affineur. Il est debout devant l'affinerie et muni d'un long ringard dont il a fait entrer un bout dans l'ouvrage par-dessus ses bords. À mesure que les gouttes tombent, il les remue, il les agite, il les rassemble, il les pétrit pour ainsi dire. Tantôt il pousse son ringard vers l'un des côtés de l'ouvrage, tantôt vers l'autre. Plus souvent il élève le bout qui est dans l'ouvrage pour soulever la fonte en fusion. Alors, avec ses deux mains, il s'appuie sur le bout qui est en dehors. Quelquefois même il s'assied dessus. Il a besoin de faire usage de ses forces car de toutes ces gouttes, il ne forme qu'une seule masse appelée loupe dans les affineries". De même, un mémoire de 1769 sur les forges et les fourneaux du Berry et du Nivernais (Angenoust et Wendel, 1769) décrit l'opération de manière très évocatrice : "La gueuse fond, et à mesure que tombant dans le creuset elle s'ammoncèle en petits pelotons, le valet d'affinerie les jette vers le contre-vent ; lorsqu'il juge qu'il y a assès de mattière pour former une Loupe, il livre l'ouvrage au maître affineur. Celui-ci reprend tous les morceaux que le valet avoit jettés au contre-vent et les porte sur le charbon au dessus du vent des soufflets, ils descendent lentement en consistance pateuse et sans se liquéfier sur la taque du fond ; le maître va les y chercher avec un ringard et les raporte une seconde fois sur le vent, pour lors à mesure qu'ils descendent, il cherche à les rassembler au fond du creuset en une seule masse, et c'est ce qu'on appelle ravaller".

En 1735, Svendeborg, dans son *Traité du fer* repris dans le livre de Bouchu et Courtivon (1774), indique que la température du foyer d'affinage ne doit pas être trop élevée : "On doit aussi agiter le fer dans la discontinuation de crainte qu'il ne demeure trop liquide et qu'en cet état il ne brûle et ne se recuise trop. [...] On a soin que la liquation ne soit pas trop liquide. [...] Pour ne pas perdre une partie du fer de la loupe, pour ne pas le changer en laitier ou en mâchefer, l'affineur est attentif à modérer le feu lorsqu'il le voit trop violent". On retrouve ici la concurrence mentionnée plus haut entre l'oxydation du fer et celle des autres constituants de la fonte. Svendeborg évoque également le rôle des scories : "Elles aident à la fusion du fer en fondant elles-mêmes, [...] par leur moyen, non seulement le fer se liquéfie bien mais il dégage et se sépare des corps nuisibles et ainsi l'on rend le fer fusible, ductile et purifié. [...] Au reste, les ouvriers, à l'aide de scories, sont dans l'usage de rendre non seulement fusible mais malléable et ductile le fer le plus mauvais et le plus cru". Le rôle de la scorie sur l'affinage est complètement appréhendé et on sent poindre la notion de contrôle de sa composition, et donc d'ajout, pour parfaire l'affinage. Ces ajouts sont d'ailleurs mentionnés sans ambiguïté par Hellot : "Il y a cependant des circonstances où l'on emploie d'autres laitiers, on jette du sable fondant, ou même des cailloux dans l'affinerie" (Birembaut, A., Tuillier, G., 1966). Grignon, en 1755, donne la preuve indubitable d'ajout calcaire dans le foyer d'affinage pour faciliter le travail du fer et améliorer sa qualité : "l'on jette dans les affineries des graviers de rivière pour adoucir le fer. Cette substance calcaire fait les mêmes fonctions que dans les fourneaux de fonderie ; elle absorbe les soufres et les sels surabondants, et entame les métaux, facilite le travail du fer nerveux et plus consistant". Les détails sur l'affinage que l'on trouve dans l'*Encyclopédie* de Diderot et D'Alembert (1751) sont du même ordre.

Enfin, des descriptions intéressantes du procédé wallon peuvent être trouvées dans les traités chimiques de la première moitié du XIX^e^ siècle. À cette époque, le puddlage, qui prend place dans un four à réverbère, est une méthode d'affinage innovante. Cependant, de nombreuses forges, particulièrement en France, affinent encore la fonte par le procédé wallon. Dans son traité de 1833, le chimiste Jean-Baptiste Dumas précise que les dimensions du foyer sont de 84 x 64 cm de section pour une profondeur de 18 à 23 cm. La tuyère est enfoncée de 10 cm dans le foyer et sa section est de 5,2 x 3,3 cm. Dumas indique également que des scories de l'opération précédente sont placées dans le foyer et qu'elles fondent en même temps que la fonte. À l'issue de cette étape de fusion, commence l'affinage proprement dit. La masse métallique est remontée à plusieurs reprises et divisée en plusieurs morceaux qui sont présentés à l'action de l'air. Ces fragments sont refondus plusieurs fois. Ces descriptions indiquent que le métal doit être travaillé et brassé plusieurs fois avant décarburation complète du matériau.

Plusieurs paramètres peuvent ainsi être dégagés des données historiques, tant à propos du geste technique que pour le placement de la tuyère ou l'usage des scories. Ils ont été pris en compte lors des reconstitutions expérimentales à chaque fois que les données archéologiques faisaient défaut.

## 2. Reconstitution du foyer d'affinage

Le foyer a été réalisé à partir de cinq plaques d'acier non allié de type XC38. Ses dimensions sont de 65 x 85 cm pour une profondeur de 30 cm. Elles ont été déduites de celles des culots d'affinage trouvées sur le site de Glinet (Dillmann *et al.*, 2007). Un orifice a été pratiqué à la base du foyer dans le côté opposé à la tuyère pour l'écoulement d'éventuelles scories. Le foyer a été placé à environ 90 cm du sol sur un support de parpaings. La tuyère, constituée d'un tuyau en acier, s'enfonce dans le foyer sur une longueur de 15-20 cm. Elle plonge selon un angle d'environ 30° ; elle est connectée à une soufflerie mécanisée dont il est possible de faire varier la vitesse. La vitesse du vent en sortie de tuyère a été mesurée pour différentes vitesses de soufflerie à l'aide d'un anémomètre.

## Nature de la fonte affinée

Ne disposant pas des moyens de réaliser une gueuse sous la forme d'une barre d'un seul tenant de plus d'1 m de long, nous l'avons reconstituée en assemblant par soudure à la baguette de fonte (%C = 4, %Si = 4, autres éléments autre que Fe : < 0,5 %) des fragments linéaires de grilles en fonte de récupération, de section de 5 x 5 cm (fig. 2). Le poids total de la gueuse reconstituée pour l'expérimentation d'affinage présentée dans la suite de l'article est de 42 kg.

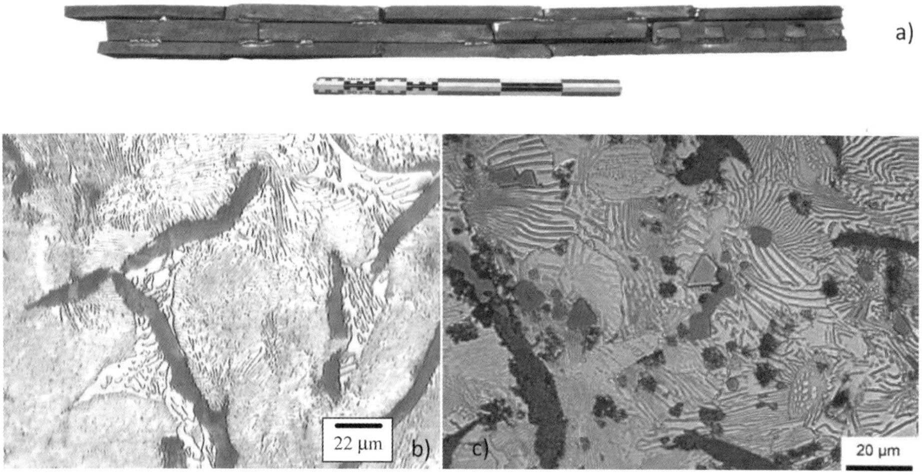


Fig. 2 : (a) Gueuse de fonte reconstituée, microstructure (b) d'une fonte grise archéologique de Glinet (Dillmann, *et al.*, 2007), (c) de la fonte affinée lors des expérimentations.

Nous avons pu vérifier que cette gueuse reconstituée présente une bonne compatibilité de composition et de structure avec les fontes archéologiques de Glinet. En effet, les analyses métallographiques sur ce matériau ont montré qu'il s'agissait d'une fonte grise à graphite lamellaire et à matrice perlitique contenant des eutectiques phosphoreux. Cette microstructure est comparable à celle observée sur les fontes produites dans le haut fourneau de Glinet (fig 2). La teneur en carbone a été déterminée par métallographie quantitative. Les teneurs en fer, silicium, soufre et phosphore ont été déterminées par spectrométrie EDS couplée au Microscope Électronique à Balayage (MEB) – 15 kV, moyennes sur toute la surface de la section et normalisées en tenant compte de la teneur en carbone (fig. 3). Aucun autre élément majeur n'a pu être détecté par ces techniques. Par ailleurs, de petits précipités angulaires de sulfures de manganèse, dont la taille pouvait atteindre la dizaine de micromètres, ont été détectés dans la fonte contemporaine (en gris sur la micrographie de la figure 2), ainsi que des précipités contenant titane, chrome et vanadium (au centre de la micrographie de la figure 2), vraisemblablement des carbures ou des carbonitrures (Dillmann *et al.*, 2002). Ni manganèse, ni vanadium et titane n'ont cependant été détectés lors des analyses macroscopiques de la fonte par spectrométrie EDS, dont la limite de détection, pour cette matrice, est de l'ordre de 0,5 $\%_{mass}$.

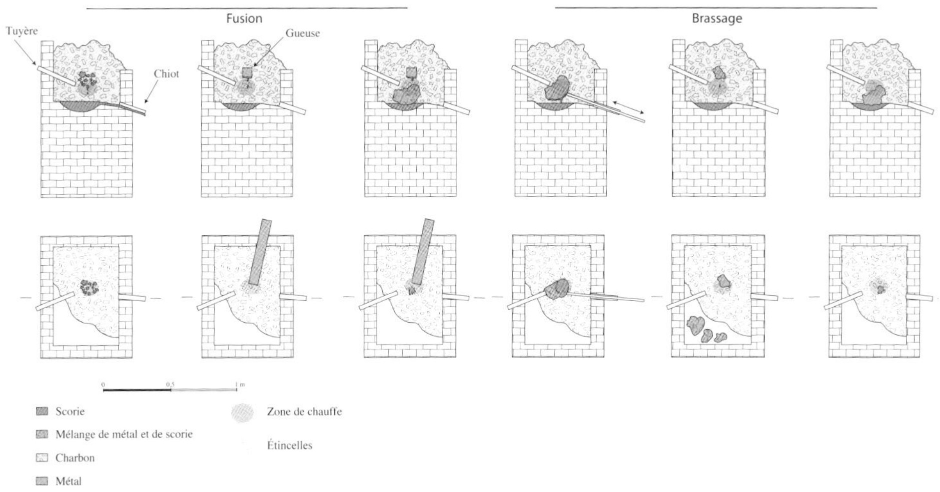


| Echantillon | Fontes de Glinet (Dillmann *et al.*, 2007) | MEL07-08 | MEL07-09 | MEL07-10 | MEL07-13 supérieure | MEL07-13 inférieure |
|---|---|---|---|---|---|---|
| Fe ($\%_{mass}$) | bal | bal | bal | bal | bal | bal |
| C ($\%_{mass}$) | 2-4,3 | 5 ± 1 | 3,5 ± 0,5 | 1,8 ± 0,2 | 1,2 ± 0,1 | 0,2 ± 0,01 |
| Si ($\%_{mass}$) | 1 | 2 ± 0,5 | 1,5 ± 0,2 | 0,8 ± 0,1 | < 0,5 | < 0,5 |
| P ($\%_{mass}$) | 1,7-2 | 2 ± 0,5 | 1,5 ± 0,2 | 1,5 ± 0,2 | 0,8 ± 0,1 | 0,8 ± 0,1 |
| S ($\%_{mass}$) | < 0,5 | 0,8 ± 0,1 | 0,6 ± 0,1 | < 0,5 | < 0,5 | < 0,5 |

Fig. 3 : Composition des échantillons analysés.

## 3. Déroulement des expérimentations et prélèvement des échantillons

Les trois expérimentations de la campagne de 2007 ont suivi le déroulement d'un affinage tel qu'il est décrit dans tous les textes : fusion de la fonte suivie d'un brassage de la masse de métal qui consiste principalement à remonter des fragments au niveau de la tuyère (fig.4). La différence principale entre la première expérimentation et les deux suivantes tient à la conservation du lit de scories formé lors des opérations précédentes et servant pour l'affinage. Cette pratique est déduite des descriptions historiques du procédé (*cf. supra*). Ceci n'a bien évidemment pas pu être le cas pour la première opération qui s'est faite sans ce lit de scories. Excepté cette scorie initiale, aucun ajout supplémentaire n'a été effectué durant les opérations d'affinage. Enfin, nous avons uniquement reconstitué la phase d'affinage proprement dite et non la phase d'épuration et de martelage qui est censée la suivre pour le compactage de la loupe obtenue. Seule la deuxième expérimentation a fait l'objet de prélèvements d'échantillons tout au long de l'opération. C'est pourquoi les résultats présentés dans la suite ne concerneront que cette expérimentation.

Au début de l'expérimentation, la gueuse est placée dans le foyer qui est rempli de charbon. L'extrémité de la gueuse est à quelques centimètres de celle de la tuyère

| Composition (wt%) | Fe | C | Si | P | S |
|---|---|---|---|---|---|
| **Glinet cast iron (Dillmann, et *al.*, 2007)** | bal | 2-4,3 | 1 | 1,7-2 | < 0,5 |
| **MEL07-08** | bal | 5 ±1 | 2 ±0,5 | 2 ± 0,5 | 0,8 ±0,1 |
| **MEL07-09** | bal | 3,5 ±0,5 | 1,5 ± 0,2 | 1,5 ±0,2 | 0,6 ±0,1 |
| **MEL07-10** | bal | 1,8 ±0,2 | 0,8 ±0,1 | 1,5 ±0,2 | < 0,5 |
| **MEL07-13 top** | bal | 1,2 ±0,1 | < 0,5 | 0,8 ± 0,1 | < 0,5 |
| **MEL07-13 bottom** | bal | 0,2 ± ,01 | < 0,5 | 0,8 ± 0,1 | < 0,5 |

Fig. 4 : Séquençage des opérations d'affinage (dessin S. Bauvais).

(fig. 5a), dans ce qui sera la zone la plus chaude. La gueuse est recouverte de charbon et le foyer mis en chauffe (fig. 5b). Au bout d'environ 1 h, la fusion de la gueuse commence. Au fur et à mesure de cette fusion, la gueuse est avancée dans le foyer jusqu'à sa consommation complète. Cette opération dure environ 3 h. L'échantillon MEL07-09 a été prélevé dans la masse fondue au fond du foyer durant cette opération. La fusion de la gueuse est stoppée lorsque 27 kg de fonte ont été consommés, le reste est retiré du foyer. Débute alors l'opération de brassage proprement dite (fig. 5c, d). La masse de métal fondue dans le foyer est divisée en plusieurs parties et remontée plusieurs fois pour passer à nouveau devant la tuyère (fig. 5e, f). Cette opération dure, quant à elle, environ 2 h. L'échantillon MEL07-10 a été prélevé après un deuxième passage devant la tuyère. Enfin, l'échantillon MEL07-13 est constitué de la masse de métal en fin d'opération (fig. 6). Précisons que durant ce brassage, il a été possible d'observer un bouillonnement caractéristique de la réaction, probablement exothermique, avec la scorie, dans le fond du foyer. Ce bouillonnement est apparu après le prélèvement de l'échantillon MEL07-10. Aucun fond de four n'a été retrouvé au fond du foyer à l'issue de l'opération. Seuls des morceaux de scories, de taille pluricentimétrique, mêlés au charbon de bois, ont pu être retrouvés.

Le poids total du métal affiné en fin d'opération est de 16,2 kg. Rappelons que 27 kg de fonte ont été introduits dans le fourneau. Si on considère que la totalité de la fonte mise dans le foyer a été décarburée (*cf. infra*), le rendement de l'opération est de 60 %. Ce rendement est du même ordre de grandeur que ceux évoqués par Diderot (50 %) et Bouchu (66 %) au XVIII^e^ siècle, et légèrement inférieur aux données du XIX^e^ siècle proposées par Dumas (71 %). Cependant, rappelons que les valeurs données par ces auteurs tiennent vraisemblablement compte de l'opération

Fig. 5 : Les différentes étapes de l'expérimentation.

de compactage et d'épuration, que nous n'avons pas effectuée dans nos expériences. La quantité de scories produites, quant à elle, n'a pu être évaluée, du fait de la forte dispersion des morceaux centimétriques et de la présence de scories provenant de l'opération précédente dans le foyer en début d'affinage.

## Analyse métallographique et chimique des échantillons

Les échantillons prélevés à chacun des stades de l'affinage (fig. 7) présentent des structures différentes avec des teneurs en carbone décroissantes en fonction de la durée de l'affinage. Ainsi, l'échantillon MEL07-09, prélevé après un seul passage devant la tuyère, présente encore une structure de fonte grise avec quelques zones de fonte

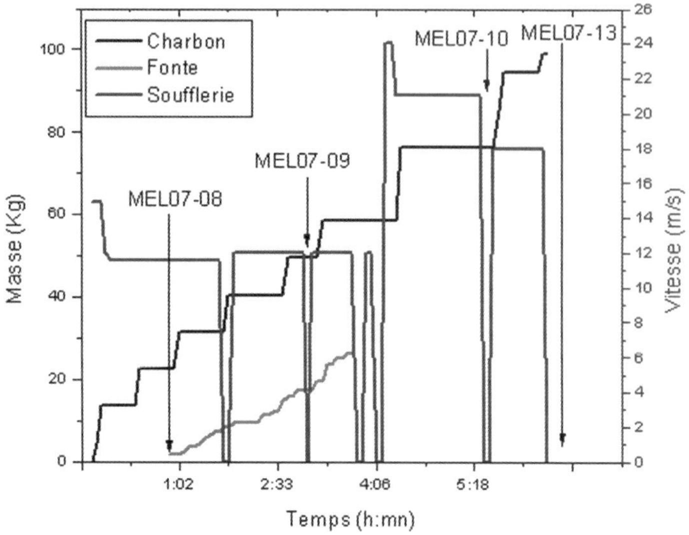


Fig. 6 : Prélèvements, fonte et charbon de bois introduits dans le foyer et vitesse des vents en fonction du temps pour l'expérimentation 2.

blanche (fig. 8) qui, dans ce contexte, peuvent être associées à une décarburation. En effet, on sait qu'une variation de la teneur en carbone peut favoriser la formation de la fonte blanche (Durand-Charre, 2003). Dans les deux types de fonte, la perlite présente une structure relativement fine. La présence d'eutectiques phosphoreux, de sulfures de manganèse et de phases contenant du titane, du chrome et du vanadium est également observée dans cet échantillon. L'analyse par métallographie quantitative donne, pour la totalité de la surface observée, une teneur en C de $3{,}5\,\%_{mass}$ (fig. 3). L'analyse EDS moyenne, pour la totalité de la surface, des teneurs en Si, P et S montre une légère décroissance pour chacun de ces éléments par rapport à la fonte initiale. On notera qu'excepté un pore centimétrique en son centre, l'échantillon présente une très faible porosité et semble assez homogène du point de vue de la structure et de la composition.

Fig. 7 : Échantillons prélevés lors de l'expérimentation 2 et lignes de découpe pour analyse.

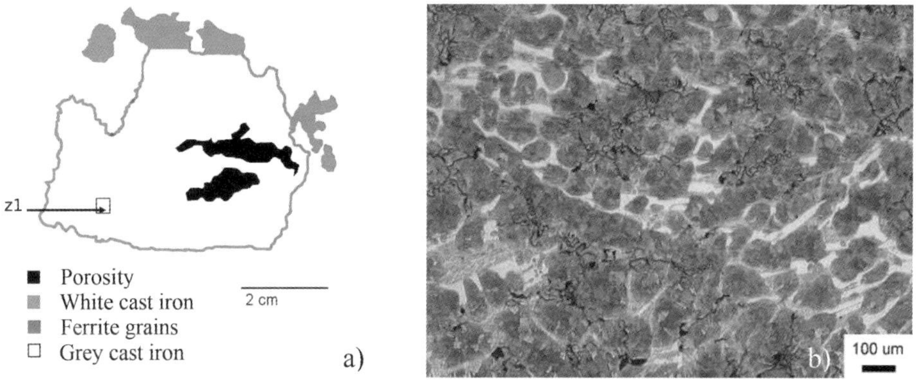


Fig. 8 : a) Répartition des structures dans l'échantillon MEL07-09, b) microstructure observée au microscope optique après attaque au réactif Nital de la zone 1.

Après une fusion complète et un passage dans la tuyère, il apparaît que les teneurs en C, Si, P et S baissent encore. Ainsi en témoigne l'échantillon MEL07-10 qui, tout en étant encore très carburé, présente une structure et une composition d'acier hypereutectoïde (fig. 9) avec eutectiques phosphoreux et sulfures de manganèse. La métallographie quantitative donne une teneur en C de l'ordre de $3{,}5\,\%_{mass}$ (fig. 3) qui, tout en restant élevée, dénote une baisse significative par rapport à l'échantillon précédent. Les teneurs en Si, P et S, ici encore, ont significativement baissé par rapport à celles mesurées dans l'échantillon précédent. Enfin, on notera la faible porosité et la grande homogénéité de l'échantillon.

La structure métallographique et la composition du métal obtenu en fin d'opération, après réaction importante avec la scorie (MEL07-13), sont très différentes de celles des échantillons précédents. On distingue en effet sur la coupe métallographique présentée sur la figure 10 une zone inférieure très poreuse associée à des inclusions de scories et une zone supérieure plus homogène, exempte de porosité et d'inclusions. Cette dernière est composée d'acier hypoeutectoïde et de fonte blanche, de structure et de composition semblables à celles des deux échantillons précédents ; en revanche, la structure inférieure du bloc de métal est, quant à elle, composée uniquement d'acier hypoeutectoïde, parfois intimement mélangé à de la scorie (fig. 10). Les teneurs moyennes de la zone supérieure sont inférieures à celles des échantillons précédents et notamment du point de vue de la teneur en carbone (1,2 %) et en silicium qui n'est plus détectable dans le métal par la technique EDS-MEB. Pour la zone inférieure, il s'agit clairement d'un matériau comparable à celui produit par les foyers d'affinage ancien. Les taux en carbone sont inférieurs à l'eutectoïde, le fer présente des taux en soufre et en silicium inférieurs à $0{,}5\,\%_{mass}$. Quant au phosphore, les teneurs sont significativement plus basses que celles de la fonte mais restent élevées ($0{,}8\,\%_{mass}$). Notons cependant qu'elles sont tout à fait comparables à celles de fers anciens produits par la méthode indirecte (Piaskowsky, 1989). Une attaque au réactif d'Oberhoffer a été effectuée sur cet échantillon. On retrouve les structures fantômes typiques d'un fer phosphoreux (Stewart *et al.*, 2001 ; Vega *et al.*, 2002).

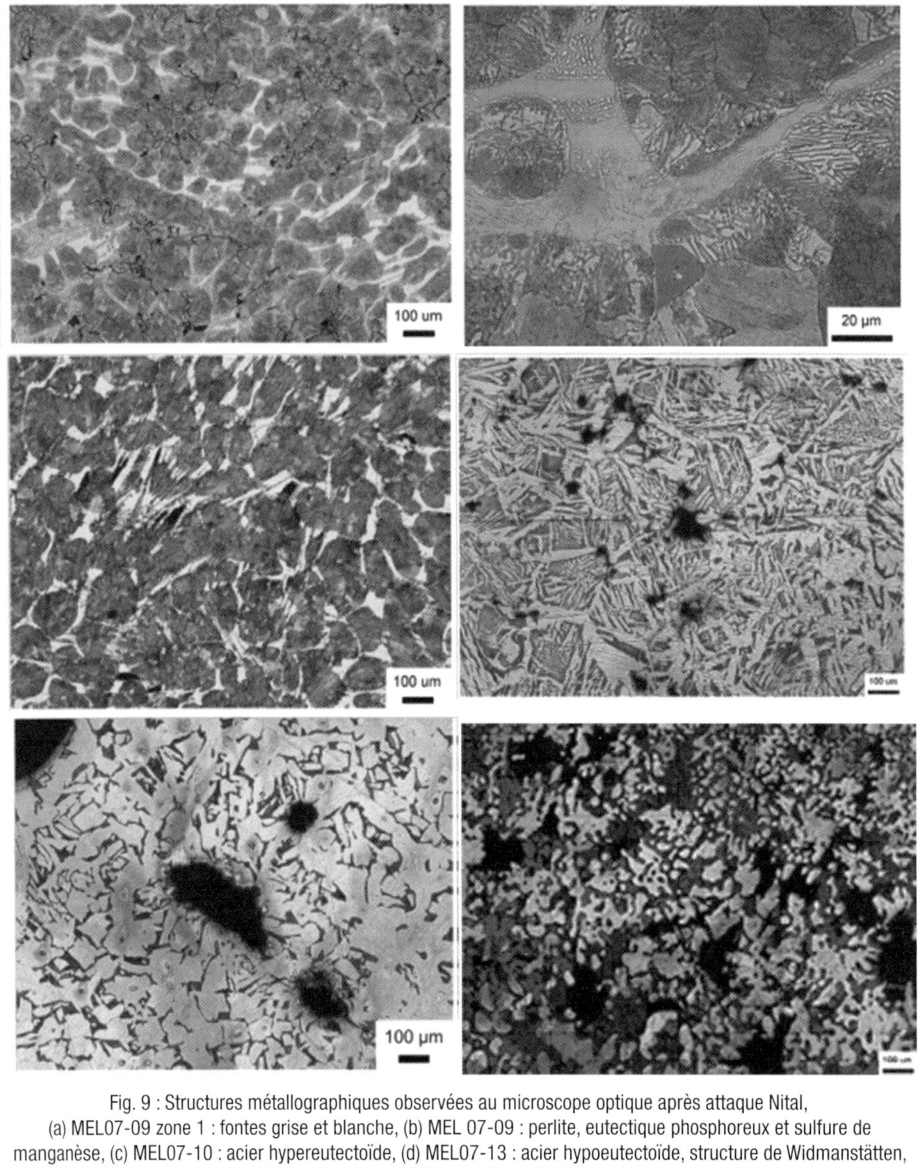


Fig. 9 : Structures métallographiques observées au microscope optique après attaque Nital, (a) MEL07-09 zone 1 : fontes grise et blanche, (b) MEL 07-09 : perlite, eutectique phosphoreux et sulfure de manganèse, (c) MEL07-10 : acier hypereutectoïde, (d) MEL07-13 : acier hypoeutectoïde, structure de Widmanstätten, (e) MEL07-13 : acier hypoeutectoïde, structure de Widmanstätten, (f) MEL07-13 : zone de mélange métal, scorie.

On remarque également une déplétion caractéristique en phosphore dans les zones d'interphase avec la scorie (fig. 11), qui révèle son effet déphosphorant.

La masse de métal obtenue en fin d'opération contient également un grand nombre de scories. Celles-ci sont constituées de wustite (FeO), de fayalite ($Fe_2SiO_4$) et d'une phase qui semble vitreuse entre les cristaux de fayalite. Il est par ailleurs très intéressant de noter que, dans la scorie, des phases angulaires oxydées contenant du titane, du vanadium et du chrome ont pu être identifiées (fig. 12). Ces phases sont

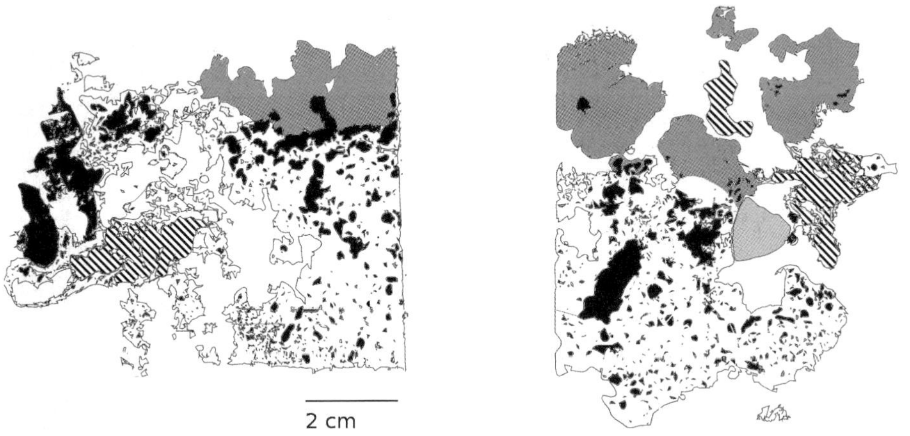


Fig. 10 : Coupe métallographique de l'échantillon MEL07-13.

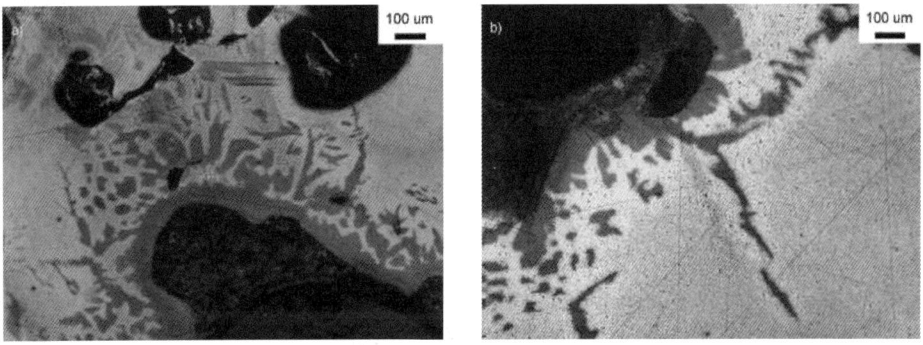


Fig. 11: MEL07-13, micrographie optique après attaque au réactif Oberhoffer.

très certainement issues du résultat de l'oxydation des carbures de ces trois éléments observés initialement dans la fonte. Leur forme angulaire conservée pourrait être due au point de fusion élevé de ces phases. Cette observation confirme sans ambiguïté les hypothèses faites à l'issue de précédentes études sur leur mécanismes de formation (Dillmann *et al.*, 2002 ; Lechevallier *et al.*, 2000). Elle valide également leur utilisation comme élément discriminant pour distinguer les inclusions de scories formées dans les fers anciens en fonction des filières (directe et indirecte).

Les analyses chimiques – valeur moyenne pondérée tenant compte de la surface de chaque zone analysée, calculée sur environ une centaine d'analyses (Dillmann et L'héritier, 2007) – des scories piégées dans l'échantillon MEL07-13 sont présentées dans la figure 13 (mesures EDS-MEB). Elles montrent qu'une partie du phosphore de la fonte et la quasi-totalité du silicium et du soufre sont passées dans la scorie. On notera cependant que les teneurs en phosphore des scories sont relativement basses par rapport à ce qui est attendu pour l'affinage d'une fonte phosphoreuse, indiquant qu'une partie non négligeable de cet élément est restée dans le métal. Par exemple,

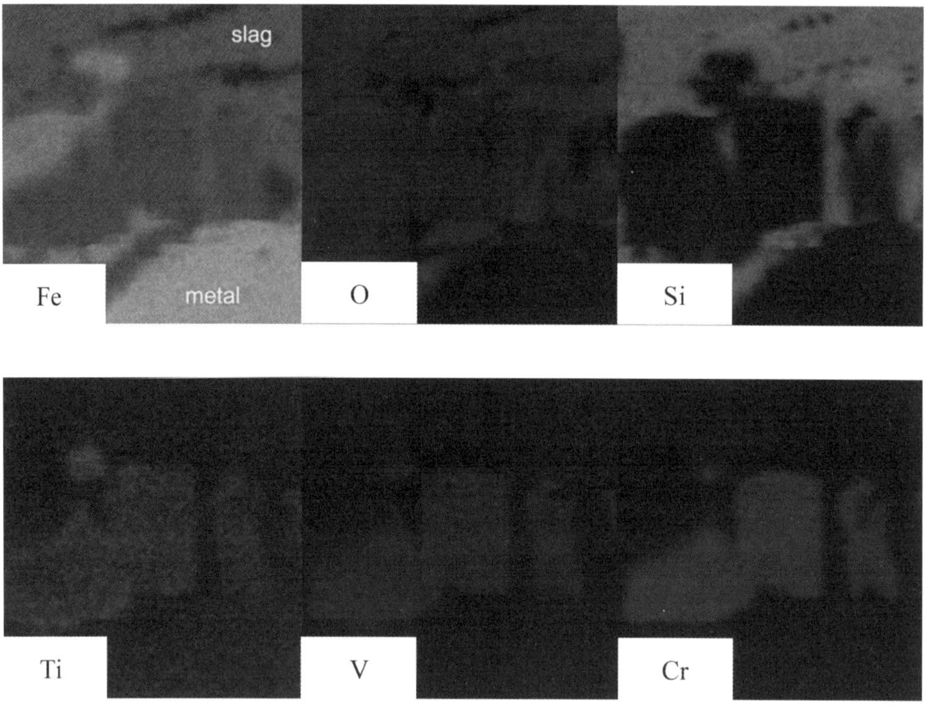


Fig. 12 : MEL07-13, cartographies EDS de zones scoritiques contenant des phases angulaires de chrome et vanadium. Largeur de l'image : 50 µm, raies $K_{\alpha}$ (voir cahier couleur).

| Oxyde | wt% |
|---|---|
| MgO* | 0.60 |
| $Al_2O_3$* | 0.78 |
| $SiO_2$* | 12.05 |
| $P_2O_5$* | 2.72 |
| $SO_2$* | 0.16 |
| $K_2O$* | 0.38 |
| CaO* | 1.15 |
| MnO* | 0.60 |
| FeO* | 81.50 |

Fig. 13 : Composition de la scorie de l'échantillon MEL07-13.
La notation * indique qu'il s'agit d'une valeur moyenne pondérée par la surface des différentes zones analysées.

les inclusions de scories trouvées dans les métaux archéologiques affinés à Glinet présentaient des teneurs en $P_2O_5$ de l'ordre de 15 $\%_{mass}$ (Dillmann *et al.*, 2007). Notons cependant qu'à Glinet, l'ajout calcique pour favoriser la déphosphoration a vraisemblablement été pratiqué. La présence en quantité importante des oxydes de calcium pose également question. Si l'on considère que les parois du foyer ne peuvent avoir été à l'origine de pollutions, car réalisées en acier, la seule source potentielle est le charbon de bois. Ce point devra être précisé par la suite.

## 4. Discussion

Le report de la composition des échantillons obtenus au cours de l'affinage sur les diagrammes fer-carbone-silicium montre clairement l'évolution des températures de fusion. Ainsi, en première approche et si on ne considère que les éléments fer, silicium et carbone (fig. 14), la fonte initiale est fusible entre 1 150 et 1 200 °C, température facilement atteignable en foyer ouvert. Après un premier passage dans la tuyère et une baisse de la teneur en carbone et silicium, la température de fusion du matériau est toujours de l'ordre de 1 200 °C. Avec la chute de la teneur de ces deux éléments, le matériau correspondant à l'échantillon MEL07-10 (partie inférieure) présente un point de fusion plus élevé, situé entre 1 350 et 1 400 °C. La masse de métal affinée, du fait de sa faible teneur en carbone, présente quant à elle une température de fusion qui s'approche de celle du fer pur, aux environs de 1 500 °C. On retrouve ici la solidification progressive de la masse de métal affinée en fonction de la décarburation qui permettait à l'affineur d'évaluer le degré d'avancement de son travail.

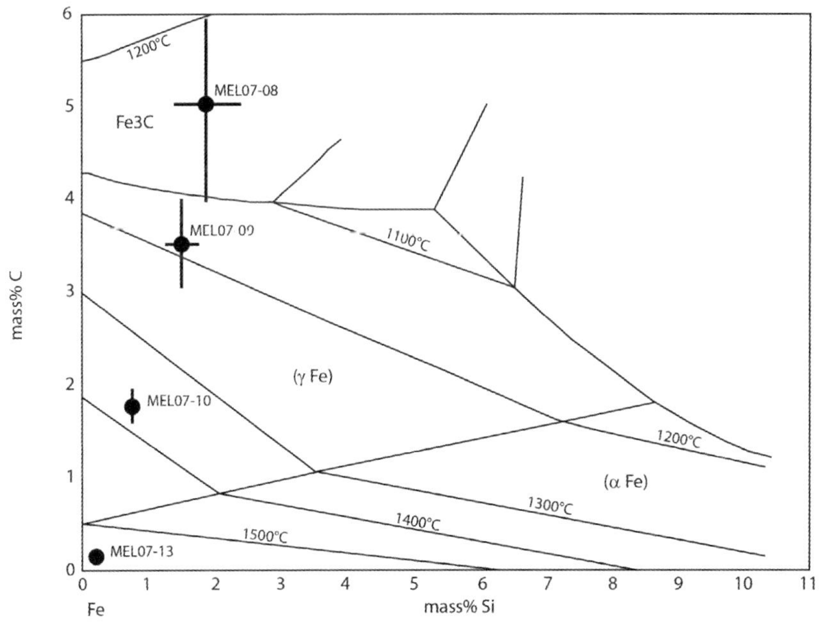


Fig. 14 : Composition des échantillons MEL07-08, MEL07-09 et MEL07-10 reportée sur une coupe du diagramme ternaire fer-carbone-silicium.

La figure 15 montre l'évolution du rapport de la teneur des éléments C, P et Si d'un échantillon donné sur celle de ces éléments dans la fonte initiale, en fonction du temps. L'élimination du carbone et du silicium semble se faire de manière relativement régulière. En revanche, il semble, qu'après une certaine décroissance, la teneur en phosphore stagne, reflétant la difficulté à éliminer cet élément du métal. Une baisse de la teneur en phosphore peut cependant être observée sur l'échantillon prélevé sur le métal de la dernière phase. On peut sans doute affirmer, au vu des différentes observations (notamment la décroissance du phosphore aux abords de la scorie, et le bouillonnement caractéristique observé en fin de l'affinage), que c'est une interaction probablement exothermique avec la scorie qui a permis cette déphosphoration. Rappelons que les études de Im *et alii* (Im *et al.*, 1996) ont montré qu'à relativement basse température (aux environs de 1 300 °C), une scorie, même peu chargée en CaO, pouvait avoir un effet déphosphorant non négligeable. Buchwald (2008, p. 278) précise quant à lui qu'à haute température, l'effet déphosphorant de la scorie est annihilé, et indique que la déphosphoration doit se faire au début de l'affinage, en atmosphère très oxydante. Les deux visions ne sont pas en fait contradictoires : la déphosphoration serait possible en début d'affinage à haute température dans l'atmosphère oxydante de la tuyère puis à plus basse température au contact de la scorie.

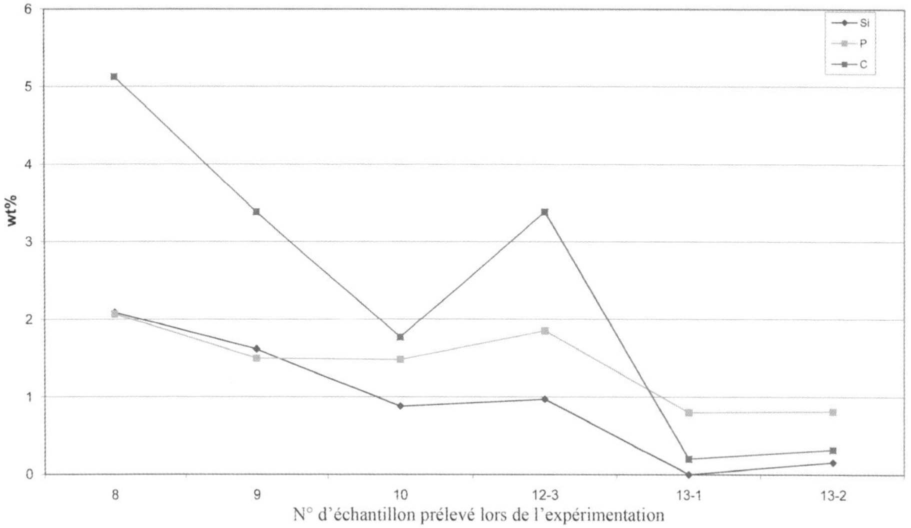


Fig. 15 : Évolution des éléments au cours de l'affinage.

Ainsi, le produit final obtenu lors de cette expérience d'affinage est un acier hypoeutectoïde contenant encore des quantités importantes de phosphore (0,8 $\%_{mass}$), mais tout à fait compatible avec les teneurs observées pour les matériaux issus de la filière indirecte ayant affiné des fontes phosphoreuse. En particulier, cette teneur en phosphore est du même ordre de grandeur que celle des aciers et fers mis au jour sur le site de Glinet.

## CONCLUSION

Malgré un rendement encore relativement faible (60 % avant épuration et compactage), les gestes techniques de l'opération d'affinage ont été précisés lors de ces expérimentations. Ils permettent maintenant d'affiner de manière efficace une fonte, même phosphoreuse. Par ailleurs, les expérimentations ont montré sans ambiguïté l'importance de l'étape de réaction avec la scorie pour obtenir un matériau significativement décarburé et déphosphoré. On voit donc la nécessité d'effectuer l'affinage avec un foyer contenant encore les scories de l'opération précédente ou d'en ajouter en début d'opération. Un point intéressant réside dans l'absence de fond de four massif en fin d'opération, la scorie se trouvant éparpillée et divisée dans le foyer, probablement du fait du brassage. Ainsi, on peut se poser la question de savoir si les culots massifs observés archéologiquement sont les résultats d'un nombre important d'opérations d'affinage ou si les conditions expérimentales diffèrent suffisamment (du point de vue des gestes du brassage) pour empêcher la formation d'un fond de foyer. Cette question sera à élucider dans les futures restitutions. Une autre interrogation réside dans la composition de la scorie en oxyde de calcium. Cet élément ne pouvant provenir que du charbon de bois pour les expériences réalisées ici, il sera nécessaire, lors d'une prochaine campagne, d'évaluer l'importance de la pollution potentielle par ce dernier. Enfin, pour l'affinage des fontes phosphoreuses, l'ajout de calcium sous la forme de chaux peut jouer un rôle déphosphorant important. Il est par ailleurs attesté à Glinet. Nos prochaines expérimentations se devront de tester ce point.

Malgré ces interrogations, cette campagne d'expérimentation et les analyses associées ont permis de préciser grandement les gestes et les conditions de l'affinage. La suite de ces études se devra de considérer plus avant la formation de la scorie et l'influence du charbon de bois sur sa composition. Ces points sont cruciaux et devront être comparés aux observations faites sur les inclusions de scories, objets des filières directe et indirecte, et aux hypothèses qui permettent, par la composition de ces scories, de les distinguer. La suite de cette étude pourra également nécessiter de pousser plus avant la modélisation des conditions thermodynamiques et des domaines de prédominance des différentes phases mises en jeu.

# Expérimentations sur la technique de fabrication des monnaies grecques : approches, réalisation, perspectives

*Experiments on Greek minting techniques : approach, realization, outlook.*

Thomas Faucher, Louis Brousseau
et Julien Olivier

**Résumé** : Les expérimentations menées à Melle de 2007 à 2009 se sont appuyées sur des recherches préexistantes qui, si elles avaient permis de connaître un peu mieux la chaîne opératoire de fabrication de la monnaie grecque, comportaient certaines lacunes que l'archéologie expérimentale semblait à même de résoudre. En recréant un atelier monétaire dans des conditions aussi proches de celles de l'Antiquité que possible, notre équipe a dû faire face aux problématiques liées à la fabrication des flans et à la frappe monétaire. Il ressort de ces trois sessions d'expérimentations deux éléments de réponse. Premièrement, s'il est possible d'obtenir des flans en bronze très proches des objets antiques, il n'en est pas de même pour l'argent où de nouvelles expérimentations devront être menées pour déterminer la méthode de fabrication, la coulée en moules ouverts ayant été écartée. Deuxièmement, il a été observé que la frappe des monnaies de bronze usait les coins monétaires de manière plus importante que la frappe de monnaies en argent.

***Abstract** : Experiments on Greek minting techniques held in Melle from 2007 to 2009 lied on preexisting research which, even if they gave some new information on the operational sequence work to produce Greek coins, presents some gaps that experimental archaeology seemed able to fill. By recreating a mint workshop in conditions as close as possible from Antiquity, our team faced problems linked to the monetary blanks fabrication as well as the striking process. First of all, if it is possible to produce bronze blanks similar to those of Antiquity, it is not the case concerning silver ones where new experiments are needed to understand the whole process, the pouring into open moulds being discarded. Secondly, it was shown that striking bronze coins lead to a quicker wear than striking of silver coins.*

**Mots-clés** : archéologie expérimentale, atelier monétaire, histoire grecque, numismatique.

***Key-words** : experimental archaeology, mint workshop, Greek history, numismatics.*

## 1. Introduction

Le projet des expérimentations menées à Melle ces trois dernières années[1] s'est appuyé sur des recherches préexistantes. Une première, très récente, entreprise l'année précédant le début des expérimentations, a été menée dans le cadre de la thèse de doctorat de Thomas Faucher. L'objectif était alors de parfaire les connaissances sur les techniques de fabrication des flans des monnaies ptolémaïques en bronze, en comparant des exemplaires connus à des recréations effectuées sur le site de la plate-forme des arts du feu à Melle. La seconde remonte aux années soixante et à la mise en œuvre d'une longue expérimentation sur la fabrication des monnaies en argent dans la Grèce ancienne par le docteur D.G. Sellwood[2]. La première a laissé entrevoir la possibilité d'un accès à des connaissances nouvelles par le biais de l'expérimentation, la deuxième nous montrait ce qui avait déjà été fait, ce qu'il restait à faire et ce qu'il faudrait éviter de faire.

Les résultats obtenus en 2007 et 2008 lors des expérimentations portant sur la monnaie d'argent ont déjà été présentés (Faucher *et al.*, 2009). Il est donc question ici principalement de l'apport des expérimentations qui ont eu lieu en 2009 ainsi que des différents aspects de la démarche expérimentale liée à la production monétaire.

Les expérimentations visaient à recréer un atelier monétaire dans son ensemble dans le but d'obtenir des résultats comparables à ceux obtenus par les monnayeurs de l'Antiquité. Le décret d'un jugement ordonné à Dymè, en Grèce, porte sur la condamnation d'une équipe de faux-monnayeurs (fin IIIe - début IIe siècle). Ils sont au nombre de quatre[3]. Ce nombre relativement faible d'ouvriers offrait la possibilité de reproduire à la même échelle les diverses opérations qui mènent du métal à la monnaie.

## 2. Des choix

L'archéologie expérimentale oblige à certains choix. Le lancement rapide des opérations a motivé certains aspects techniques qui n'ont pu être guidés uniquement par des motivations scientifiques. Ils ont été contraints par trois éléments.

Le premier, le plus inévitable, était la connaissance limitée des techniques de production de la monnaie d'argent et de bronze dans l'Antiquité. La plupart des informations rassemblées l'avaient été lors de la préparation de la thèse de doctorat de T. Faucher. Mais ces informations sont lacunaires et l'archéologie a peu pourvu l'historien qui manque de sources écrites.

1. Les expérimentations ont eu lieu aux mois de juillet-août 2007, juillet 2008 et juillet 2009. Des recherches complémentaires sur la fonte des flans en argent ont été menées en juillet 2010.

2. Selwood, 1963, p. 217-231, pl. 23-25; Sellwood 1980, p. 767-769; s'ajoutent à ces expérimentations deux autres opérations ponctuelles: Beer-Tobey, 1979, p. 47-51, pl. 4-5 et Andrieux, 2005, p. 225-254.

3. SIG[3], 530 = H.W. Pleket, *Epigraphica* I, n° 11.

Le deuxième était lié à un problème de temps. L'organisation des expérimentations, le calendrier prévisionnel, la recherche de financement et la mise en place à proprement parler de l'expérimentation ont eu lieu en moins de 9 mois, tout en sachant qu'à côté de la prévision la plus optimiste, il fallait songer à des palliatifs en cas de non fonctionnement de certains aspects de l'expérimentation. Notre volonté était cependant, au départ, de frapper le plus grand nombre de monnaies possible.

La troisième contrainte résultait des coûts importants nécessaires aux opérations. Nous tenons ici à remercier Florian Téreygeol qui, par l'intermédiaire du PCR, des Mines d'argent des Rois Francs de Melle et de la région Poitou-Charentes, nous a permis de mettre en place ces expérimentations dans de bonnes conditions, même si évidemment des subventions plus importantes nous auraient permis d'éviter certains choix douloureux. Il faut préciser ici que toutes ces contraintes ont eu un aspect positif: la recherche d'un pragmatisme qui n'était certainement pas étranger aux anciens monnayeurs, même si les contraintes découlaient d'autres facteurs.

Il est important ici de faire connaître la raison des choix effectués lors de ces 3 années d'expérimentations, les résultats obtenus à la suite des opérations et, finalement, l'analyse des choix faits en fonction des résultats obtenus. Il s'agit de définir la portée des résultats, en essayant de juger la fiabilité des réponses apportées aux questions que nous nous étions posées. En somme, essayer de poser la bonne question sans nécessairement trouver la réponse exacte.

## 2.1. Choix du site

Le choix du site s'est fait plus ou moins de lui-même, le projet d'expérimentations n'aurait clairement pas eu lieu si la plate-forme des arts du feu n'avait pas existé. Il permettait en outre, et c'est un des résultats positifs des opérations, de pouvoir échanger avec des spécialistes d'autres disciplines (physiciens, métallurgistes, forgerons, potiers, etc.), mais aussi d'avoir l'aide de bénévoles qui nous ont assistés, particulièrement au début, pour lancer les opérations et nous ont permis d'être plus productifs.

## 2.2. Choix des monnaies modèles

Le choix d'une monnaie en argent qui servirait de modèle à la recréation s'est assez vite imposé. Athènes, la cité la plus rayonnante de la Grèce antique, est connue pour avoir frappé une énorme quantité de monnaies grâce à l'extraction de minerai des mines du Laurion (Picard, 2001, p. 1-10). La chouette est véritablement la première

Fig. 1 : Monnaie hybride frappée à Melle en 2007 et en 2008.

monnaie internationale. Elle est vraisemblablement, avec le numéraire frappé par Alexandre le Grand, la monnaie la plus connue du monde grec. Pour compléter la chouette présente sur le revers, nous avons décidé d'utiliser un coin de droit imitant une monnaie celte ; nous expliquerons plus bas les raisons de ces choix.

Pour les expérimentations portant sur la frappe de la monnaie de bronze, le choix s'est porté cette fois-ci sur une monnaie de l'atelier d'Alexandrie. La monnaie "aux deux aigles" représente la monnaie ptolémaïque par excellence puisqu'elle a été frappée en très grande quantité. Elle montre Zeus-Ammon au droit et deux aigles au revers, entourés de la légende PTOLEMAIOU BASILEWS ("[monnaie du] roi Ptolémée"). Il était important également que cette monnaie soit du même diamètre que la chouette dans le but de pouvoir comparer les deux productions (elle ne pouvait pas être du même poids, la différence de densité des métaux rend ceci impossible).

Fig. 2 : Monnaie des Ptolémées frappée à Melle en 2009.

Ces deux monnaies ont donc un diamètre d'environ 20 mm. Et même si leurs poids diffèrent (17,2 g pour la chouette contre environ 9 g pour la monnaie aux deux aigles), cela permettait, à la fin, de comparer l'usure des coins monétaires pour des monnaies d'un même module.

## 2.3. Choix du métal

### *2.3.1. Argent*

Le choix de la qualité de l'argent employé s'est appuyé sur l'étude de composition métallique de plusieurs monnayages. La plupart des monnaies d'époque classique, et c'est le cas particulièrement à Athènes, sont constituées d'un alliage à base d'argent à haute teneur en fin, souvent proche de 98 ou 99 %. Bien sûr, d'autres éléments sont présents en petites quantités, mais il ne nous a pas semblé, *a priori*, que cette présence – de cuivre notamment – puisse faire varier de façon significative nos résultats. Il ne faut tout de même pas négliger l'influence de l'ajout de cuivre dans l'alliage d'argent. Lors de la première session, en 2007, nous avons essayé de frapper des monnaies dans lesquelles environ 10 % de cuivre avait été ajouté à l'argent. La frappe était alors sensiblement plus difficile, sans qu'il soit possible de le quantifier.

### *2.3.2. Bronze*

Dans le cadre de sa thèse, T. Faucher a mené au centre Babelon une série d'analyses sur les monnayages de bronze ptolémaïques. Il en ressort que les monnayeurs alexandrins avaient utilisé une large variété d'alliages, du bronze "classique" à des alliages comprenant plus de 30 % de plomb. Les monnaies aux deux aigles qui ont servi de modèle contiennent généralement un pourcentage non négligeable de plomb. Néanmoins, puisque nous voulions que nos résultats aient une portée la plus large possible, et que la majorité des monnayages grecs en bronze sont faits d'un bronze classique (92 % de cuivre, 8 % d'étain), nous avons décidé d'utiliser ce type d'alliage pour notre expérimentation.

## 3. Le four

### 3.1. Préparation

Construit dans le cadre d'un projet plus large, le four devait être capable de fondre toutes sortes de métaux, et principalement du cuivre. Nous avons pensé que ce facteur n'était pas limitant, à partir du moment où nous étions capables de monter à une température suffisamment élevée et que nous avions tout de même à nous confronter à la maîtrise du feu[4].

### 3.2. Utilisation

Nous renvoyons ici aux explications complètes et illustrées de l'article sur les expérimentations des deux premières années (Faucher *et al.*, 2009). Il convient toutefois d'ajouter que la fonte du métal argent a été plus facile que celle du bronze. Ceci résulte bien entendu des différences de température de fusion entre l'argent (962 °C) et l'alliage de bronze (entre 900 et 1000 °C selon la teneur en étain). Nous retiendrons qu'il était possible de fondre 4 kg d'argent par heure lors de la première année d'expérimentation, alors qu'il n'a guère été possible de dépasser 2 kg par heure pour le bronze. Contrairement à l'argent, nous ne disposons pas de données précises puisque les premiers jours ont vu la préparation de l'alliage, cuivre puis étain. Une fois l'alliage constitué, le temps de fonte du métal s'est considérablement restreint.

### 3.3. Consommation du charbon

L'utilisation du four permet également d'étudier la consommation de charbon de bois. Évidemment, il serait imprudent de vouloir utiliser nos données pour évaluer la consommation de charbon dans l'Antiquité. D'une part, les fours étaient de taille beaucoup plus modeste, ce qui réduisait automatiquement la consommation. D'autre part, et c'est là l'élément le plus essentiel, notre expérience ne permettait pas d'utiliser ce charbon de manière optimale, contrairement aux ouvriers de l'Antiquité pour qui c'était un élément rare et coûteux (Bresson, 2007, p. 78-82). Notre consommation de charbon qui, au départ avoisinait les 500 litres par jour, a diminué notablement,

4. D.G. Sellwood avait utilisé un four électrique. Il lui permettait certes une meilleure gestion de l'énergie et des températures, mais certainement pas de s'approcher des conditions antiques.

même s'il était difficile d'obtenir des chiffres précis, le stock de charbon étant utilisé pour différentes expérimentations.

### 3.4. Les creusets

Nous avons utilisé des creusets en plombagine – de taille A3 et A6 –, un mélange d'argile et de graphite. Évidemment, cela s'éloigne des creusets en argile utilisés pendant l'Antiquité, mais il ne semble pas que cela influe sur les caractéristiques de chauffe ou de rendement. Il s'agissait principalement pour notre équipe de disposer d'éléments possédant une durée de vie importante et ainsi de diminuer de façon notable les risques de casse et les dangers liés à celle-ci. La durée de vie indiquée par le fabriquant est de l'ordre de 15 à 20 fontes ; nous sommes allés bien au-delà de ces indications.

| Modèle | Hauteur | Diamètre | Capacité ras bord (en kg) BRONZE | Capacité ras bord (en kg) ARGENT | Poids du creuset (en g) |
|---|---|---|---|---|---|
| A3 | 127 | 105/70 | 3,84 | 5,04 | 845 |
| A6 | 165 | 130/95 | 9,52 | 12,5 | 1670 |

Tableau 1 : Creusets utilisés lors des expérimentations.

Au final, il est difficile d'obtenir des résultats définitifs sur cette partie de l'expérimentation. Notre manque de connaissance technique n'autorise pas à tirer des conclusions pour l'Antiquité. Comme pour d'autres parties de l'expérimentation, nos choix ont été pragmatiques ; ils visaient notamment à ce que l'atelier dispose, de manière la plus continue, de flans puisque nous avions décidé que la priorité se trouvait dans la frappe du plus grand nombre de monnaies possible. Avec la méthode choisie et une équipe au four un peu aguerrie, la production de flans, que ce soit pour l'argent ou le bronze, alimentait largement l'atelier de frappe. Il semble que l'utilisation d'un four de type médiéval ne soit pas de nature à modifier nos résultats.

## 4. La production de flans

Comme pour les autres étapes de notre reconstitution d'un atelier monétaire antique, nous ne disposons que de peu ou pas de textes. Nos connaissances reposent donc essentiellement sur l'observation des monnaies et les quelques découvertes archéologiques. Plusieurs auteurs se sont déjà intéressés à ces problèmes et ont pour cela emprunté les mêmes voies (Cooper, 1988). Il nous semble avoir franchi un pas de plus en ayant expérimenté nous-mêmes différentes hypothèses.

### 4.1. Les données archéologiques

#### *4.1.1. Le bronze*

Il existe quelques découvertes de moules monétaires, mais exclusivement pour le bronze. Ces moules proviennent par exemple de Paphos (Chypre, IIe siècle)

(Nicolaou, 1972, p. 310-315), de Khirbet Rafi (vallée du Jourdain, IIe siècle) (Kloner, 1976; Meshorer, 1982, LVI) ou de Châteaubleau (près de Paris) (Pilon, 2003), mais la plupart ont été trouvés en Judée (Elayi, 1995)[5].

L'utilisation d'un couvercle confirme la méthode de coulée en chapelet (de 12 à 15 cupules à Khirbet Rafi). Elle se faisait dans un moule fermé. Deux plaques étaient alors jointes, une dans laquelle avaient été forées les cupules et l'autre qui servait de couvercle; des traces de métal et de combustion sont d'ailleurs présentes sur ces couvercles. On retrouve sur la plaque forée une cavité centrale au fond de la cupule provoquée par la vrille lors du forage. Des canaux étaient aménagés pour faciliter le passage du métal. La masse de métal coulée dans ces moules était variable : environ 1 kg pour Châteaubleau, 2 kg pour Khirbet Rafi. Ces moules sont en pierre, principalement en calcaire (4 découvertes à Chypre et en Israël du IIe siècle), mais un exemplaire d'époque romaine en terre cuite est connu (Thessalonique, IVe siècle).

Le nombre des découvertes relatives au bronze permet d'être fidèle dans la reproduction de la technique de coulée. Ce n'est pas le cas pour l'argent.

#### *4.1.2. L'argent*

La technique de fabrication des flans en argent pose problème car les indices sont peu nombreux. La découverte de moules en litharge par Conophagos semblait fournir la réponse. Dans ces moules, trouvés au Laurion, avaient été imprimées des cavités à l'aide du pouce, ce qui permettait, selon l'ingénieur athénien, de verser le métal en fusion et d'obtenir ainsi les flans des chouettes. Malheureusement, des moules similaires datés de l'âge du Bronze ont été mis au jour récemment, ce qui remet en cause l'interprétation de Conophagos.

Les hypothèses ont toujours été formées autour d'une coulée dans un moule ouvert. D'autant que D.G. Sellwood, lors de ses premières expérimentations, affirmait qu'il était possible d'obtenir un poids relativement régulier en coulant le métal en fusion dans des moules prévus à cet effet.

### 4.2. Observation des monnaies

À partir de l'observation des monnaies d'argent et de bronze, il semble évident que la technique diffère selon le métal.

Bien sûr, la valeur intrinsèque de la monnaie d'argent et d'or implique que les poids soient calibrés avec une grande précision. Pour ne citer que cet exemple, les chouettes athéniennes (Ve-IVe siècles) offrent un écart type d'environ 0,5 g.

Au contraire, les monnaies de bronze ont une valeur essentiellement fiduciaire. Leur poids revêt donc beaucoup moins d'importance. L'étude d'un trésor de bronze lagide du IIe siècle par Th. Faucher a montré que les poids pouvaient varier du simple

5. On consultera avec profit le travail de synthèse mené par Donald Ariel sur les moules monétaires de Méditerranée orientale (Ariel, Forthcoming).

au double. Dès lors, les critères du diamètre et encore plus celui de la typologie sont aussi importants que celui du poids lorsqu'il s'agit de différencier les diverses dénominations.

| | Nombre | Poids théorique (g) | Poids moyen observé (g) | Écart type (g) | Écart type (% du poids moyen) |
|---|---|---|---|---|---|
| Tétradrachmes de Babylone du trésor d'Akçakale (fin IVe s.)[1] | 56 | 17,20 | 17,10 | 0,26 | 1,52 |
| Tétradrachmes athéniens (Ve-IVe s.) | 667 | 17,20 | 16,75 | 0,55 | 3,28 |
| Bronzes du trésor de Gezeir (IIe s.)[2] | 107 | | 8,23 | 0,94 | 11,42 |
| Bronzes du trésor de Gezeir (IIe s.) | 101 | | 16,24 | 1,46 | 8,99 |

Tableau 2 : Poids comparés de certaines séries de monnaies antiques.
[1] Trésor de 190 alexandres dont 56 de Babylone de la fin du IVe s. trouvé à Akçakale en 1958 (Le Rider & Olcay, 1988).
[2] Trésor de 213 bronzes lagides du IIe s. (Faucher & Shahin, 2006).

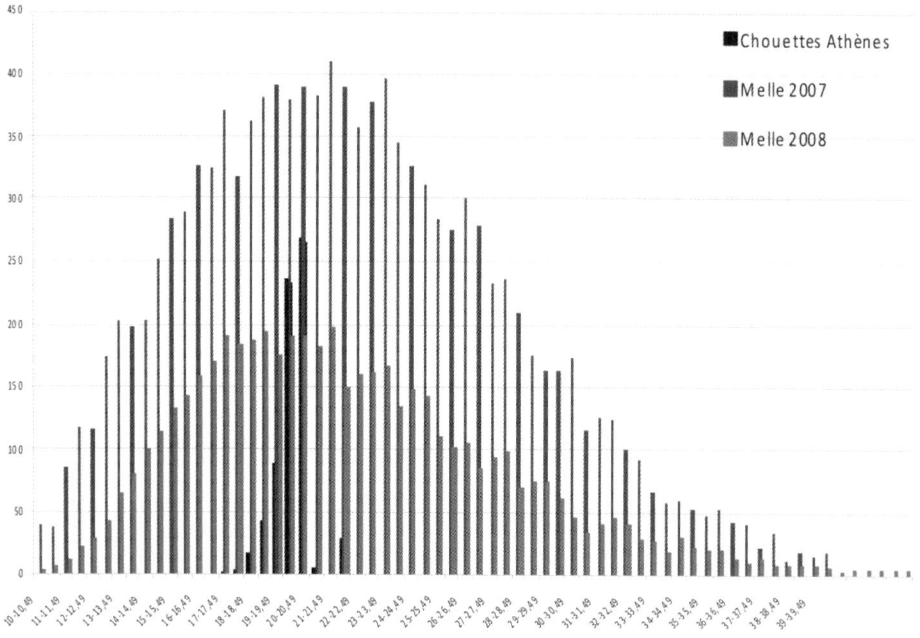


Fig. 3 : Poids comparés des monnaies antiques et celles issues des expérimentations.

## 4.3. Aspect de la monnaie

On observe régulièrement des traces de tenons de coulée sur les monnaies de bronze, signe d'une coulée en chapelet. Outre sa simplicité de mise en œuvre, cette méthode permet aussi de produire rapidement des quantités très importantes de flans.

À l'inverse, on ne retrouve que très exceptionnellement ces traces sur des pièces d'argent. Cela montre que les techniques de fabrication des monnaies d'argent étaient différentes de celles des bronzes[6]. On ne retrouve également que très peu de traces de gouge, épiphénomène principalement observé sur les monnaies romaines (Stannard, à paraître). Il en résulte que les flans d'argent étaient alors conçus individuellement et directement au bon poids.

### 4.4. Préparation des moules

En accord avec les découvertes archéologiques, le calcaire s'est imposé comme matériau. Des tests ont donc été réalisés sur une pierre calcaire issue d'une carrière située aux alentours de Melle. Les résultats n'ont pas été concluants. En effet, après une seule utilisation, le moule s'était déjà largement détérioré et cela malgré l'usage de graphite ou de suie afin d'éviter les arrachements de pierre lors de l'extraction des flans (Deraisme, 2003). Nous pensons que l'impossibilité d'utiliser ces moules est principalement liée à la qualité du calcaire utilisé, celui que nous avions choisi ne convenant pas à un usage de fonderie. Pline déjà indiquait que certains calcaires résistaient mieux au feu que d'autres (Pline l'Ancien, XXXVI, 168). Il faut noter que les découvertes de ces moules monétaires sont limitées à la fois dans l'espace et dans le temps puisqu'on ne les a retrouvés qu'en Méditerranée orientale et qu'ils datent principalement de la fin du IIe et du Ier siècle BC.

Il aurait fallu disposer d'un matériau très proche de celui retrouvé archéologiquement, à savoir du calcaire provenant de Judée ou de Chypre. Le coût, ainsi que les difficultés techniques entraînées par la production de tels moules, nous ont amenés à rechercher d'autres solutions.

#### *4.4.1 Argent*

En 2007, nous avions alors privilégié l'utilisation du sable de fonderie[7]. Utilisé dans la métallurgie, il est possible d'y imprimer la forme voulue sans que celle-ci se déforme au contact du métal en fusion. L'inconvénient majeur de l'utilisation de ce matériau réside dans l'obligation de refaire les moules après chaque coulée, d'une part parce que le matériau brûle au contact du métal, et d'autre part parce que le démoulage des flans détruit les cavités. Son utilisation est donc unique. Toutefois, le façonnage de ces moules est aisément reproductible, mais nécessite un temps important.

Le sable de fonderie est disposé dans un cadre en bois et ensuite tassé au marteau. Nous avions fait usiner en relief des cylindres à la dimension des cupules, de différents diamètres (18-20 mm) et à l'épaisseur adéquate pour obtenir idéalement des flans de 17,20 g d'argent. Contrairement à ce qu'il avait été observé sur les monnaies, des tenons étaient tracés entre les cupules, permettant une meilleure coulée du métal. En

6. Il existe également pour le bronze une technique qui consistait à découper des rondelles dans des barres qui étaient ensuite martelées afin d'obtenir le bon diamètre (Faucher, 2006, p. 244-247).

7. Ceci est proche de l'hypothèse de Cooper (1988, p. 10), à ceci près que notre sable de fonderie remplace l'argile.

effet, après quelques essais, nous avions pu remarquer qu'il était impossible de verser le métal successivement dans chaque cupule, puisque celui-ci se refroidit rapidement et se fige dans le creuset, empêchant sa coulée. Dans chaque moule étaient creusés 48 flans (4 x 12).

En 2008, afin de gagner du temps et pour ne pas être soumis à la production d'un nouveau moule après chaque coulée, l'emploi de moules en briques réfractaires a été privilégié. Ceux-ci pouvaient subir entre 10 et 15 opérations avant d'être remplacés.

Les cupules étaient ici creusées à la perceuse dans la brique réfractaire. Dans ce cas, il n'était pas possible de relier les cupules entre elles par des tenons de coulée, ceci fragilisant trop la brique. En début d'opération, une fine couche de graphite était apposée sur le moule. Elle permettait d'éviter trop d'arrachements de surface lorsque les flans, une fois coulés, étaient retirés des moules.

#### *4.4.2. Bronze*

En 2009, lors des expérimentations sur la monnaie de bronze, l'équipe a refait le choix du sable de fonderie. Cela permettait d'être au plus près des vestiges archéologiques, sans le surcoût lié à l'importation de calcaire de l'étranger. Seule la plaque de couvercle était en calcaire réfractaire; il s'agissait de plaques de fours résistant parfaitement aux chocs thermiques.

Comme en 2007, le sable de fonderie était disposé dans un cadre en bois et tassé au marteau. Cette fois-ci, les tenons étaient légitimes puisque nous pouvons les observer à la fois en relief sur les monnaies, et en creux sur les moules issus des découvertes archéologiques. La taille des cadres en bois, plus grands qu'en 2007 (11 x 8 = 88 flans), a été calquée sur certains exemples archéologiques; elle était également fonction du poids de bronze que nous souhaitions fondre à chaque coulée (environ 1 kg). Dans la partie supérieure, un canal de coulée était aménagé afin de faciliter le passage du métal. Le couvercle était ajusté à l'aide de serre-joints et placé un peu plus haut que le moule afin d'obtenir une butée très pratique lors de la coulée.

### 4.5. Coulée du métal

#### *4.5.1. Argent*

Les moules étaient disposés à proximité du four sur une plaque de fonte pour laquelle avait été vérifiée la planéité. Le creuset était rempli d'1 kg d'argent, de granules de métal tout d'abord, puis de pièces issues de l'expérimentation ensuite, de sorte qu'un stock de métal de 17 kg nous a permis de fonctionner en circuit fermé. Le poids du métal déposé dans le creuset correspondait théoriquement à la capacité d'un moule (48 x 17,2 g + les tenons de coulée). Une fois le métal fondu, le creuset était sorti du four avec une pince. Le métal en fusion était alors versé dans le moule d'un geste rapide et régulier, les différents chapelets étaient remplis. La deuxième année des expérimentations, lors de l'utilisation des moules sans tenons de coulée, il fallait verser le métal successivement dans chaque cupule. Même avec un peu d'expérience, l'opération était longue et délicate[8]. Les flans étaient récupérés à l'aide de pinces après qu'ils s'étaient solidifiés (le métal se fige en quelques secondes).

| Argent | Nombre | Poids théorique (g) | Poids moyen observé (g) | Écart type (g) | Écart type (% du poids moyen) |
|---|---|---|---|---|---|
| Melle 2007 | 12211 | 17,20 | 22,17 | 6,24 | 28,15 |
| Melle 2008 | 5174 | 17,20 | 18,91 | 5,82 | 30,78 |
| Tétradrachmes de Babylone du trésor d'Akçakale (fin IVe s.) | 56 | 17,20 | 17,10 | 0,26 | 1,52 |
| Tétradrachmes athéniens (Ve-IVe s.) | 667 | 17,20 | 16,75 | 0,55 | 3,28 |

Tableau 3 : Poids et écart type des monnaies antiques et de celles issues des expérimentations de 2007 et 2008.

La technique du moule ouvert devait nous permettre de calibrer au mieux les poids de nos monnaies. Il en résulte un échec complet, tant du point de vue des poids moyens constatés que de l'écart type moyen. Si, comme dans les ateliers antiques, nous avions dû écarter les pièces trop lourdes ou trop légères (en tolérant par exemple les monnaies entre 15 et 19 g, ce qui est extrêmement large comparé aux poids observés sur les monnaies anciennes), nous aurions remis à la fonte près de 78 % de notre production de 2007 et 72 % de celle de 2008. Il est certain que les Anciens ne pouvaient se le permettre étant donné les sommes engagées. Ce qui permet de remarquer que notre échec constitue une avancée en soi puisqu'il est indéniable que cette technique de fabrication de flans, qui, rappelons-le, est généralement admise, n'était pas en usage dans l'Antiquité.

Malgré l'inexpérience de l'équipe, la technique de coulée est par nature trop imprécise. Couler 1 ou 2 kg d'argent à l'aide d'un creuset tenu au bout d'une pince dans des cupules de 20 mm de diamètre est une gageure. Même si une plus grande expérience doit permettre d'améliorer ces résultats (amélioration sensible entre 2007 et 2008), il est impossible de calibrer un flan à 0,25 ou même 0,5 g près en coulant selon cette méthode. Par conséquent, celle-ci doit être écartée.

### *4.5.2. Bronze*

Lors de la coulée du bronze, le moule était disposé à 45°. Cette information, qui pouvait paraître anodine, a été révélée par l'étude d'un reste de métal sur l'un des moules monétaires découverts à Châteaubleau (Pilon, 2003, p. 47)[9]. Après avoir expérimenté différentes inclinaisons du moule, la position à 45° est bien la plus

8. D.G. Sellwood écrivait qu'il était possible de calibrer de manière satisfaisante les flans à l'aide de cette technique. Il faut rappeler ici que les creusets utilisés par le savant anglais ne contenaient pas plus de 200 g d'argent, ce qui rendait la manipulation bien plus aisée (Sellwood, 1963, p. 225).

9. Information relevée du fait de la présence d'une coulure oblique sur une tranche des moules de Châteaubleau.

efficace, puisqu'elle permet de créer un évent naturel et ainsi de chasser l'air du moule lors de la coulée du métal.

Là encore, le creuset était sorti à la pince. Pour chaque coulée, 800 g de métal étaient fondus. D'abord le cuivre, puis l'étain (92 % de cuivre, 8 % d'étain) ; le métal ayant le plus haut point de fusion devant être fondu en priorité (1 084 °C pour le cuivre, 232 °C pour l'étain). De même que pour l'argent, le poids de chaque charge suivait la capacité du moule (88 x 8 g + tenons de coulée).

Suivant la température du métal, deux techniques de coulée étaient optimales. Lorsque le métal est bien chaud, il est possible de remplir les différents chapelets un à un. Au contraire, lorsque le métal est moins liquide, on risque de boucher les tenons, il faut alors privilégier des allers-retours réguliers. Quoi qu'il en soit, il est toujours plus facile de couler lorsque la température du métal est plus élevée. Les moules étaient ensuite ouverts à l'aide de gants et les chapelets extraits avec des pinces.

Le petit nombre d'ouvriers de l'atelier nécessite d'être organisé et efficace. Il faut gérer la fabrication des moules, la fonte du métal, ainsi que la coulée. En comptant une trentaine de coulées par jour pour produire environ un millier de monnaies (selon le métal), il faut un minimum de 2 personnes autour du four pour accomplir les différentes tâches.

| Bronze | Nombre | Poids moyen observé (g) | Ecart type (g) | Écart type (% du poids moyen) |
|---|---|---|---|---|
| Melle 2009 | 3 000 | 8,73 | 1,98 | 22,68 |
| Bronzes du trésor de Gézéïr (IIe s.) | 107 | 8,23 | 0,94 | 11,42 |
| Bronzes du trésor de Gézéïr (IIe s.) | 101 | 16,24 | 1,46 | 8,99 |

Tableau 4 : Poids et écart type des monnaies antiques et de celles issues des expérimentations de 2009.

La comparaison avec les bronzes du trésor de Gézéïr montre que les résultats obtenus lors de l'expérimentation sont relativement proches : 8,73 g pour l'équipe et 8,23 dans le trésor de Gézéïr. Et cela, même si l'écart type moyen est moins bon : 22,68 % contre un peu plus de 11 % pour Gézéïr. L'écart type tient bien sûr à l'amplitude des poids. En effet, nous avons toléré des flans allant de 3 à plus de 17 g (dans le trésor de Gézéïr les poids s'échelonnent de 6,5 à 11,5 g) dans le but avoué de favoriser la frappe de la monnaie et ainsi de produire le plus grand nombre de pièces possible.

Néanmoins, même après deux sessions d'expérimentation, l'inexpérience de l'équipe tant à la fabrication de moules qu'à la coulée n'a pas permis de se conformer aux résultats obtenus dans l'Antiquité. Mais il faut certainement imaginer une mise à l'écart des pièces les moins bien calibrées, c'est du moins ce que semble montrer le graphique des poids des monnaies de Gézéïr, où les monnaies pesant moins de 6,5-7 g ont clairement été écartées.

### 4.6. Traitement des flans

#### *4.6.1. Argent*

Pour l'argent, il n'était pas prévu au départ d'opération de traitement. C'est l'utilisation de moules en chapelet qui nous a obligés à nous adapter. On sait que les tenons n'apparaissent pratiquement pas (à de rares exceptions) sur les monnaies en argent. Inutile donc ici de s'attarder sur la découpe des chapelets, opération rendue nécessaire pour la frappe mais scientifiquement inintéressante. Il est cependant important de constater qu'il existe des tenons sur des monnaies d'argent.

#### *4.6.2. Bronze*

Dans un premier temps, les essais d'un burin pour découper les flans et d'une meule pour les polir ont donné des résultats très satisfaisants, réellement proches de ceux constatés sur les monnaies antiques. Par contre, notre manque d'expérience ne nous permettait pas d'accéder à une cadence suffisamment régulière pour alimenter correctement l'atelier de frappe. Comme nous nous concentrions principalement sur la frappe elle-même, il a été décidé, comme dans d'autres cas, de sacrifier à la modernité pour gagner en productivité. Très vite, nous avons donc utilisé une disqueuse pour le polissage et la découpe de nos flans. Un traitement plus soigné aurait été nécessaire. On peut mesurer encore une fois le temps important nécessaire à ce genre d'opération, même pour un ouvrier spécialisé. On notera tout de même que les Anciens devaient être attentifs à la récupération du métal.

Lors des deux premières années, et compte tenu de la valeur de l'argent, nous avons traqué les moindres petites billes. Lors de la dernière saison, nous n'avons pas pris le temps de récupérer le bronze issu des différentes étapes de polissage et de découpe. À la vue des poussières qui tapissaient la plate-forme et considérant le prix du métal, il semble que la récupération de ces "déchets" était un élément incontournable des opérations menées dans l'Antiquité.

## 5. La frappe des monnaies

Dans la chaîne opératoire de la fabrication de la monnaie, la frappe est l'ultime opération qui permet au flan de devenir une monnaie. L'opération est simple mais soulève un nombre important de questions, en particulier pour ce qui concerne la nature précise de l'outillage utilisé à l'époque grecque. Certaines interrogations peuvent trouver un début de réponse dans les expérimentations que nous avons menées, mais ces dernières en génèrent d'autres qui nécessiteraient de nouvelles expérimentations ciblées.

La technique de frappe de l'Antiquité est relativement bien connue. D'une part, nous sont parvenues une série de représentations[10], et d'autre part, la frappe est demeurée sensiblement la même jusqu'à l'apparition du balancier au XVI^e^ siècle. Elle

10. Datant principalement de l'époque romaine.

nécessite du métal préalablement ouvragé de manière à ce que celui-ci se présente telle une pastille : le flan. Ensuite, deux matrices – les coins – servent à imprimer les types et les légendes sur les deux faces du flan. Encore, une enclume, sur laquelle les coins sont disposés. Et finalement, un outil pouvant servir à transférer la force nécessaire à l'impression dans la pastille de métal : le marteau ou la masse. Le point crucial de l'opération de frappe de nos sessions d'expérimentation est donc le choix de l'outillage. De nombreux paramètres ne nous sont connus que d'une manière indirecte et imprécise[11] ; là encore, il a été nécessaire de faire des choix.

Il ne semble pas que l'opération de frappe soit forcément étroitement liée à la préparation des flans. Les deux opérations sont distinctes et nécessitent des ouvriers avec des compétences différentes. L'un doit maîtriser la force et la précision, alors que l'autre doit être capable de gérer la température du four, une compétence qui s'acquiert par l'expérience[12]. Dès lors, la frappe et la transformation du métal n'ont pas à être localisées au même endroit, ne serait-ce que pour des questions de sécurité. Cette hypothèse semble être corroborée par les minces indices archéologiques à notre disposition[13].

## 5.1. Les outils (présentation des outils et explication des choix)

Quelques éléments nous renseignent sur l'outillage utilisé par les ouvriers chargés de frapper les monnaies grecques.

### *5.1.1. La masse*

Les représentations (fig. 4-9) offrent peu d'informations précises sur la forme de l'outillage. De plus, les renseignements sur la composition métallique de ces outils sont extrêmement rares. Le marteau était-il en fer ou en bronze ? La même question se pose pour les coins. Et si ces derniers étaient en bronze, quel était leur alliage ? Même si des découvertes très récentes nous apportent peut-être de nouvelles données à ce sujet, pour l'heure, les interrogations ne peuvent trouver des éclaircissements qu'à travers l'expérimentation, mais des choix s'imposent et peuvent influencer les résultats. Il faut donc exposer les motivations qui ont engendré ces choix.

Le marteau sélectionné, une masse de 4,5 kg, est en fer. Les scènes de frappes antiques montrent que l'ouvrier chargé de la frappe tient un marteau lourd, puisqu'il est toujours tenu à deux mains. Cependant, les Grecs auraient aussi bien pu utiliser une masse de fer ou de bronze. Seules des expérimentations avec une masse en bronze pourraient amener à apprécier l'influence découlant du choix de la masse sur les

11. À cet égard, la prochaine publication de l'atelier monétaire celte découvert en Suisse lors de fouilles archéologiques sera, sans doute, très instructive (Ziegaus, à paraître).

12. Voir notre précédent article (Faucher *et al.*, 2009, p. 58).

13. Cela semble être le cas à Laos, dans deux bâtiments (1ère moitié du IIIe s. a.C.) situés l'un en face de l'autre ; s'il s'avère que la "casa della zecca" est bien le lieu de fabrication de la monnaie (Cantilena, 2001, p. 175-181). Cependant, on remarquera qu'il n'est pas rare sur les scènes de l'époque médiévale de voir dans un même lieu l'ouvrier chargé de frapper des monnaies et un four en arrière-plan.

Fig. 4 : Métaponte, statère (Gorny et Mosch 160, 9 octobre 2007, 1071).

Fig. 5 : Populonia, Paris BN, fonds général 36.

Fig. 6 : Paestum, semis (NAC 27, 12 mai 2004, 41).

Fig. 7 : Rome, denier de Carusius (H.D. Rauch 81, 21 novembre 2007, 246).

Fig. 8 : Rome, tessère (Vienne, Kunsthistorische Museum).

Fig. 9 : Rome, contorniate (Londres, British Museum).

résultats. Néanmoins, le choix d'une masse lourde, contrairement à un marteau léger tel qu'utilisé par d'autres expérimentateurs, nous a semblé beaucoup plus significatif que la possibilité d'utiliser le fer ou le bronze. D'ailleurs, le simple choix d'un marteau plus lourd peut modifier les résultats et ainsi améliorer nos connaissances de la technique de frappe antique.

### *5.1.2. Les coins*

Les contraintes les plus fortes étaient liées à la fabrication des coins. Le financement réduit dont disposait l'expérimentation a forcé certains choix.

La gravure des coins a été effectuée par M. Ducouret, graveur sur métal. Cet artisan avait déjà eu l'occasion de travailler avec les Mines d'argent des Rois Francs de Melle. De plus, son lieu de résidence, proche du site des expérimentations, facilitait les échanges. Malheureusement, M. Ducouret n'avait pas réalisé de coins monétaires imitant les coins antiques à l'exception d'un exemplaire de coin de revers de chouette athénienne et d'un coin de droit de monnaie celte. La première année, en 2007, le temps nous manquant, nous avons décidé d'utiliser des coins qui étaient à disposition de notre graveur, à savoir ces types celte et grec. Pour la deuxième année d'expérimentation, notre coin de droit a été regravé, ce qui permettait, nous semblait-il à l'époque, de repartir sur de nouvelles bases pour la nouvelle saison d'expérimentation.

Dans le cadre de l'expérimentation de la frappe des monnaies de bronze, l'équipe a choisi un type plus adapté à nos besoins, à savoir les types d'une monnaie lagide du IIe siècle, présentée plus haut, portant au droit une tête de Zeus Ammon et au revers deux aigles.

Dans les deux cas, la gravure des coins s'est faite à l'aide de poinçons, une technique qui n'avait pas été utilisée par les Grecs mais qui permettait non seulement à M. Ducouret d'exercer au mieux ses talents, mais en outre, et ce n'est pas un détail, de disposer de plusieurs coins avec une seule matrice (cela abaissant considérablement le coût final de l'opération).

Dans l'Antiquité, on sait qu'il existait des coins en fer et d'autres en bronze, sans qu'il soit possible de savoir à quelle destination *était dévolu* chaque métal. Les spécialistes soupçonnent, en bonne logique, que le bronze ait servi à frapper l'or et l'argent alors que le fer *était utilisé pour* le bronze. Dans le but de comparer les différents matériaux, il a été décidé de confectionner des coins de droit et de revers en fer et en bronze. Dans le cadre des expérimentations sur l'argent, le choix du métal a été laissé à M. Ducouret, ce dernier utilisant le métal dont il disposait (Faucher *et al.*, 2009, p. 61-64).

La frappe du bronze ayant été programmée plus en amont, il a été possible de préparer des cylindres de bronze lors d'une session d'expérimentation, permettant ainsi de disposer d'un alliage dont nous connaissions la teneur métallique. Le choix de l'alliage s'est inspiré de la composition connue d'un coin d'Auguste authentique conservé au Cabinet des Médailles de la Bibliothèque Nationale[14]. Les coins en fer ont, quant à eux, été façonnés dans des cylindres en fer de récupération. Il s'agit d'un fer provenant d'une église du XVII^e siècle. Ce matériau comportant des inclusions et des faiblesses semblait plus proche du matériau antique que le fer provenant d'usines modernes.

Les dimensions des coins ont été adaptées à ce que nous connaissions, à savoir un droit dont la largeur permettait de frapper la monnaie sans que l'on puisse jamais déceler le bord du coin. Pour le revers, au contraire, le bord du coin devait suivre d'assez près le grènetis, comme les monnaies le montrent.

### 5.2. L'opération de frappe

Le coin de droit repose sur l'enclume, c'est celui qui, d'après l'examen des monnaies qui nous sont parvenues, possède la durée de vie la plus longue. En pratique, cette observation se vérifie puisque comme nous l'étudierons plus bas, les coins de revers se sont détériorés beaucoup plus rapidement. Le coin peut donc reposer librement sur l'enclume et les expérimentations ont démontré que celui-ci ne nécessitait pas de dispositif particulier lui permettant de demeurer enchâssé comme il a souvent été imaginé. Par contre, le coin de revers, qui est mobile, doit être tenu par un autre ouvrier, d'où les pinces que l'on voit sur les représentations. Celles-ci sont destinées à tenir le coin de revers. Nous avons procédé à des frappes à l'aide d'une paire de pinces similaire à celles que l'on observe sur les représentations. L'expérience fut concluante (fig. 10). Cependant quelques observations peuvent être formulées : avec l'usage de pinces, il arrive occasionnellement que le coin soit éjecté. Dès lors, un coin de revers tenu par des pinces obtiendra une meilleure adhérence s'il est de forme circulaire. L'onde de choc qui se transmet à travers les pinces est assez importante, même avec des gants. Les pinces étant courtes, les risques d'accident étaient présents et ainsi, pour des questions de sécurité, nous avons privilégié des manches en bois enchâssés

Fig. 10 : Coins de revers en bronze maintenu avec une pince.

14. Sa composition est de 75,1 % de cuivre et de 23,1 % d'étain (Amandry, 1991, p. 96 ; Le Gentilhomme, 1946, p. II-VIII ; Malkmus, 1991, p. 46).

sur les coins de revers pour la majeure partie des opérations (fig. 11). Nous ne pensons pas que ces manches puissent être susceptibles d'avoir modifié les résultats[15].

Fig. 11 : Frappe de la monnaie.

## 5.3. Frappe à chaud ou frappe à froid ?

Cette question est essentielle et selon la méthode, les moyens à mettre en œuvre diffèrent largement. Par exemple, dans le cas de la frappe à chaud, qui consiste à faire monter les flans en température juste avant de les frapper, ce qui accroît leur ductilité, il est nécessaire d'avoir à proximité du lieu de frappe des installations permettant le réchauffement (Sellwood les montait à 700 °C). De plus, les flans réchauffés ne sont plus maniables à main nue, ce qui contribue d'autant à compliquer et à ralentir les opérations. Les expérimentateurs qui nous ont précédés[16] ont privilégié la frappe à chaud. Leurs conclusions, largement reprises depuis, estiment qu'il est plus facile de frapper un flan réchauffé, et par conséquence, que cette technique devait être utilisée dans l'Antiquité.

### *5.3.1. Argent*

Toutefois, lors de nos sessions expérimentales, il s'est avéré que la frappe à froid convenait tout à fait à l'argent : un seul coup de masse permet d'imprimer les types monétaires[17]. Le choix d'un marteau lourd, plus proche des représentations antiques que des représentations médiévales, démontre ainsi à quel point, parfois, les choix peuvent influencer les résultats. Dès lors, il n'y a pas lieu d'imaginer que les Grecs aient choisi la frappe à chaud, plus fastidieuse, alors que la frappe à froid, la solution

15. D'ailleurs, le coin (?) de revers retrouvé à Sounion possédait un orifice qui servait possiblement à insérer un manche (Kalligas, 1995, p. 143).

16. D. G. Sellwood (1963) et L. Beer-Tobey (1979) avaient préconisé la frappe à chaud. D. G. Sellwood avait néanmoins tenté les frappes à froid sur une centaine de monnaies.

17. Et cela sur des flans dont les poids varient d'une dizaine de grammes à environ 40 g. Rappelons que les décadrachmes pesaient un peu plus de 40 g et qu'il semble donc qu'il était possible de les frapper d'un seul coup avec un tel marteau.

la plus simple, convenait parfaitement et a dû s'imposer[18]. Par contre, il est commun de voir des monnaies tréflées. Si un tréflage existe, il est synonyme d'un second, voire d'un troisième coup de marteau en cas de mauvaise impression. On a pu constater que lorsque la monnaie était rengrénée et frappée plusieurs fois, s'il est facile de la rengréner sans laisser apparaître de tréflage, un détail apparaît : le glissement du grènetis. Le métal chasse vers l'extérieur ; des traces radiales apparaissent ainsi, qui vont du type au grènetis comme sur les deux exemplaires ci-dessous, le premier issu des expérimentations, le second du monnayage de l'Égypte hellénistique (fig. 12).

Fig. 12 : Monnaies en argent avec des traces de glissement radial du métal (à gauche Melle, à droite Monnaie de Ptolémée).

### *5.3.2 Bronze*

En 2009, lors de la troisième saison des expérimentations, la frappe des monnaies de bronze change légèrement les données du problème. L'opération est identique, mais le bronze est plus dur que l'argent[19]. Néanmoins, il s'est avéré que la frappe à froid imprimait bien, même si elle nécessitait une vigueur supplémentaire de la part de l'ouvrier responsable. En outre, plus le diamètre et le poids sont grands, plus l'effort à fournir est important. Le nombre élevé de monnaies tréflées montre qu'un deuxième coup de marteau était souvent asséné pour imprimer correctement la monnaie. Ce fut le cas pour les ouvriers de notre équipe, surtout au début des opérations. Mais comme il est noté plus haut, il est relativement facile de rengréner la monnaie, et ce, en un temps très rapide. Dans un tel cas, aucune trace de tréflage n'est visible, ni au droit, ni au revers.

## 5.4. Productivité

### *5.4.1. Argent*

La reconstitution de la chaîne opératoire qui mène à la fabrication de monnaies permet d'apprécier la productivité que pouvait atteindre un atelier antique. Lors des sessions de frappes de 2007 et 2008, nous avons frappé respectivement 12 281

18. Les conditions ont pu néanmoins varier d'un atelier à l'autre et il n'est pas totalement exclu que les Grecs aient également utilisé la frappe à chaud.

19. La dureté de l'argent est de 60 sur l'échelle de Knoop et de 2,5 sur l'échelle de Mohs, alors que le cuivre a une dureté de 163 sur l'échelle de Knoop et de 3 sur l'échelle de Mohs. Bien sûr, l'alliage de bronze, qui incorpore de l'étain dans sa composition, change ou modifie sa dureté. Généralement, la dureté du bronze augmente en fonction de sa teneur en étain.

et 5 590 monnaies, soit en tout 18 271 pièces imitant les tétradrachmes attiques. Bien que le rendement de notre équipe de 4 personnes, d'abord inexpérimentée (et soumise aux aléas de la météo), fût assez inégal, il nous a été possible à plusieurs reprises de dépasser les 1 000 monnaies par jour (maximum atteint : 1 187). Ces chiffres fournissent alors une indication, certes approximative mais intéressante lorsqu'elle est rapportée à l'Antiquité grecque. Une équipe expérimentée pouvait vraisemblablement frapper plus de 30 000 monnaies en un mois. Bien entendu, si l'on multiplie le nombre d'ouvriers, de fours et d'enclumes, ce total peut arithmétiquement s'accroître. On peut dès lors mieux réaliser que des émissions peuvent avoir été fabriquées dans un laps de temps relativement court.

### *5.4.2 Bronze*

La frappe de la monnaie de bronze n'a pas pu être aussi productive. En effet, les opérations de traitement du flan après la coulée (découpe et limage) ont pris un temps considérable aux ouvriers chargés de la frappe. De plus, la difficulté de la frappe obligeait d'une part à répéter régulièrement l'opération pour une seule et même monnaie, d'autre part à une rotation plus rapide des équipes. Après un début assez lent lié à la difficulté de frapper les flans en bronze, un rythme régulier de 300 monnaies par jour a pu être atteint, avec une pointe à plus de 600 monnaies. On est amené à penser que les cadences de frappe de la monnaie de bronze étaient sans doute moins intensives que celles de la frappe de la monnaie d'argent ou d'or. Cette baisse de productivité est liée à la difficulté de frapper les pièces, et donc à la fatigue des frappeurs (les esclaves dans l'Antiquité), ainsi qu'à la nécessité de refrapper plusieurs fois les pièces pour obtenir une impression de bonne qualité, même si les monnaies de bronze à fleur de coin peuvent souffrir de quelques défauts.

Fig. 13 : Monnaie du trésor de Touna el Gebel tout juste sortie de l'atelier d'Alexandrie avant son enfouissement (Musée égyptien du Caire).

## 5.5. Accidents de frappe

Une productivité telle que nous l'avons expérimentée lors des journées où plus de 1 000 monnaies ont été frappées nous a permis de mieux comprendre le phénomène des *brockages*, ces monnaies ratées dont le seul équivalent français serait "incuses accidentelles". Elles se produisent lorsque la monnaie tout juste frappée reste coincée dans le coin de revers et qu'elle y demeure pendant qu'un nouveau flan est disposé dans le coin de droit. Le coin de revers cesse d'être incus et prend alors un relief. Le choc chasse le métal et le relief de la monnaie coincée dans le coin de revers s'imprime en creux sur le nouveau flan (fig. 14). On peut se demander pourquoi l'ouvrier ne s'est pas rendu compte que la monnaie était restée coincée. Lors des expérimentations, ces accidents de frappe se sont produits à quelques reprises lorsque le rythme de frappe était élevé. Lors de la frappe, il arrive régulièrement qu'après l'impact, le flan, devenu monnaie, soit éjecté et tombe par terre. Or, lorsque le rythme de frappe est bien lancé, l'ouvrier ne récupère pas toujours immédiatement la monnaie, mais procède à la frappe suivante. Alors, si la monnaie n'a pas été éjectée mais qu'elle est demeurée coincée dans le coin de revers, l'ouvrier qui ne l'a pas remarqué obtient un *brockage*.

Fig. 14 : Brockage (monnaie incuse accidentelle).

## 6. Usure des coins

C'était le point névralgique de l'expérimentation. Il s'agissait d'*étudier le plus précisément possible l'impact mécanique de la succession des frappes* sur le coin. Il est essentiel puisque cette étude, en permettant de quantifier de manière plus ou moins précise la productivité des coins monétaires, entraîne des répercussions qui vont bien au-delà de la simple étude de l'histoire des techniques, notamment sur la perception de l'économie monétaire, et ainsi de l'histoire politique de l'Antiquité[20].

### 6.1 L'argent

Nous voulions être le plus prudent possible, nous espérons que la publication de cette étude mettra en relief ce fait. Il s'agissait de ne pas retomber dans les écueils de l'expérimentation menée par Sellwood – ou plutôt dans ceux de ses commentateurs – et de vouloir définir à tout prix une productivité moyenne qui servirait de référence pour un calcul simple. Nous voudrions plutôt offrir un ordre de grandeur, et surtout quantifier l'écart qui pouvait exister entre les différents paramètres (métal du coin principalement, mais aussi par la suite composition métallique de la monnaie).

D'ailleurs, la deuxième année d'opération nous a appris beaucoup à ce sujet. Alors que la première année, presque 10 000 monnaies avaient été frappées avec le même coin, la frappe de 5 000 monnaies l'année suivante avait réussi à mettre hors d'usage le même coin, regravé entre les deux campagnes. Plusieurs facteurs ont pu provoquer cette différence d'usure, facteurs dont il est impossible de connaître le niveau d'implication dans le phénomène. Premièrement, le poids des monnaies

20. Nous ne reviendrons pas ici sur les différents débats concernant la productivité des coins dans l'Antiquité. Nous renvoyons à Faucher *et al.*, 2009, p. 68-77 ; ainsi qu'à Faucher, à paraître.

était légèrement plus faible la deuxième année. Deuxièmement, l'équipe était plus aguerrie; il en résultait des frappes plus vigoureuses, facteur à notre avis non négligeable. Enfin, la regravure du coin a sans doute fragilisé le coin de sorte qu'un coin "neuf" aurait probablement mieux supporté les frappes successives. Cette dernière donnée ne nous est apparue que récemment, lors de l'étude par un collègue anglais de séries monétaires où il a démontré que les coins, une fois regravés, étaient écartés de manière plus rapide que les coins "neufs"[21].

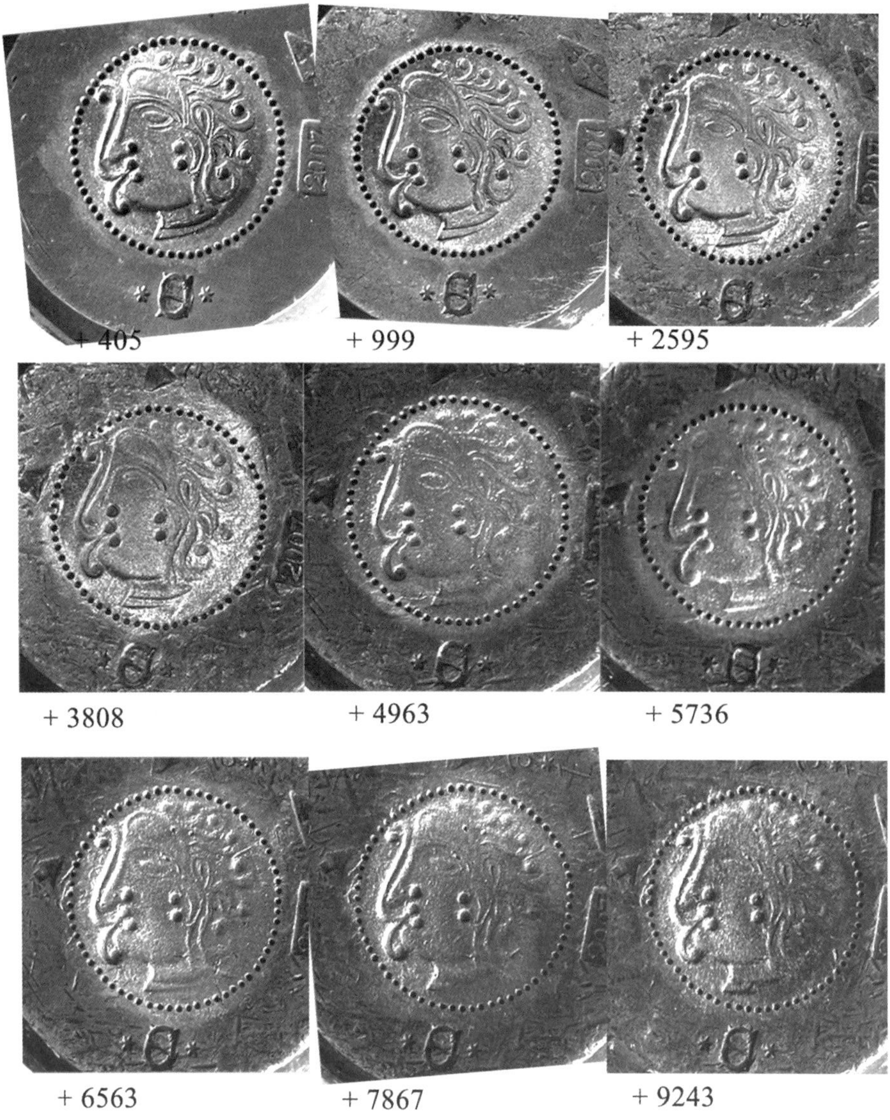


Fig. 15 : Usure du coin de droit en bronze en 2007.

21. Nous tenons à remercier ici Robert Bracey (Project curator : Kushan coins au British Museum) pour ces informations.

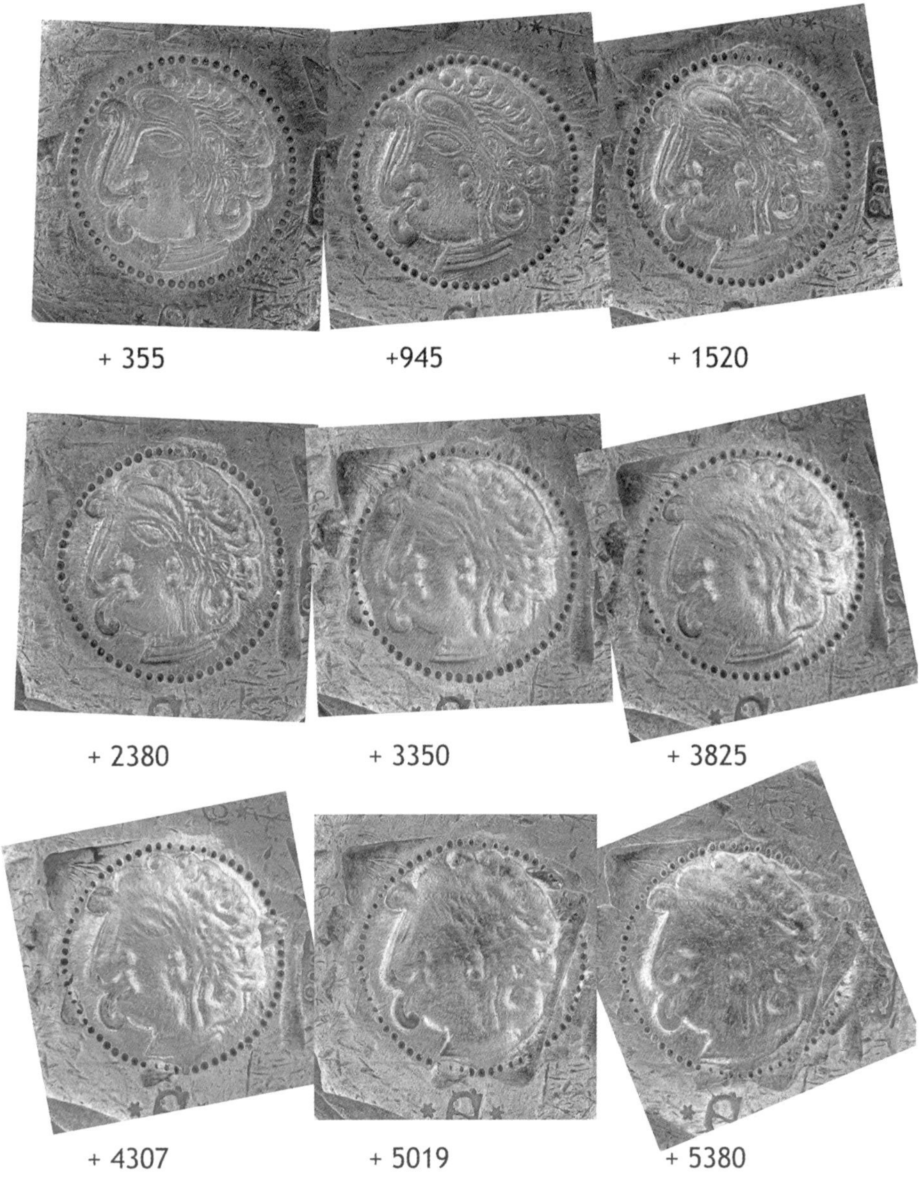


Fig. 16 : Usure du coin de droit en bronze en 2008.

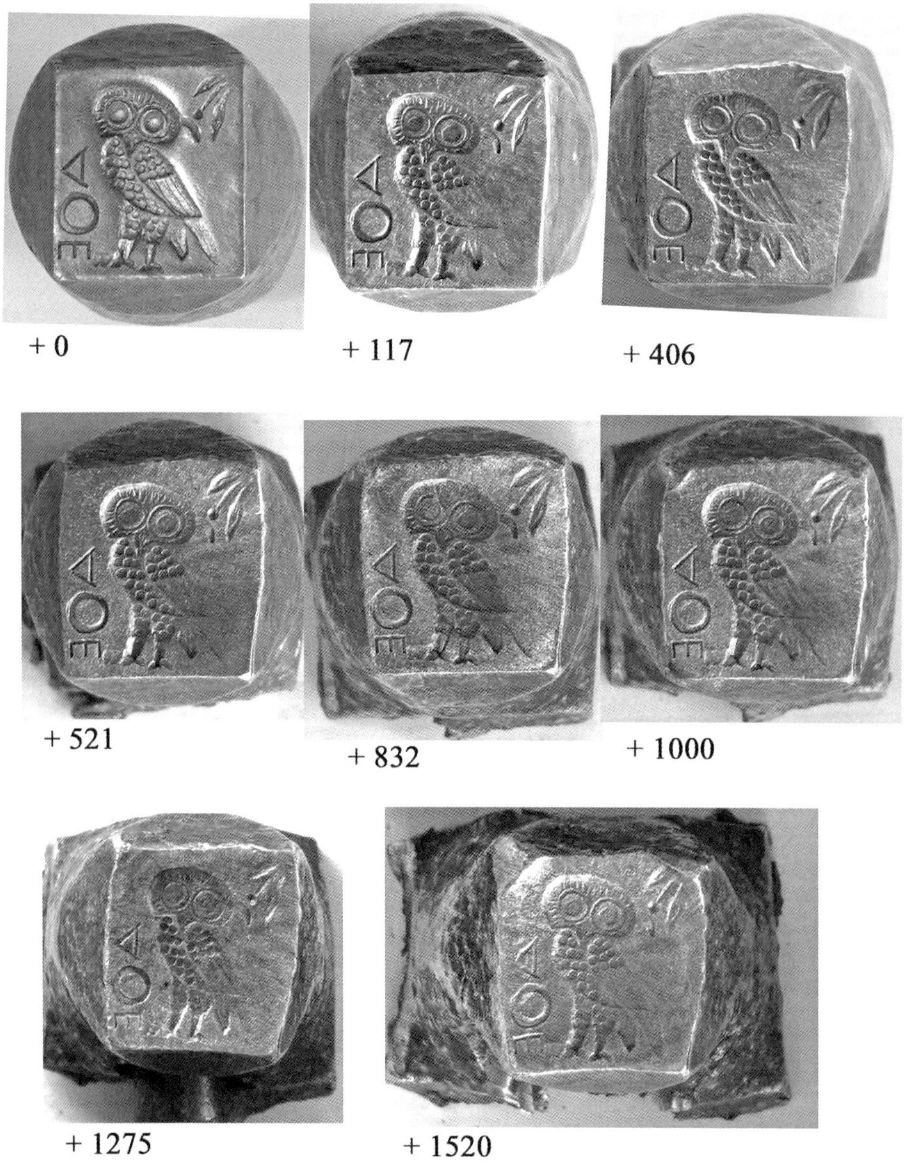


Fig. 17 : Usure du coin de revers en 2007.

## 6.2 Le bronze

Les numismates antiquisants, en règle générale, employaient le même ordre de grandeur de productivité que ce soit pour les coins ayant frappé de l'or, de l'argent ou du bronze. Le discours, pas toujours admis, mais souvent évoqué, consistait à dire que l'on n'usait pas les coins pour la frappe des monnaies d'or jusqu'à leur terme, afin d'obtenir des monnaies toujours superbes. L'argent sert, lui, de valeur référence. Quant aux coins utilisés pour la frappe du bronze, ils auraient été usés jusqu'à leur dernier souffle, augmentant ainsi artificiellement leur durée de vie. Si ce schéma n'est pas tout à fait dénué de sens, il semble trop caricatural pour être juste. Malheureusement, le coût de l'or ne permet pas d'effectuer des essais sur ce métal. En revanche, la frappe de monnaies de bronze offrait de nouvelles données susceptibles d'être comparées aux expérimentations précédentes.

L'expérimentation a montré qu'il fallait déployer une énergie plus importante pour la frappe du bronze que pour l'argent. Il s'en est suivi une usure beaucoup plus rapide du coin. Le constat est le même pour le droit en fer que pour celui en bronze.

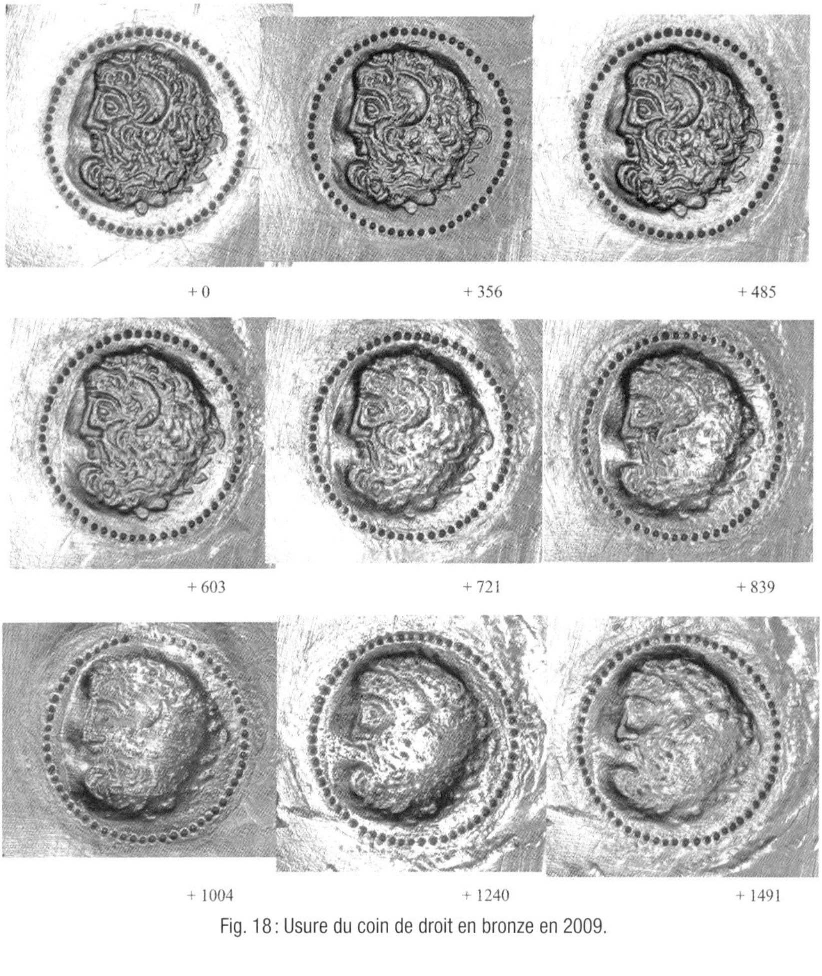

Fig. 18 : Usure du coin de droit en bronze en 2009.

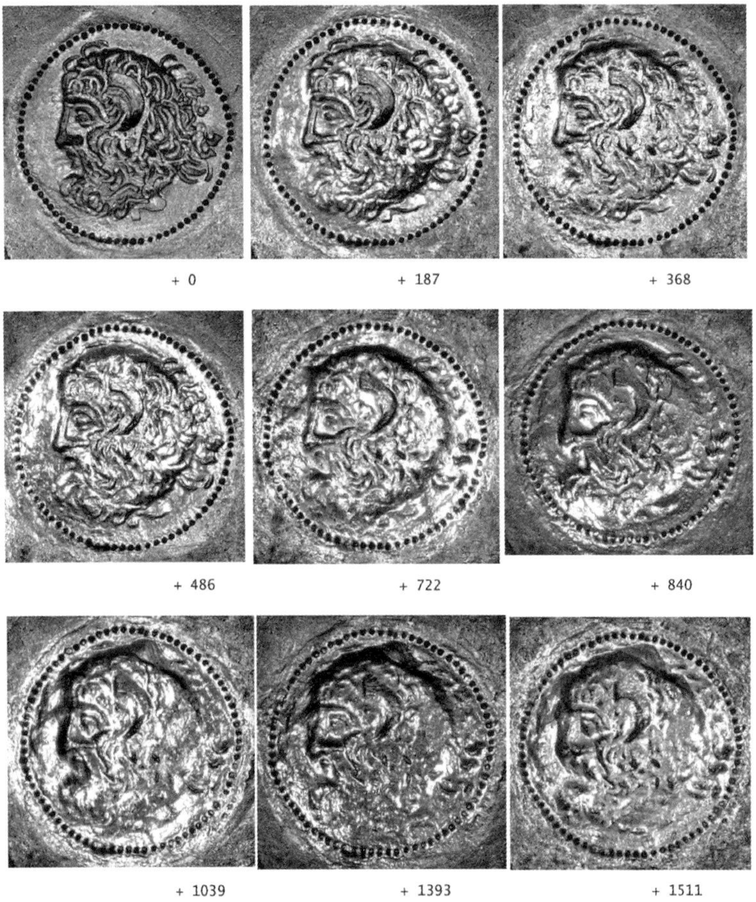


Fig. 19 : Usure du coin de droit en fer en 2009.

La frappe d'environ 1500 monnaies a suffi à user complètement les coins ; ils auraient sans aucun doute été mis au rebut par les monnayeurs antiques. Le constat est sensiblement équivalent pour les deux coins, même si celui en fer a un peu mieux résisté à l'usure. Cela est décelable dans la gravure de l'œil, encore visible à la fin des opérations sur le coin en fer, mais non sur celui en bronze.

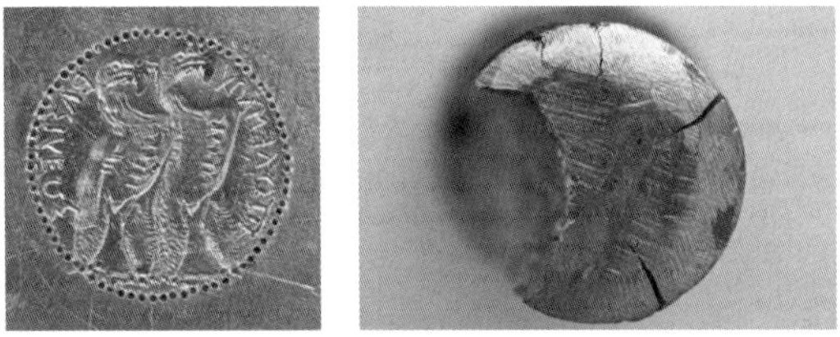

Fig. 20 : Face et dos du coin de revers en bronze utilisé en 2009, après une vingtaine de frappes.

Il est intéressant toutefois de noter que notre revers en bronze a connu un triste sort. Il s'est en effet brisé après à peine 20 frappes, après qu'on a pu apercevoir très tôt des fissures au point de contact entre la masse et le coin. C'est certainement la preuve que l'alliage utilisé contenait trop d'étain. Pourtant, le coin de droit contenait la même teneur en étain ; mais il ne s'est pas fissuré (on pouvait le prévoir puisque que le coin de droit romain de l'époque d'Auguste contenait plus de 20 % d'étain).

Les autres coins de revers, en fer (le même que le droit), se sont usés encore plus vite que les coins de droit. Après à peine un millier de frappes, la gravure était déjà presque effacée, empêchant en tout cas d'imprimer correctement le flan. Pour les besoins des expérimentations, les deux coins de revers ont été utilisés jusqu'à leur terme. Cela permettait d'apprécier l'évolution de l'usure et était rendu indispensable par la rupture du coin en bronze et la nécessité de continuer à frapper des monnaies pour étudier l'usure des droits.

Fig. 21 : Usure du coin de revers en fer en 2009.

## 7. Conclusions et perspectives

Le bilan de ces trois années d'expérimentations est très positif. L'archéologie expérimentale est une voie propre pour la découverte de l'histoire des techniques, mais aussi un pourvoyeur d'informations pour les historiens. Bien sûr, ces travaux ne peuvent pas être considérés comme une finalité. Bien des points sont restés en suspens et il est clair que de plus amples opérations amèneraient de nouvelles connaissances et une approche plus globale de la chaîne opératoire du monnayage antique. Nous essaierons ici de présenter succinctement les problèmes les plus prégnants auxquels nous nous sommes heurtés, et ce faisant, d'offrir des perspectives scientifiques à la résolution de ces problèmes.

Les expérimentations ont mis en lumière deux problèmes majeurs auxquels il faudra répondre à l'avenir : la fabrication des flans et l'usure des coins monétaires.

### 7.1. Production des flans

#### *7.1.1. Argent*

L'hypothèse émise d'une coulée des flans d'argent dans un moule ouvert a été largement battue en brèche par nos expérimentations. Il reste maintenant à proposer de nouvelles hypothèses et à les expérimenter.

Les projets pour les prochaines expérimentations s'orientent autour de la production des flans. Il s'agirait de peser à l'avance le poids voulu d'argent, comme le proposaient déjà les professeurs Tylecote (1976) et Conophagos (1976, p. 15 et 1980, p. 371). Après avoir disposé le métal sous forme de grenailles dans un moule, on le placerait dans un four adapté à ce genre d'opérations. Des expérimentations menées en juillet 2010 valident cette hypothèse que nous ne pouvons pas développer ici.

#### *7.1.2 Bronze*

Si l'essentiel des découvertes archéologiques conduisent à privilégier l'emploi du calcaire dans la fabrication des moules, les expériences menées à ce sujet se sont révélées infructueuses. Il faudrait à l'avenir pratiquer des essais sur des calcaires des régions dans lesquelles ont été découverts ces moules monétaires (Chypre et Israël). Cependant, la représentativité de nos traces archéologiques peut laisser perplexe. En effet, même si de nombreuses découvertes ont été mises au jour, ces moules en calcaire proviennent d'une zone bien précise : Chypre et la Palestine, et sont principalement datés de la fin de la période hellénistique. L'usage de ces matériaux était-il si courant ?

Il est possible d'envisager la confection de moules dans d'autres matières moins bien conservées de par leur nature et qui auraient donc été détruites : terre cuite comme à Thessalonique (Aubin, 2003), métal (comme le suggèrent Bouyon *et al*, 2000, p. 24), cendres et litharge (Conophagos, 1980, p. 371-2). Quoi qu'il en soit, il ne faut certainement pas imaginer une méthode unique pour l'Antiquité grecque.

## 7.2. La frappe des monnaies et l'usure des coins monétaires

Nos expérimentations de frappe dans les conditions d'un atelier monétaire grec semblent s'approcher de la réalité antique. Certains résultats en apportent des preuves. En particulier, l'expérimentation a démontré que l'usage de la frappe à froid de l'argent devait s'imposer. Le choix d'un marteau lourd qui a été fait pour la frappe des monnaies montre que la modification d'un seul paramètre est en mesure de modifier considérablement les résultats. Il s'agit d'un acquis important puisqu'il est vraisemblable que la frappe à froid s'applique à toute l'Antiquité. Par exemple, pour les deniers romains, qui sont beaucoup plus minces que les monnaies grecques, il est assurément plus facile d'imprimer les types et donc superflu de réchauffer les flans pour en faciliter la frappe. En ce qui concerne le bronze, la frappe à froid fonctionne également. À côté de cette méthode traditionnelle, il ne faut pas oublier qu'il existe une autre façon de fabriquer des monnaies, même si celle-ci est plus marginale et qu'elle ne concerne que le bronze : les monnaies coulées[22].

Cependant, d'autres voies nécessiteraient d'être explorées. Par exemple, est-ce que lors de frappes de petits modules, les coins s'usent à la même vitesse que sur des gros modules ? Le choix de frapper un module d'environ 20 mm en argent et en bronze a amené des résultats qui ne sont pas forcément reproductibles avec de toutes petites fractions ou des grands bronzes. Il est intéressant de constater dans les études que le rapport entre le nombre de coins de droit et de revers tend plutôt à s'approcher de 1 avec les fractions. On pourrait alors être tenté de considérer une usure plus rapide du coin de droit. De nouvelles expérimentations pourraient nous renseigner sur ce phénomène.

En outre, il est possible de s'interroger sur l'implication de l'alliage monétaire du coin dans les résultats. En effet, si, en 2009 lors de la frappe des monnaies de bronze, il n'est pas apparu une nette différence entre le coin de droit en bronze et celui en fer, la destruction rapide de notre coin de revers en bronze oblige à se questionner sur une possible différence de composition métallique des coins de droit et de revers.

Enfin, et c'est une donnée majeure issue de l'expérimentation, il faudra dorénavant revoir à la baisse les calculs de productivité des coins pour le monnayage de bronze par rapport à ceux consacrés à la frappe de monnaies en argent.

On le voit bien, seules des expérimentations menées sur le long terme, avec des moyens financiers accrus, permettront de répondre à ces questions. Expérimentations que nous appelons de nos vœux.

---

22. C'est d'une manière générale au début des monnayages de bronze que le phénomène apparaît. Ces monnaies sont principalement de forme circulaire, mais parfois la monnaie revêt d'autres formes (cônes, dauphin, roue) (Brousseau, 2010). Nous pensons également au nombre impressionnant de monnaies coulées émises en Égypte à la fin de l'époque hellénistique.

# Les monnaies en orichalque dans l'Empire romain, problèmes de refonte et d'évolution de l'alliage

# *The orichalcum coins in the Roman Empire, issues of remelting and of alloy's evolution*

Arwen Gaffiero, Arnaud Suspene, Bernard Gratuze

**Résumé** : On note une variation des teneurs en zinc pour le monnayage en orichalque. Des expérimentations ont été mises en place afin de vérifier si des refontes successives non contrôlées d'ancien stock métallique peuvent expliquer la baisse de la teneur en zinc. Les résultats expérimentaux tendent à montrer que cette hypothèse est insuffisante pour expliquer la diminution de la teneur en zinc. Par ailleurs, l'apparition de nouveaux éléments tels que le plomb ou l'étain dans l'alliage monétaire implique des ajouts ou un changement de ressource métallique. La diminution de la teneur en zinc dans les monnaies romaines pourrait alors s'expliquer par une action volontaire de l'autorité émettrice.

***Abstract**: There is a variation of the levels of zinc for brass coinage. Experiments have been set up to verify if the uncontrolled smelting processes of old metal stock may explain the zinc decrease. Experimental results suggest that this assumption is insufficient to explain this content decrease. Moreover, the emergence of new elements such as lead or tin in monetary alloy involves additions or a change in metal resource. Therefore zinc decrease in Roman coins could be explained by a deliberate action of the issuing authority.*

**Mots-clés** : Orichalque, monnayage, zinc, plomb.

***Key-words :** Orichalc, coinage, zinc, lead.*

## INTRODUCTION

Au début de l'Empire romain, de nombreuses réformes économiques ont progressivement été mises en place ; celles-ci ont concerné les structures administratives, ainsi que le système monétaire. Auguste s'est inspiré de divers essais de circulation monétaire réalisés sous César ou encore Marc Antoine. Il a alors introduit un alliage monétaire à base de cuivre et de zinc pour fabriquer les sesterces, les *dupondii*, les *semisses* et certains *quadrantes*. Cet alliage, dénommé dans l'Antiquité "orichalque", correspond au laiton. Dans les proportions employées sous Auguste (de 15 % à 26 % de zinc), il confère une couleur jaune à l'alliage métallique. Au côté des deniers d'argent, des *aurei* d'or et des as en cuivre de couleur rouge, ils formaient un système quadricolore qui permettait de distinguer facilement chaque unité monétaire.

C'est ce monnayage de laiton qui a été au centre de nos expérimentations. De nombreuses études numismatiques ont été menées sur ce numéraire, faisant parfois intervenir des analyses chimiques. Cette approche archéométrique a fait l'objet d'un recensement par E. Caley (1964) qu'il a complété en réalisant quelques analyses par voie humide sur des sesterces et des *dupondii* émis d'Auguste à Commode. Cette méthode, certes destructive, permet d'obtenir des résultats fiables sur l'ensemble de l'objet. Les représentations graphiques que l'on obtient avec ces valeurs montrent une baisse de la teneur en zinc dans les monnaies de l'Empire au cours des émissions (fig. 1).

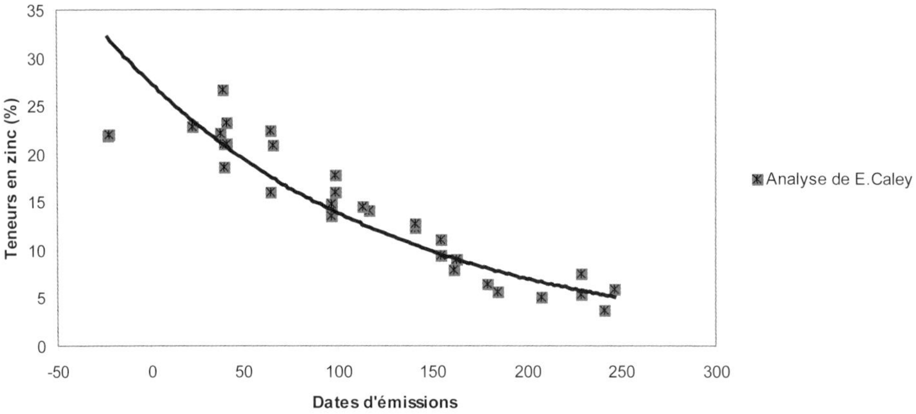


Fig. 1 : Évolution de la teneur en zinc des monnaies en orichalque romaines au cours des émissions (Caley, 1964).

Dans les années soixante, l'hypothèse avancée pour expliquer ce phénomène reposait sur l'utilisation de monnaies des empereurs précédents comme matière première pour les nouvelles émissions : les pièces auraient été refondues régulièrement au rythme des réformes.

Par la suite, des études analytiques ont mis en évidence la présence d'autres éléments que le cuivre et le zinc : de l'étain et du plomb ont été mesurés dans des proportions pouvant aller de 0,001 % à 11 % pour l'étain et jusqu'à 20 % pour le plomb. Les teneurs élevées de certaines émissions impliquent un ajout d'une nouvelle source métallique contenant ces éléments lors de la fabrication de l'alliage monétaire. Dungworth (1996) a repris dans les années quatre-vingt-dix les travaux de Caley et exploré des données nouvellement publiées. Il a, lui aussi, observé la présence de nouveaux métaux, et en a conclu que les refontes seules ne pouvaient expliquer la baisse de la teneur en zinc observée pour les sesterces et les *dupondii* émis sous l'Empire. Dungworth a mis en évidence la date de l'apparition de l'étain et du plomb en recoupant les diverses compositions chimiques trouvées à partir de méthodes analytiques variées. Il a confirmé et affiné les résultats de Caley. Ces travaux, dont le principal défaut était d'être une compilation de résultats d'analyses issus de techniques différentes (analyse de surface par XRF, analyse par activation etc.), impliquent que la tendance obtenue n'était pas précise et nécessitait une vérification en examinant un corpus important et représentatif des émissions impériales à l'aide d'une méthode non destructive et globale. Une reprise analytique de ce corpus à l'aide d'une seule et même méthode, l'activation neutronique, se justifiait. Cette technique d'analyse permet l'étude d'un large corpus sans effectuer le moindre prélèvement. Elle donne à voir l'évolution de la composition des pièces en orichalque[1] du Ier siècle av. au IIe siècle ap. J.-C.

Les nouvelles compositions chimiques (fig. 2) caractérisent une diminution de la teneur en zinc en fonction des émissions des sesterces et *dupondii.* Cette baisse a tendance à être moyennée du fait du nombre important d'objets étudiés. Les teneurs en zinc sont assez dispersées pour chacun des empereurs. Pourtant, un palier se distingue d'Auguste à Néron. Ce n'est qu'à partir de Vespasien que les teneurs maximales en zinc s'abaissent, tandis que les valeurs minimales s'affaissent dès le règne d'Hadrien.

S'il y a bien une diminution de la part de zinc dans le laiton employé au fil des émissions, elle est cependant plus tardive que celle avancée par Caley et Dungworth. L'hypothèse des refontes successives peut être reposée mais l'ajout de nouvelle source de métal, tel que le cuivre, doit être aussi pris en compte. Cet apport de métal pur pourrait expliquer la diminution relative du zinc dans les monnaies au même titre que l'utilisation d'un nouvel alliage de cuivre et de zinc de composition différente.

Les limites de détection des éléments mineurs et des traces lors d'une analyse par activation avec des neutrons rapides de cyclotron sont de l'ordre de la dizaine de ppm[2]. Cette méthode permet d'étudier avec précision l'évolution des teneurs en étain (fig. 3) et en plomb de l'alliage (fig. 4).

D'auguste à Domitien, la teneur en étain évolue en moyenne en deçà de 1 %. Avec Trajan, une première augmentation du taux d'étain se produit. Cette tendance se confirme à partir du règne d'Antonin le Pieux. L'ajout d'une nouvelle source de métal à l'orichalque est envisageable : bronze ou un alliage quaternaire de cuivre, de zinc, d'étain et de plomb. Les teneurs en plomb augmentent notablement vers la fin de la période prise en compte.

1. Le directeur du Cabinet des Médailles de la Bibliothèque Nationale de Paris, M. Amandry, a accepté de prêter les monnaies du cabinet pour cette étude.

2. ppm : partie par million.

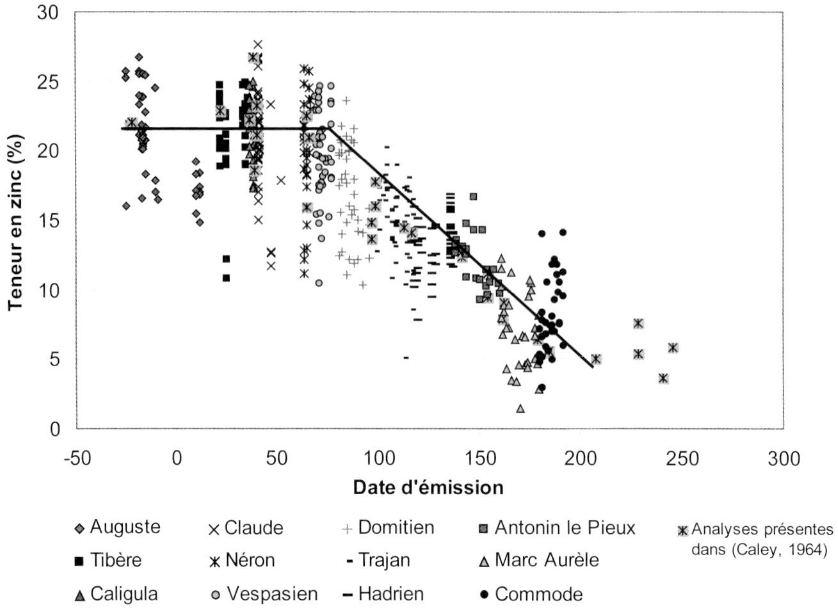


Fig. 2 : Évolution de la teneur en zinc des monnaies d'orichalque de l'Empire romain. Les analyses ont été effectuées par activation avec des neutrons rapides de cyclotron par A. Gaffiero et J.-N. Barrandon. En arrière-plan on observe aussi celles provenant de la compilation de Caley (1964).

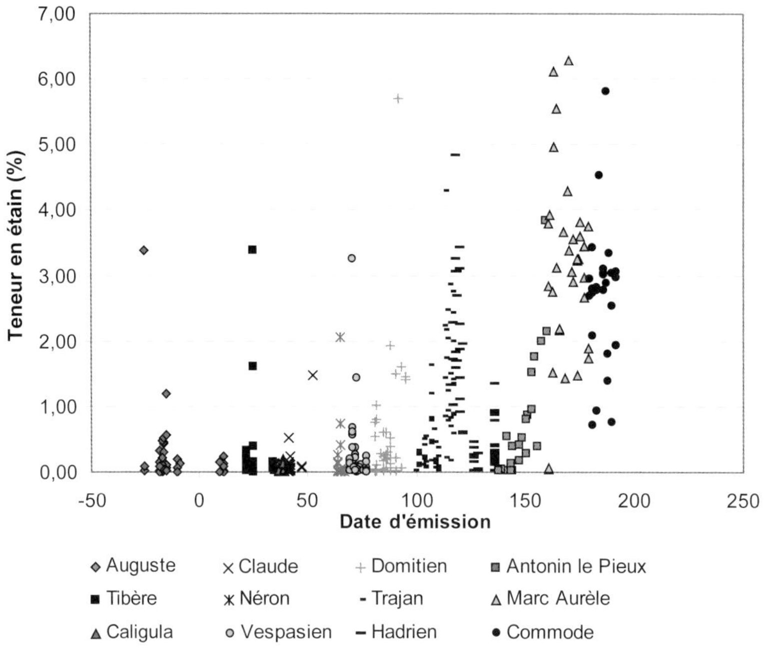


Fig. 3 : Évolution de la teneur en étain dans les monnaies romaine en orichalque du Ier siècle av. au IIe siècle ap. J.-C. Les résultats sont obtenus à l'aide de l'analyse par activation avec des neutrons rapides de cyclotron.

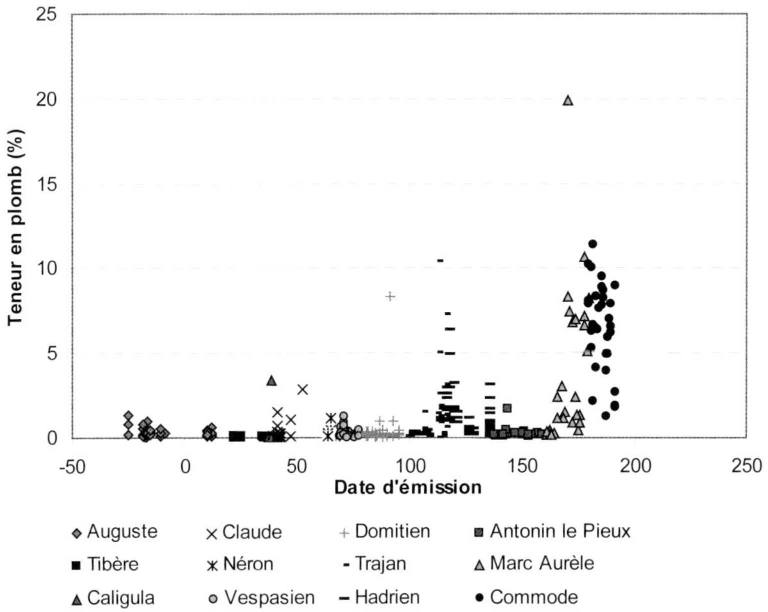


Fig. 4 : Évolution de la teneur en plomb dans les monnaies en orichalque du Ier siècle av. au IIe siècle ap. J.-C. Les résultats sont obtenus à l'aide de l'analyse par activation avec des neutrons rapides de cyclotron.

Afin d'apprécier à une plus juste valeur les différentes hypothèses croisant refonte et ajout, nous avons décidé de recourir à l'expérimentation. Elle permet de modéliser la perte de la teneur en zinc dans les monnaies lors d'opérations de refontes. Elle nous donne accès à la notion de couleur essentielle pour ce type d'alliage. Enfin, les techniques de fabrication monétaire peuvent être mieux comprises dans le cadre d'une recréation (Arles, 2009). Dungworth (1996) a estimé la courbe de perte en zinc selon le nombre de refontes. Nous avons souhaité, à notre tour, vérifier le comportement de l'alliage au cours des refontes successives en analysant les flans obtenus lors de chaque étape.

## 1. Les expérimentations

### 1.1. Mise au point

La réalisation des refontes implique la mise en place d'un protocole expérimental prenant en compte les vestiges archéologiques liés au monnayage ainsi que ceux liés à l'artisanat métallurgique. Le matériel nécessaire choisi est forcément un compromis entre reconstitutions et outillage moderne.

Les fouilles archéologiques concernant des ateliers monétaires ne sont pas légion. Les ateliers principaux de l'Empire situés à Rome, et plus épisodiquement à Lyon, n'ont pas encore été retrouvés (Mattingly, 1965). Hormis quelques vestiges d'ateliers de faux-monnayeurs de l'époque romaine comme celui de Châteaubleau (Pilon, 2004) ou d'ateliers gaulois (Aubin, 2003) nous ne disposons pas d'informations archéologiques à l'exception des monnaies. De plus, aucun texte technique sur ce sujet n'est connu. Il est donc délicat de reconstituer la chaîne opératoire de la production monétaire pour cette période.

Avant d'entamer les séries de refontes expérimentales, il nous a fallu réaliser notre alliage de départ. En effet, la teneur en zinc souhaitée (25 %), correspondant à la teneur maximale observée dans les monnaies d'Auguste, n'existe pas dans le commerce. Nous sommes partis d'un laiton à 37 % de zinc dont nous avons abaissé la teneur par ajout de cuivre pur.

Des essais de fabrication de moules monétaires en diverses matières ont été réalisés. Les premiers ont été faits à partir d'un calcaire proche de celui utilisé chez les faux-monnayeurs de Châteaubleau. Il n'a pas résisté longtemps aux variations de température malgré les précautions prises : préchauffer pour un séchage optimal, ou encore apprêter la surface avec un enduit tel que du noir de fumée ou du carbone pour éviter au métal en fusion d'adhérer à la paroi lors de la coulée. Ces moules ont cependant servi à effectuer une vingtaine de refontes avant d'être hors d'usage. Par la suite, nous avons utilisé des moules en argile fabriqués au CEMTHI d'Orléans avec l'aide de Marie-Laure Bouchetou. Ce matériau a mieux supporté les chocs thermiques mais le retrait du métal lors de son refroidissement a fragilisé les parois enduites de carbone. Enfin, notre collègue François Peyrat a réalisé des moules ainsi que des lingotières à partir de différentes terres de son choix, pour lesquels nous avons rencontré les mêmes problèmes. Les difficultés de cette fabrication et le temps imparti pour les expérimentations nous ont finalement orientés vers un support qui interagit moins avec la coulée des flans : les moules en sable de fonderie (fig. 5). Il s'agit d'un compromis qui ne remet pas en cause le résultat sur la qualité des alliages au cours des refontes. Il est évident que ce type de sable n'était pas disponible dans les ateliers romains.

En ce qui concerne la fusion proprement dite, la fabrication d'un four dit en "trou de serrure" (Arles, 2007) sur la plate-forme expérimentale permet de s'approcher des conditions réelles de fonte à la différence d'un four électrique (fig. 6). Par ailleurs, ce four en "trou de serrure" permet de mieux observer le déroulement de la fonte des métaux.

Nous avons aussi dû sélectionner quelques outils, tels que creusets, couvercles et pinces métalliques. Les creusets antiques sont en terre cuite (Pernot, 1999). L'objectif de nos travaux n'étant pas les interactions entre le métal et son récipient, nous avons immédiatement opté pour l'usage de creusets en plombagine (mélange compressé à base de graphite) qui n'interagissent pas ou peu avec le métal et supportent sans risque les chocs thermiques (fig. 6). Le couvercle n'étant pas disponible en plombagine, nous avons utilisé des couvercles en terre cuite. Les pinces sont celles qu'on peut trouver dans n'importe quel atelier de fondeur.

Fig. 5 : Moule en sable de fonderie.

Fig. 6 : Reconstitution d'un four à trou de serrure avec moule et lingotière en argile et creuset graphité.

### 1.2. Réalisation des refontes

Une fois ces moyens adoptés, un protocole a été défini pour effectuer les refontes. Pour vérifier si les refontes successives peuvent concrètement expliquer la baisse observée de la teneur en zinc, la première étape a consisté à réaliser des coulées dans des conditions supposées les plus proches possibles de celles pratiquées par les métallurgistes de l'Antiquité.

## 2. Résultats expérimentaux

Après avoir soigneusement choisi les moules, le creuset, le couvercle, l'alliage (à 24 % de zinc et 76 % de cuivre), le four et le combustible (du charbon de bois), 44 refontes mettant initialement en jeu 3 kg d'alliage ont été effectuées avec couvercle. Une autre série "sans couvercle" de 5 refontes a pu être faite avec également 3 kg de laiton à 24 % de zinc. Des analyses élémentaires par spectrométrie de fluorescence X sur les flans polis obtenus à l'issue de chaque coulée ont permis de déterminer la perte en zinc au cours des refontes avec et sans couvercle. La comparaison des pentes des deux équations de droite est édifiante. Elle est de -0,47 pour la courbe des refontes avec couvercle, et de -1,67 pour celle des refontes sans couvercle (dans les deux cas, le coefficient de détermination est supérieur à 0,98). Les courbes ainsi obtenues mettent toutes deux en évidence une diminution de la teneur en zinc au fil des refontes. Elles indiquent aussi sans surprise une perte plus massive de zinc lorsque l'on effectue les refontes sans couvercle. Pour perdre 5 % de zinc, 3 refontes sans couvercle suffisent, alors qu'il faudra 10 à 11 refontes avec couvercle pour obtenir ce même résultat. En plus de la vaporisation sélective du zinc, on observe aussi une perte de cuivre. Bien que nettement moins importante que la perte de zinc, elle conduit à une perte non négligeable d'alliage. L'utilisation de couvercles étant attestée sur certains sites métallurgiques de l'époque en Gaule romaine (Pernot, 1999), leur utilisation dans le cas de la fabrication de monnaies semble justifiée : si l'atelier reçoit 50 kg d'alliage pour frapper des monnaies, il y aurait une perte de 805 g de métal dans le cas de fonte sans couvercle, ce qui ferait une perte de 23 sesterces de 35 g. L'utilisation d'un couvercle permet de réduire la perte à 235 g de laiton, soit environ 7 sesterces seulement. Il est difficile d'estimer la marge de tolérance acceptée par l'autorité émettrice, mais celle-ci devait exiger un minimum de perte de métal de la part des ateliers, ce qui justifie l'emploi d'un couvercle.

Si l'expérimentation permet d'étudier l'évolution de la teneur en zinc dans les monnaies romaines d'orichalque au cours des refontes, elle montre aussi que celle-ci s'accompagne d'une évolution de la couleur de l'alliage. Suite au départ du zinc, il va devenir de plus en plus rouge. Il y a là un indicateur visuel de la qualité de l'alliage qui n'a pas pu échapper aux artisans qui auraient eu conscience de la perte en zinc sans pour autant connaître ce métal. Sans être voulue, cette perte devait apparaître comme inévitable. Est-ce par un défaut d'approvisionnement en minerai dans la mesure où le laiton se produit à partir d'un minerai de zinc (Doridot *et al.*, 2006) ? Faut-il y voir une des conséquences de l'instabilité politique grandissante à partir d'Antonin le Pieux et particulièrement sous Commode ? Une des particularités du système quadricolore d'Auguste était que les as en cuivre (rouge) et les *dupondii* en laiton (jaune) avaient un poids et un diamètre similaires. Seules la couleur et parfois la couronne crénelée les différenciaient. Avec l'évolution repérée grâce à l'expérimentation, on se trouve face à un système monétaire qui semble moins bien défini.

D'autres paramètres expérimentaux nous permettent de penser que les changements monétaires ne sont pas dus à un manque de contrôle de l'alliage. Il existe en effet certains signes annonciateurs de la vaporisation du zinc aux températures de fusion nécessaires pour les coulées. La couleur de la flamme du foyer change lorsque le cuivre fond (un filet vert apparaît), l'odeur de l'atmosphère environnante est aussi différente (odeur particulière due probablement à l'oxyde de zinc). Enfin, un dépôt jaune d'oxyde de zinc qui blanchit avec la baisse de température se forme sur les charbons servant à entretenir le foyer. Tous ces signes très réels permettent de voir quand le métal est prêt à être coulé. De plus, avec la pratique, il devient plus aisé d'optimiser le temps de fonte. Le savoir-faire de l'artisan permet donc aux métallurgistes de limiter les pertes en zinc, et de procéder à la coulée de l'alliage monétaire dans des conditions optimales.

## 3. Comparaison entre les résultats analytiques monétaires et expérimentaux

Une diminution de la teneur en zinc s'observe aussi bien pour les analyses des émissions monétaires de l'Empire que pour celles des alliages obtenus lors des refontes successives. La similarité des deux courbes accrédite l'hypothèse d'une perte de métal due aux refontes entre le Ier siècle av. J.-C. et le IIe siècle ap. J.-C. Pour autant, l'apparition d'éléments tels que l'étain et le plomb dans les monnaies coulées de Trajan à Commode implique sinon un changement d'alliage, du moins un apport en métal neuf. L'hypothèse de Dungworth se vérifiant également, il faut conclure à de possibles refontes accompagnées d'ajouts de métaux (cuivre, étain, plomb) pour certaines émissions.

Ces suggestions sont d'autant plus séduisantes que, dans la littérature moderne, deux refontes sont fréquemment mentionnées : l'une concerne des monnaies de Caligula (Dion Cassius, LX, 22) et l'autre aurait eu lieu sous Trajan (Besombes, 2008). Pour Trajan, des monnaies coloniales seraient refondues pour alimenter la frappe de nouvelles monnaies (Caley, 1964). D'une façon générale, tout ce qui a trait au monnayage est secret : il n'y a pas de traité métallurgique monétaire dans les sources. Ce manque de sources littéraires pourrait autant signifier que les refontes sont ponctuelles et rares, que banales au point de ne pas être mentionnées. Si les textes étudiés n'excluent pas l'existence des refontes, ils n'indiquent pas non plus que ces dernières soient un processus indispensable et systématique dans l'élaboration d'un nouveau stock monétaire.

D'un point de vue archéologique, aucun atelier monétaire officiel n'est connu et les ateliers de faux-monnayeurs, de par leur nature, ne peuvent aider à éclaircir ce point de numismatique. Soulignons aussi que les trouvailles archéologiques attestent d'une circulation monétaire qui n'est pas strictement le reflet du pouvoir en place : les changements à la tête de l'Empire n'entraînent pas directement la disparition du monnayage à l'effigie de l'empereur précédent à l'exception de Caligula qui reste un cas symbolique et limité au trésor impérial (Barrett, 1999). Par conséquent, s'il y a eu refontes, elles ne peuvent s'appliquer qu'à une partie du monnayage en circulation (Étienne et Rachet, 1984).

Les monnaies en orichalque sont retirées de la circulation sous Dioclétien, leur valeur intrinsèque étant plus importante que celle des deniers à la fin du IIIe siècle (Burnett, 1987, p. 71) ; ceci sous-entend donc que les monnayeurs connaissaient parfaitement la nature des alliages et donc que la perte en zinc était si ce n'est maîtrisée, du moins bien connue.

## CONCLUSION

Les résultats expérimentaux tendent à montrer que l'hypothèse de refontes non contrôlées est insuffisante pour expliquer la baisse de la teneur en zinc observée dans les monnaies puisqu'un minimum de précautions, comme l'utilisation d'un couvercle, permet de minimiser la perte en zinc. Le changement visible de couleur de l'alliage monétaire est un paramètre qui indique clairement que les Romains du IIe siècle ap. J.-C. ont changé leur système ou bien modifié les exigences auprès des ateliers monétaires. Par ailleurs, l'apparition de nouveaux éléments tels que le plomb et l'étain dans l'alliage monétaire implique des ajouts ou un changement de ressource métallique. La diminution de la teneur en zinc dans les monnaies romaines pourrait alors s'expliquer par une action volontaire de l'autorité émettrice par souci d'économie – l'orichalque est en effet définitivement abandonné à cause d'une valeur intrinsèque plus importante que celle des deniers –, ou par une difficulté d'approvisionnement en minerai de zinc.

## REMERCIEMENTS

Nous remercions C. Sillon, S. Zeller et F. Peyrat pour leur aide. Merci à M. Amandry, directeur du Cabinet des Médailles de la Bibliothèque Nationale de France, et D. Hollard, conservateur au Cabinet des médailles de la Bibliothèque Nationale de France, pour nous avoir permis d'analyser les monnaies romaines en orichalque, et nous avoir fait bénéficier de leurs conseils et de leur expérience. Nous remercions enfin le CEMTHI pour nous avoir accordé un accès privilégié au cyclotron, permettant l'analyse des monnaies.

# La fabrication des monnaies au XVI^e siècle : différenciation entre martelage et laminage

## *The minting process in the XVI^th century: differenciation between hammering and cold roling*

---

Noémie Hadjadj, Ivan Guillot, Anne-Laure Helbert, Denis Solas, Florian Téreygeol

**Résumé** : Entre la seconde moitié du XVI^e siècle et 1645, la fabrication monétaire a connu une mutation importante, passant d'une élaboration artisanale par martelage à une mécanisation de la production avec l'utilisation du laminoir et du balancier. Ce changement qui a pris près d'un siècle dans le royaume de France a permis l'obtention d'une production mieux standardisée. Si le système évolue, l'étape de blanchiment précédant la frappe est demeurée inchangée. Actuellement, il reste difficile de définir pour certaines productions le procédé utilisé. De plus, la contrefaçon moderne comme la production de faux anciens rend parfois délicate l'expertise numismatique. La monnaie, objet de musée, de collection et de valeur, nécessite une approche archéométrique non destructive. Une double approche a été mise en œuvre croisant archéologie expérimentale et analyse de texture par diffraction des rayons X. Des lames d'alliage de Cu25wt%Ag ont été coulées (70 x 20 x 4 mm) puis laminées ou martelées et recuites (30 min. à 700 °C) jusqu'à l'obtention d'une épaisseur de 0,5 mm environ. Les textures mesurées sur la réflexion (222) de la phase b riche en argent après la dernière mise en forme et recuit sont caractéristiques d'une texture de compression dans le cas du martelage et d'une texture de type "laiton" après laminage. Les textures de trois pièces de billon anciennes (Cu25wt%Ag) ont aussi été mesurées, les résultats obtenus sont en très bon accord avec ceux des échantillons expérimentaux.

***Abstract**: Between the second half of the XVI^th century and 1645, an important transformation occurs in minting process leading from handcraft by hammering to a mechanization using roll-mill and screw press. In the French kingdom, this change took one century. This process enables a better-standardized production. Whatever the minting process, the blanching, the last step before striking, remains the same. Nowadays, the* *definition of the process used for some coinage is still difficult. Both modern and ancient counterfeits of coinage make difficult the numismatic assessment. Coinage, as museum items and valuable object, needs a non-destructive method to be analyzed. A dual approach has been performed involving experimental archaeology and X-ray diffraction texture analysis. First, Cu-25wt%Ag sheets (70x20x4 mm) were cast in a steel mould. Then, they have been hammered or cold rolled and annealed (at 700°C-30 min) to a total thickness reduction of 88%, namely 0.5 mm thickness. The texture measured on the (222) reflection of the silver rich b-phase after the last hardening cycle, is found to be a compression type texture in the case of hammering and exhibits a "brass" type texture after cold rolling. Three historical coins, made of bullion (Cu25wt%Ag), were analyzed and compared with the texture of the experimental coins. A very good agreement is obtained between the two approaches.*

**Mots-clés** : Monnayage, martelage, laminage, alliage Cu-Ag, texture, diffraction des rayons X.

***Key-word** : Minting, hammering, roll-mill, Cu-Ag alloy, texture, X-ray diffraction.*

## 1. Introduction

Les économistes considèrent souvent la monnaie comme un intermédiaire des échanges dans l'économie marchande (Orléans, 2006). Elle est donc l'instrument qui facilite la circulation des marchandises et Sylvie Diatkine (1996) la définit comme "un moyen de paiement accepté par tous directement utilisable pour effectuer les règlements sur les marchés de biens et de services ou pour régler définitivement toutes les dettes au sein d'un espace monétaire donné". Ainsi, on attribue habituellement trois fonctions à la monnaie, unité de mesure des prix, moyen d'échange et réserve de valeur. Cependant, il faut distinguer "entre monnaie et support de la monnaie, c'est-à-dire entre la nature théorique de la monnaie et les formes empiriques de la monnaie, la première renvoyant à un concept abstrait et unique et les secondes à des objets..." (Diatkine, 1996). Parmi les formes monétaires les plus anciennes, la monnaie métallique est la plus connue même si les règlements par écriture lui sont contemporains.

Dans ce cadre, l'instrument de circulation est alors une quantité de métal, transformée en instruments monétaires tels que les pièces frappées dans les hôtels des monnaies sous le contrôle d'un pouvoir politique. La monnaie métallique est donc le privilège du pouvoir politique, de chaque seigneur dans le système féodal puis réservé au Roi à l'époque moderne alors que les paiements par écriture sont, quant à eux, organisés par les marchands. Un renouveau du monnayage médiéval a lieu au XIIIe siècle lorsqu'apparaissent des pièces d'or et d'argent de valeur importante, fiables car de bonne aloi (Diatkine, 1996). D'un point de vue technique, ce renouveau est associé à une chaîne opératoire "officielle" définie sous le terme de *monnayage au marteau*, comme le décrit Arles dans sa thèse (Arles, 2009). Une seconde révolution du monnayage dit *monnayage au moulin*, associée à la frappe au balancier se produit au milieu XVIe siècle en Europe, elle permet une mécanisation des opérations et l'obtention d'une pièce mieux définie. En France, le nouvel appareil est présenté au roi Henri II en 1553, qui, devant la *"beauté"* des monnaies obtenues, autorise le laminoir (Vaissière, 1892). Cependant, en 1585 le roi Henri III renonce à l'usage de ces nouvelles techniques et le monnayage au marteau reprend sa place sans que le laminoir ait pu s'imposer pendant ce court laps de temps. Il faudra attendre 1639 pour que Louis XIII rétablisse le monnayage au moulin et 1645 pour que Louis XIV interdise définitivement le monnayage au marteau (Boizard, 1714 ; Diderot et d'Alembert, 1778).

Outre le monnayage officiel, des contrefaçons ont de tout temps existé afin de produire et mettre en circulation une fausse monnaie dont la teneur en métal précieux est plus faible que celle de la monnaie officielle. Le développement du commerce des objets archéologiques à partir de la fin du XVII^e et du début du XVIII^e siècle a permis l'émergence d'un second type de contrefaçon, la duplication d'une monnaie rare dont le prix du marché est plus important que sa valeur en métal noble. Dans le premier cas, si l'œil du numismate ne suffit pas, une analyse chimique élémentaire non destructive, par faisceaux d'ions par exemple, peut suffire pour détecter les fausses pièces ; en revanche, dans le second cas l'analyse chimique n'est en général pas suffisante pour conclure. Le but de ce travail est de proposer une méthode d'étude non destructive, simple à mettre en œuvre, de la mise en forme des monnaies au travers de l'analyse de leur texture cristallographique. Si la texture des monnaies anciennes en argent et cuivre-argent (Kockelmann *et al.*, 2004, 2006a, 2006b ; Siano *et al.*, 2004 ; Xie *et al.*, 2004) et d'objets archéologiques en bronze (Pantos *et al.*, 2005 ; Cartechini *et al.*, 2006 ; Leever *et al.*, 2006 ; Artioli, 2007) a déjà été étudiée à l'aide de la diffraction des neutrons par mesure du temps de vol, la diffraction des rayons X (RDX) a, quant à elle, été rarement utilisée (Bolmaro *et al.*, 2005 et 2007). En effet, la faible interaction des neutrons avec la matière permet de réaliser une mesure de la texture du matériau massif, contrairement aux rayons X qui n'interagissent qu'avec la surface de l'objet. C'est cependant la diffraction des rayons X, plus simple à mettre en œuvre, qui a été choisie et qui sera comparée aux résultats d'études antérieures par diffraction neutronique.

## 2. Le monnayage au XVI^e siècle

Les premières monnaies d'origine grecque étaient coulées puis frappées à l'aide d'un poinçon[1] et plus tardivement d'un coin[2]. Rapidement, ces monnaies furent directement coulées dans des moules en céramique dont l'intérieur était gravé, ce qui éliminait l'étape de la frappe. Ces techniques conduisent fréquemment à des monnaies imparfaites, de masse souvent variable liée au retrait du métal solide par

1. Instrument présentant une extrémité gravée qui était appliqué sur un lingot métallique afin d'indiquer sa valeur monétaire.

2. Matrice sur laquelle les motifs que l'on désire apposer sur la monnaie sont gravés en négatif. Il existe un coin inférieur dormant (ou pile), sur lequel on pose le flan, et un coin supérieur mobile (ou trousseau).

rapport au métal liquide – retrait inhérent à la solidification et qui dépend du moule et des conditions de coulée (température du moule et du métal liquide, vitesse de remplissage...). De même, les retassures ou les vitesses de solidification trop rapides peuvent conduire à des monnaies présentant des défauts de planéité ou de circularité.

Si Estienne (1579) semble être le premier auteur à détailler la chaîne opératoire du monnayage au marteau et le vocabulaire qui lui est associé, plusieurs autres traités postérieurs des XVIII et XIX^e^ siècles, comme ceux de Boizard[3] (1714) ou d'Engel et Serrure (1891) ou encore l'encyclopédie de Diderot et d'Alembert (1778), par exemple, permettent d'en réaliser une description très précise (Arles, 2009). À l'époque médiévale, les métaux utilisés dans le monnayage sont l'or, l'argent et le cuivre. L'or par exemple est systématiquement allié, le plus souvent au cuivre, métal moins noble, tout comme l'argent. Cependant lorsque la teneur de l'alliage cuivre argent en métal blanc est inférieure à 50 % en masse, l'alliage obtenu est appelé *billon*. Par ailleurs, la frappe de monnaies de cuivre *fin* non allié, qui avait cessé au VI^e^ siècle, est de nouveau autorisée à partir de 1575, sous le règne d'Henri III, pour réaliser des pièces de très faible valeur.

La première opération de la fabrication des monnaies consiste à fondre le métal en ajustant sa composition au titre de métal précieux désiré, puis de couler cet alliage homogène, dans une lingotière en fer ou dans un moule en sable suivant les auteurs, afin d'obtenir de petits lingots parallélépipédiques appelés *lames*. Ces lames seront ensuite, après brossage et ébarbage, mises en forme au marteau ou par laminage pour les époques les plus tardives.

L'étape suivante est une réduction de l'épaisseur des lames jusqu'à l'épaisseur des espèces fabriquées. Cet amincissement est réalisé, pour le monnayage au marteau, par une succession de déformations plastiques en compression uniaxiale à température ambiante, entrecoupée de recuits à haute température afin d'éviter la rupture du matériau. Lorsque les lames atteignent l'épaisseur désirée, elles sont confiées à des ouvriers chargés de les découper en *carreaux* plus ou moins circulaires au moyen de cisailles. La masse des carreaux est alors comparée à celle d'une masse étalon légèrement plus élevée que celle de la monnaie finale. Les carreaux sont ensuite battus sur une enclume pour retrouver la planéité perdue lors de la découpe, puis une nouvelle fois recuits. La masse des flans[4] est ensuite ajustée manuellement à la masse légale de la monnaie, par rognage à la cisaille. La forme finale ronde est alors donnée par quelques coups de marteau sur une pile de flans. Les flans sont finalement boués[5] pour les rendre parfaitement plats. La frappe des monnaies de titre élevé pouvait alors intervenir, mais était précédée d'une étape supplémentaire de blanchiment dans le cas des monnaies de billon. Cette frappe était réalisée manuellement à l'aide d'une masse

---

3. Chap. XVIII, p. 157-165.
4. Rondelle de métal découpée dans le carreau et qui va être frappée pour devenir une monnaie.
5. La pile de flans est frappée à l'aide d'un lourd marteau afin d'obtenir une monnaie bien plane.

et de deux coins. Le coin inférieur sur lequel on pose le flan est fixe ou dormant, il est appelé *pile*, alors que le coin supérieur mobile est nommé *trousseau* (fig. 1.a).

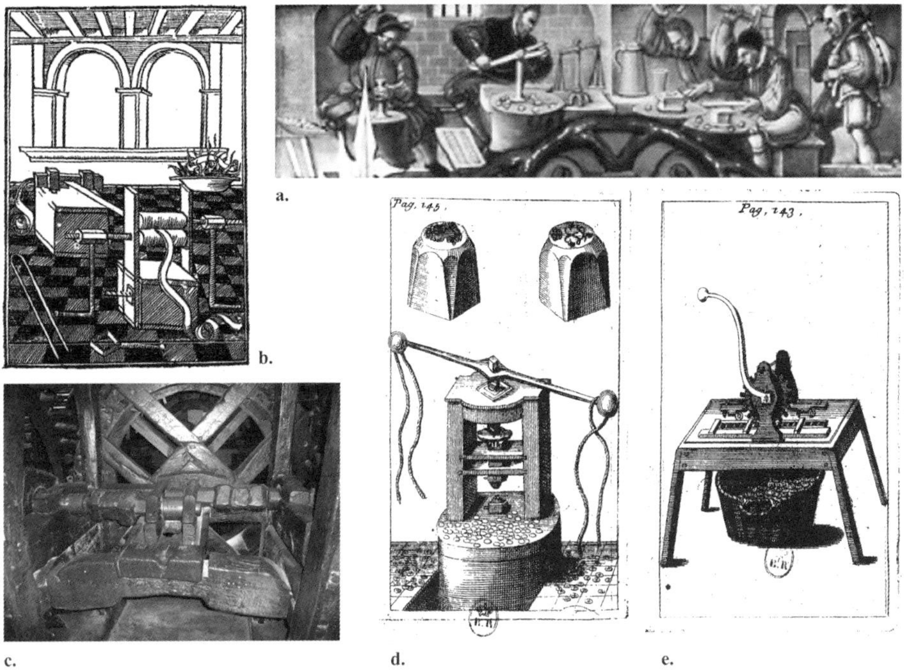


Fig. 1 : (a) Chaîne opératoire au marteau d'un atelier monétaire, vitrail de Strasbourg (1582, © Musée de la Monnaie de Paris). De droite à gauche : mise en forme des lames par martelage, bouage des flans, découpe des flans à l'aide de cisoires et frappe manuelle au marteau, (b) laminoir au XVI^e siècle (Pantheus 1550), (c) laminoir de l'hôtel de la monnaie de Potosi 1752, (d) presse à balancier et coins monétaires (Boizard 1714), (e) machine à marquer les flans (Boizard 1714) (voir cahier couleur).

L'étape de blanchiment correspond à l'oxydation ménagée à haute température de la phase riche en cuivre à la surface du flan, suivie de la dissolution de l'oxyde de cuivre formé pour ne conserver que la phase riche en argent de l'alliage. La dissolution de l'oxyde de cuivre est réalisée par le passage des pièces après le recuit oxydant dans une solution plus ou moins acide suivant la technique employée (Arles, 2009). La surface de la pièce prend alors une couleur argentée gris mat qui devient brillante lors de sa compaction au cours de la frappe.

La méthode de monnayage au marteau présente cependant quelques inconvénients, comme une reproductibilité parfois mesurée des monnaies de billon de faibles valeurs, donc de moindre rapport pour les ateliers. En effet, même si ces pièces présentent des masses comparables, leur forme est souvent irrégulière et anguleuse, ce qui conduit à une légende incomplète après la frappe, la surface étant inférieure à celle des coins monétaires (Arles, 2009).

Comme le mentionne Vaissière dans son mémoire (Vaissière, 1892), "c'est à Charles de Marillac, ambassadeur à Augsbourg, auprès de Charles-Quint (1550-

1551), que revient le mérite d'avoir signalé à la cour de France l'invention des procédés mécaniques de monnayage, qui devaient se substituer aux opérations successives de la frappe au marteau". Ces procédés mécaniques comportent un laminoir qui permet un allongement de la lame tout en diminuant son épaisseur sans augmenter réellement sa largeur (fig. 1.b et c), un emporte-pièce pour la découpe des flans circulaires et enfin un balancier pour la frappe (fig. 1.d). Cet ensemble d'instruments permet une mécanisation du procédé, mais surtout l'obtention de monnaies beaucoup plus régulières, à la fois dans leur épaisseur et dans leur forme et dans la netteté du motif, la frappe au balancier permettant une meilleure reproductibilité. Plus d'un siècle plus tard, Castaing inventa en 1685 une machine permettant de marquer la tranche de la monnaie d'un cordon et d'ainsi éviter le rognage (Diderot et d'Alembert, 1778) et Boizard[6] précise en 1714 que "... l'Ordonance du mois d'Octobre 1690 veut qu'ils (les flans) soient livrez par nombre & par poids à l'Entrepreneur de la Machine à marquer sur le tranche..." (fig. 1.e).

## 3. Reconstitutions et techniques expérimentales

Afin de mettre en place la méthode d'étude de la mise en forme des monnaies, des reconstitutions ont été réalisées sur la plate-forme expérimentale de Melle. L'alliage monétaire utilisé est un alliage de cuivre argent à 25 % en masse d'argent, élaboré à partir de grenailles de cuivre et d'argent pur. Après fusion dans un creuset en graphite au sein de l'atmosphère plus ou moins réductrice d'un foyer ouvert alimenté au charbon de bois, l'alliage a été coulé dans une lingotière verticale en acier permettant d'obtenir des lames de 17 x 20 x 4 mm environ.

L'épaisseur de ces lames a ensuite été amenée à 0,5 mm par une succession d'écrouissages à froid par martelage ou par laminage manuel entrecoupés de recuits de 30 minutes à 700 °C opérés dans un four à moufle. 7 cycles de martelage et de recuit ont été nécessaires pour atteindre l'épaisseur voulue alors que 5 cycles de laminage ont été suffisants, ce qui correspond à un taux de réduction moyen par cycle d'environ 20 % pour le martelage et de 37 % pour le laminage. Des flans circulaires de 20 mm de diamètre ont ensuite été découpés à la cisaille dans les lames.

La dernière étape avant la frappe est le blanchiment des flans qui consiste, après un recuit oxydant, à mettre en solution la phase oxydée riche en cuivre de l'alliage biphasé afin de ne conserver à la surface que la phase non oxydée riche en argent, la surface de la pièce prenant alors une couleur gris mat. La solution de blanchiment est constituée d'une solution aqueuse de chlorure de sodium, portée à ébullition dans un récipient en cuivre, et saturée en sel de gravelle[7], qui est composé d'un mélange d'hydogénotartrate de potassium et de tartrate de sodium (9 pour 1). Au cours du blanchiment, les oxydes de cuivre $CuO$ et $Cu_2O$ en surface sont complexés par les ions tartrates et les ions chlorures et passent ainsi en solution. On obtient alors à la

6. Chap. XVI, p. 141-143.
7. C'est un sel d'acide tartrique précipité dans les fûts au cours du vieillissement du vin.

surface du flan une "éponge" de la phase riche en argent résiduelle qui deviendra brillante après sa compaction sous l'action de la frappe de la monnaie.

Afin d'étudier l'évolution de la texture au cours du procédé de mise en forme, des prélèvements ont été réalisés à différents stades de l'élaboration pour les échantillons laminés à 0,5 mm d'épaisseur (L), après recuit (LR), après recuit et blanchiment (LRB), après recuit et frappe (LRF) et après recuit, blanchiment et frappe (LRBF). En revanche, le martelage n'a été étudié que pour un état martelé (M) et recuit (MR). Enfin, les textures obtenues sur les pièces expérimentales seront comparées à celles de monnaies anciennes contenant aussi 25 % en masse d'argent. Ces monnaies proviennent de trois époques bien distinctes qui correspondent à trois techniques de fabrication différentes. La première, un Antoninien de Valérien 1^er vers 250 ap. J.-C., est une monnaie romaine coulée et frappée. La seconde est un douzain aux deux H d'Henri IV daté de 1594 qui a donc été martelé après la première introduction avortée du laminoir. Enfin, la troisième, la plus récente, est un double sol de billon laminé sous Louis XV entre 1738 et 1750.

Les observations en microscopie optique des sections des monnaies expérimentales ont été réalisées après un polissage de finition au diamant 1mm et une attaque au perchlorure de fer[8]. Le diffractomètre utilisé pour les mesures de texture par diffraction des rayons X est composé d'un détecteur courbe INEL CPS 120 et d'une platine goniométrique permettant l'inclinaison polaire c (0 à 60°, pas de 5°) et azimutale j (0 à 355°, pas de 2,5°) de l'échantillon. Ces orientations combinées avec la rotation q (-30 à 30°, pas de 1°) permettent l'analyse d'une surface d'1 $cm^2$ environ. L'angle d'incidence W des rayons X est fixé à 30° pour les anticathodes de cuivre et de cobalt utilisées. Le temps d'acquisition est de 30 secondes par point. À cause de la limitation de l'inclinaison polaire de l'échantillon, une figure de pôles expérimentale partielle est obtenue. Un calcul de la fonction de distribution de l'orientation cristalline à l'aide du logiciel Labotex est effectué sur les données expérimentales, ce qui permet de calculer, après validation du modèle, la figure de pôle complète et d'extrapoler les figures de pôles additionnelles qui ne peuvent être obtenues à l'aide de l'anticathode utilisée.

## 4. Résultats

### 4.1. Microstructure des alliages

L'échantillon brut de solidification présente une structure biphasée, constituée d'une solution solide d'argent dans le cuivre, $a_{Cu}$, contenant au maximun 8 % en masse d'argent (phase riche en cuivre) coloré en brun par l'attaque chimique, et d'une solution solide de cuivre dans l'argent, $b_{Ag}$, contenant au maximun 8,8 % en masse de cuivre (phase riche en argent) en clair sur les clichés de la figure 2. On

8. La solution de perchlorure de fer est composée de 5 à 10 g de $FeCl_3$ et 10 à 25 mL d'acide chlorhydrique dans 100 mL d'eau distillée.

observe, de plus, sur ces clichés la formation de dendrites proeutectiques de $a_{Cu}$ et du constituant eutectique $a_{Cu}/b_{Ag}$ dans l'espace interdendritique (fig. 2.b).

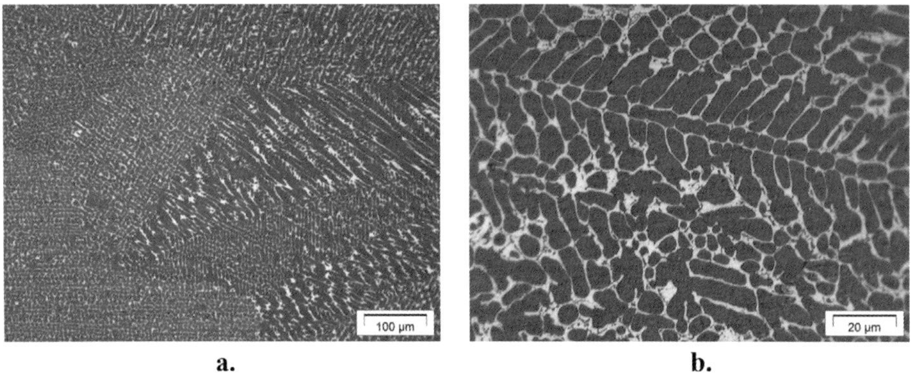


Fig. 2 : Micrographies de l'alliage brut de coulée ; (a) solidification dendritique, (b) constituant eutectique $a_{Cu}/b_{Ag}$ dans l'espace interdendritique (voir cahier couleur).

La figure 3 présente la microstructure des alliages à la fin du martelage et du laminage après recuit. On constate que la structure de solidification est à peu près conservée sur la face DN, c'est-à-dire sur la face normale à l'axe de compression du martelage ou en contact avec les cylindres du laminoir. En revanche, sur les faces perpendiculaire (face DL) ou parallèle (face DT) au sens de l'allongement du métal, la microstructure est profondément modifiée et se caractérise par une alternance de bandes claires et sombres correspondant aux phases $a_{Cu}$ et $b_{Ag}$. Cette structure "feuilletée" étant plus marquée et plus fine dans le cas du laminage, le pourcentage de réduction par passe étant plus élevé. C'est cette structure feuilletée qui favorisera en partie le bon blanchiment des flans. Après le passage en solution des oxydes de cuivre, les couches résiduelles riches en argent formeront ainsi, lors la frappe de la monnaie, une couche compacte $b_{Ag}$.

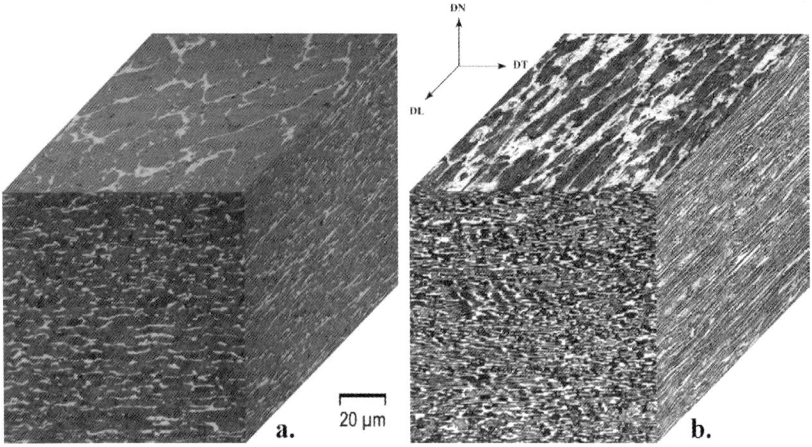


Fig. 3 : Micrographies des alliages après ; (a) 7 phases de martelage et de recuit, (b) 5 phases de laminage et de recuit (voir cahier couleur).

## 4.2. Texture après mise en forme

### *4.2.1. Influence du recuit sur la texture après déformation*

La figure 4 regroupe les figures de pôles des tôles martelée (7 cycles) et laminée (5 cycles) avec ou sans recuit. Les figures de pôles de la phase majoritaire $a_{Cu}$ de l'alliage martelé sans recuit (M) sont bien définies avec des contours lisses. En revanche, les figures de pôles de la phase $b_{Ag}$ avant recuit (M) possèdent des contours moins nets et semble moins marquées (fig. 4.a). Néanmoins, la texture des deux phases correspond à une texture de compression uniaxiale bien marquée qui présente, dans les deux cas, un léger décrochement sur la figure 200, ce qui indique un mode de déformation similaire pour les deux phases. Après recuit (MR), si la phase $a_{Cu}$ est toujours du type fibre, elle est néanmoins nettement moins définie et la phase $b_{Ag}$, minoritaire, ne possède plus réellement de caractère fibre, ce qui pourrait indiquer une recristallisation au cours du recuit due à une température trop élevée (fig. 4.b). La texture finale de l'alliage martelé jusqu'à une épaisseur de 0,5 mm conserve donc, après recuit (MR), un caractère de compression uniaxiale, certes peu marqué, mais présent et qui permettra de distinguer ce mode de mise en forme du laminage. Il faut cependant noter que lors de la reconstitution expérimentale du martelage, le taux de réduction de la lame à chaque cycle est relativement faible (20 %) à cause du manque de savoir-faire de l'expérimentateur, ce qui peut conduire à une texture finale moins marquée que celle que l'on pourrait attendre d'un ouvrier d'un atelier monétaire médiéval.

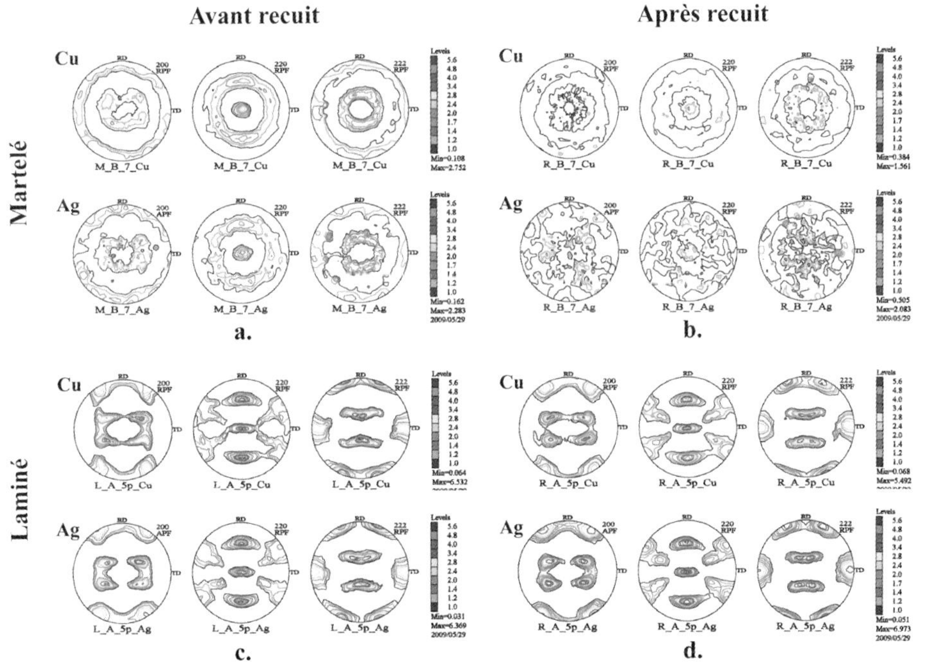


Fig. 4 : Figures de pôles (200), (220) et (222) des phases $a_{Cu}$ et $b_{Ag}$ des flans après martelage ; (a) martelage et recuit, (b) laminage, (c) et laminage et recuit, (d) diffraction des rayons X, anticathode au cuivre (voir cahier couleur).

En revanche, pour le laminage, bien plus facile à maîtriser, les textures après recuit (LR) ne diffèrent que peu des textures avant recuit (L), comme le montrent les figures de pôles des figures 4.c et 4.d. Dans les deux cas, les figures de pôle permettent d'identifier une texture de type "laiton" {110}<1-12> à la place de la texture de laminage {112}<-112> classique du cuivre pur, l'argent ayant baissé l'énergie de défaut d'empilement du cuivre. Le taux de réduction par cycle étant bien plus important pour le laminage, il y a persistance de la texture de laminage après le recuit (LR), et dans cet état, la phase $b_{Ag}$ montre des pôles un peu plus intenses que ceux de $a_{Cu}$ (fig. 4.d).

### *4.2.2. Influence du blanchiment et de la frappe sur la texture de laminage après recuit*

Seules les figures de pôles de la phase $b_{Ag}$ ont ici été calculées à cause du blanchiment qui conduit à la formation d'une couche riche en argent à la surface des flans. La faible pénétration des rayons X dans la matière ne permet pas d'obtenir, dans ce cas, des pics de diffraction de la phase riche en cuivre suffisamment intenses pour réaliser un calcul correct.

Ainsi, les figures de pôles (fig. 5) montrent pour les trois cas LRB, LRF et LRBF une composante principale de type laiton {110}<1-12>, typique du laminage d'un métal cubique à faces centrées avec une faible énergie de défaut d'empilement. L'acuité de la texture est cependant moyenne pour les échantillons LRB (fig. 5.a) et LRF (fig. 5.b), ce qui indique que la texture de laminage n'est que peu modifiée par le blanchiment ou la frappe. En revanche, l'acuité de texture de laminage devient faible pour l'échantillon LRBF (fig. 5.c). En effet, lors de la frappe, l'argent se déforme plus dans l'échantillon LRBF que dans l'échantillon LRF, car la phase argent n'est plus contrainte par la phase cuivre qui a disparu en surface lors du blanchiment. Le changement de mode de déformation (laminage puis compression) devient alors plus important et permet d'expliquer la diminution de l'acuité de la composante laiton pour le flan LRBF.

## 4.3. Texture des monnaies anciennes

Les trois monnaies de billon ont été analysées par diffraction des rayons X, les spectres obtenus montrent la présence d'oxyde de cuivre $Cu_2O$, dont l'un des pics de diffraction est quasiment confondu avec celui des plans (311) de l'argent, ce qui, compte tenu du dispositif expérimental, ne laisse que deux réflexions (220) et (222) de la phase $b_{Ag}$ pour calculer les figures de pôles. De même, seul un pic du cuivre est exploitable et n'est présent que pour la pièce romaine. Les figures de pôles de la phase $a_{Cu}$ ne pourront donc pas être définies. On en déduit aussi que le douzain aux deux H d'Henri IV et le double sol de billon ont subi une étape de blanchiment lors du monnayage car la phase riche en cuivre ne diffracte pas. En revanche, la monnaie romaine n'a vraisemblablement pas été blanchie.

Fig. 1 : Détail de la toile d'Henri Blès (c. 1490-1550) "Paysage avec Forge", Vaduz, coll. du Prince de Liechtenstein.

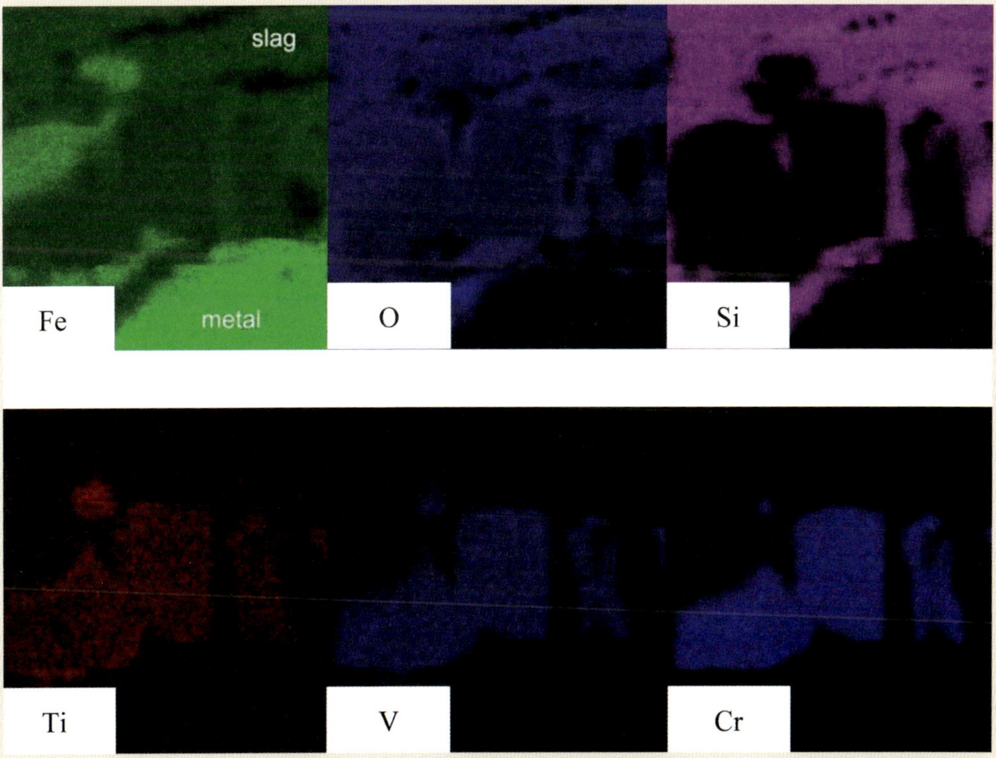


Fig. 12 : MEL07-13, cartographies EDS de zones scoritiques contenant des phases angulaires de chrome et vanadium. Largeur de l'image : 50 µm, raies $K_{\alpha}$.

## N. Hadjadj *et al.*, La fabrication des monnaies au XVI$^{e}$ siècle : différenciation entre martelage et laminage

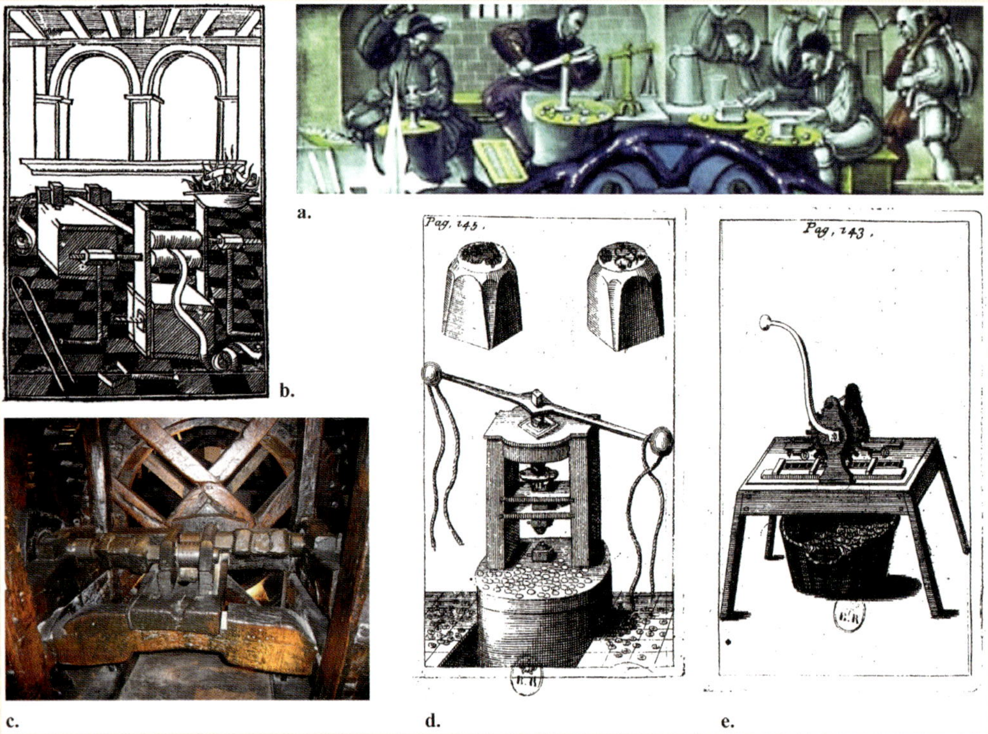


Fig. 1 : (a) Chaîne opératoire au marteau d'un atelier monétaire, vitrail de Strasbourg (1582, © Musée de la Monnaie de Paris). De droite à gauche : mise en forme des lames par martelage, bouage des flans, découpe des flans à l'aide de cisoires et frappe manuelle au marteau, (b) laminoir au XVI$^{e}$ siècle (Pantheus 1550), (c) laminoir de l'hôtel de la monnaie de Potosi 1752, (d) presse à balancier et coins monétaires (Boizard 1714), (e) machine à marquer les flans (Boizard 1714).

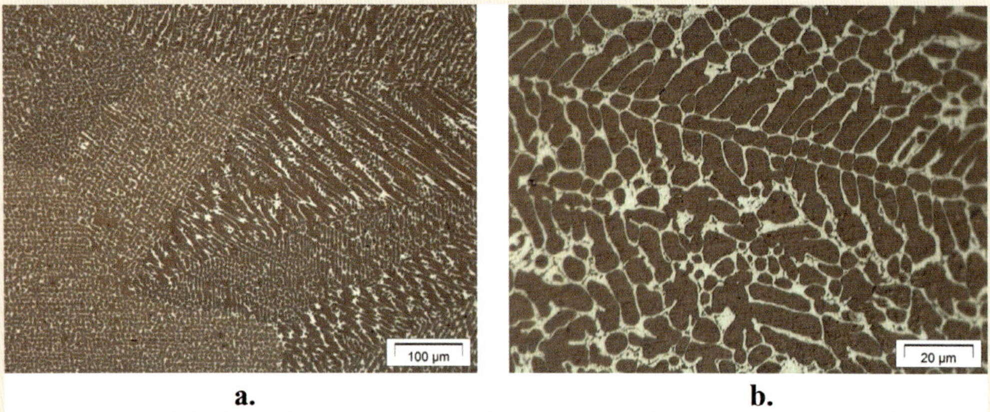


Fig. 2 : Micrographies de l'alliage brut de coulée ; (a) solidification dendritique, (b) constituant eutectique $a_{Cu}/b_{Ag}$ dans l'espace interdendritique.

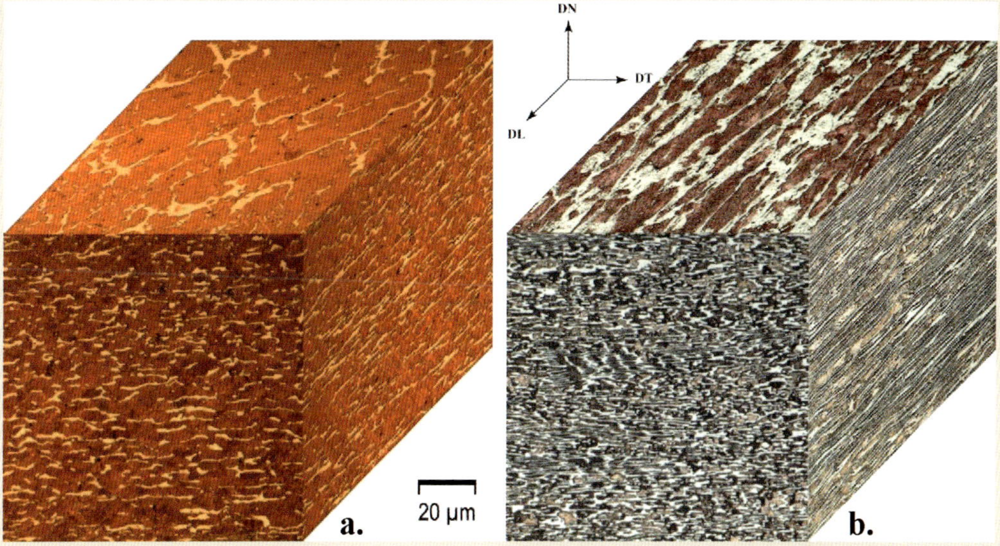


Fig. 3 : Micrographies des alliages après ; (a) 7 phases de martelage et de recuit, (b) 5 phases de laminage et de recuit.

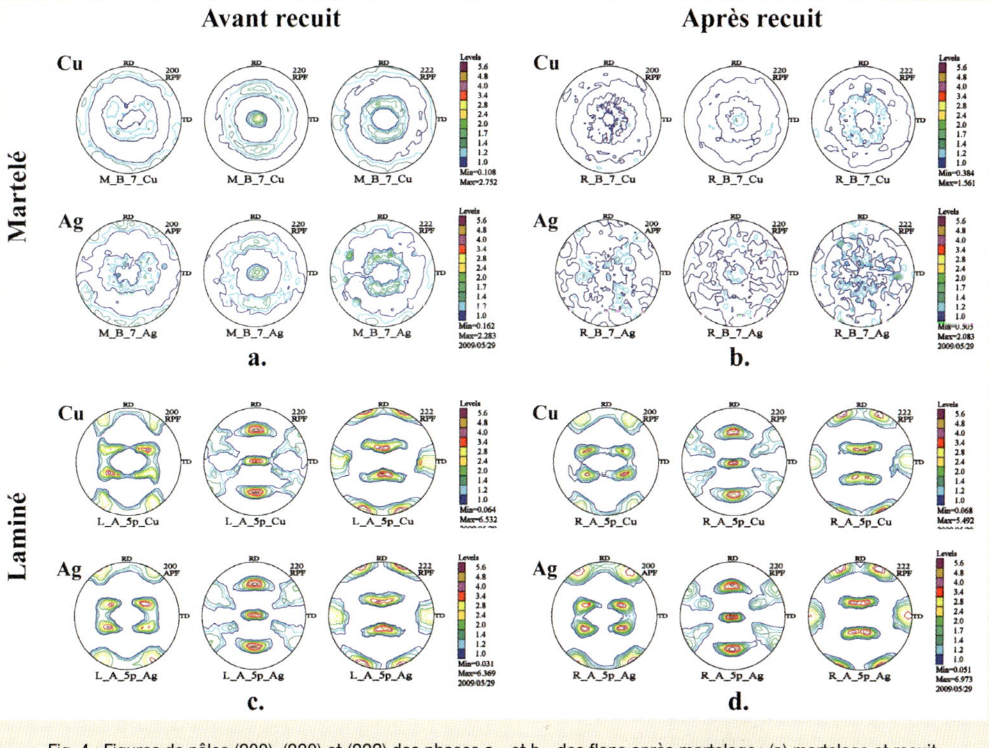


Fig. 4 : Figures de pôles (200), (220) et (222) des phases $a_{Cu}$ et $b_{Ag}$ des flans après martelage ; (a) martelage et recuit, (b) laminage, (c) et laminage et recuit, (d) diffraction des rayons X, anticathode au cuivre.

Fig. 5 : Influence du blanchiment et de la frappe sur les figures de pôles (222), (220) et (200) de la phase $b_{Ag}$ des flans après laminage, recuit et blanchiment
- LRB (a) laminage, recuit et frappe
- LRF (b) laminage, recuit, blanchiment et frappe
- LRBF (c) diffraction des rayons X, anticathode au cobalt.

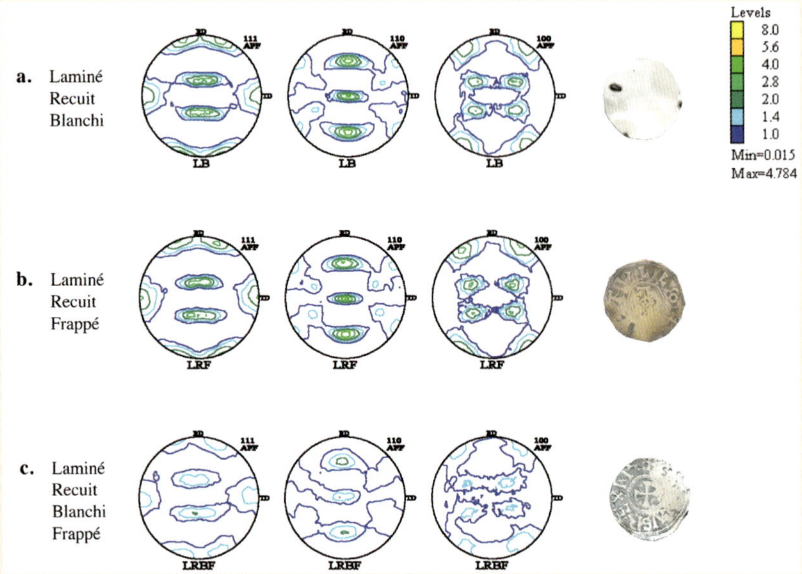


Fig. 6 : Figures de pôles (200) extrapolée, (222) et (220) calculées de la phase $b_{Ag}$ ; (a) Antoninien de Valérien $1^{er}$ vers 250 ap. J.-C., (b) douzain aux deux H d'Henri IV de 1594, (c) double sol de billon entre 1738 et 1750, diffraction des rayons X, anticathode au cuivre.

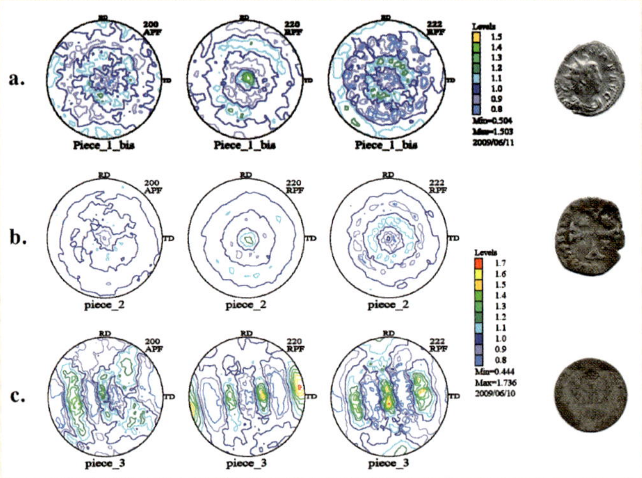


Fig. 7 : (a) Figures de pôles des phases $a_{Cu}$ et $b_{Ag}$ d'un Taler en argent du début du XVI$^{e}$ siècle (93,8 % Ag, 6,2 % Cu), (b) figures de pôle de $b_{Ag}$ d'un Taler de l'archiduc Ferdinand de 1577 à 90 % Ag, (c) figures de pôle de $b_{Ag}$ d'une pièce d'argent pur (fausse pièce), diffraction des neutrons par mesure du temps de vol (Kockelmann, 2006a).

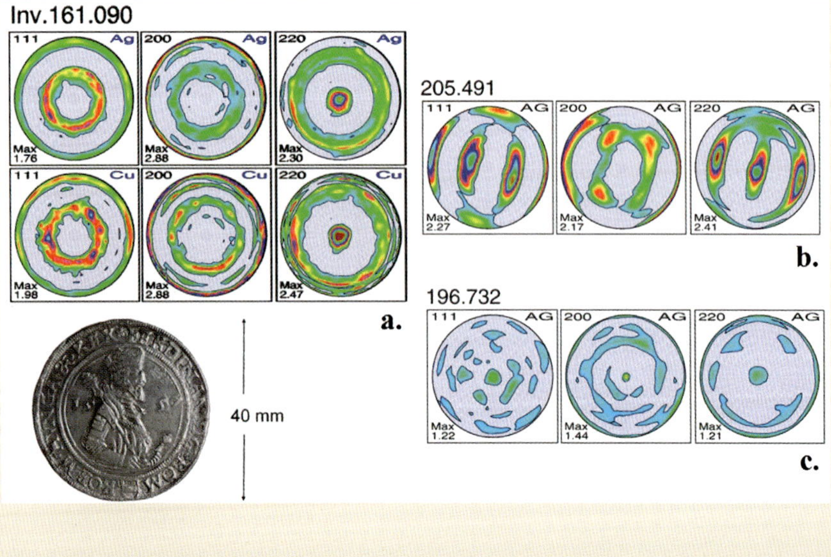

# J. Gauthier, L'essai des minerais au XVIe siècle : réductions expérimentales de galène au four à moufle

Fig. 1 : Le four à moufle utilisé pour les expérimentations.

Fig. 2 : Concassage de galène de l'Altenberg.

Fig. 3 : Échantillon de galène piémontaise de moindre qualité.

Fig. 9 : Scorificatoires expérimentaux et archéologique (Sainte-Marie-aux-Mines, Fertrupt-Fassler, XVIe siècle). Les 3 premiers sont le résultat d'essais d'un échantillon de galène italienne avec emplombage progressif : sans ajout, avec 2 parts puis 4 parts de plomb. Dans le dernier cas, la fluidité de la scorie reste inférieure à celle observée dans le scorificatoire trouvé à Sainte-Marie-aux-Mines.

**F. Téreygeol, M.-P. Guirado, Affiner l'argent au four de coupellation : expérimentations autour du *De Re Metallica* d'Agricola**

Fig. 1 : Le four de coupellation (*De Re Metallica*, livre X, 1556, fol. 377) et sa reconstruction expérimentale (début de chauffe).

Fig. 5 : Construction de la sole du four expérimental..

Fig. 7 : Système de ventilation. Pour cette première phase des expérimentations, une soufflerie électrique est utilisée à la place des soufflets.

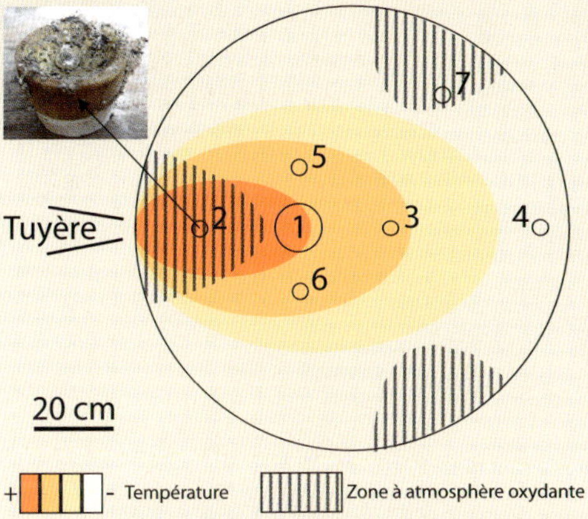


Fig. 10 : Première disposition des coupelles test dans la sole et modèle des conditions lors de la chauffe en résultant. Les niveaux de gris figurent le gradient de température et les hachures l'atmosphère la plus oxydante. Seul le test n° 2 a montré une coupellation complète.

Fig. 11 : Seconde disposition des coupelles test dans la sole, et photographie associée de la sole à l'issue de la chauffe, après nettoyage.

Fig. 12 : Phase de coupellation proprement dite. La litharge (plages sombres) se forme en surface du bain qui diminue et se fractionne.

Fig. 13 : Écoulement de la litharge hors du four (*De Re Metallica*, livre X, fol. 377) .

Fig. 14 : En expérimentation, la litharge est dirigée à l'aide d'une longue raclette dans un canal creusé dans la cendre, vers une porte de la coupole.

Fig. 16 : Exemples de casse avec billes d'argent témoignant du fractionnement du bain durant l'opération (à gauche, casse expérimentale ; à droite casse archéologique, Castel-Minier, Ariège, XIVe s.).

Fig. 17 : Casse issue des expérimentations, portant encore le métal affiné. Du lingot initial à 7,5 % d'argent, l'alliage a atteint différents stades de finesse (analyses MEB-EDXS).

Fig. 18 : Lame épaisse verticale dans une casse expérimentale. Photographie (gauche) et image MEB (droite). Le fond est plus pauvre en litharge, et la cendre non imprégnée est déjà détachée.

Fig. 2 : Coulée des disques de liquation. Mélange du plomb fondu avec le cuivre (a) et coulée des disques (b).

A — FURNACE IN WHICH THE OPERATION OF LIQUATION IS BEING PERFORMED. B—FURNACE IN WHICH IT IS NOT BEING PERFORMED. C—RECEIVING-PIT. D—MOULDS. E—CAKES. F—LIQUATION THORNS.

Fig. 3 : Comparaison du four de liquation présenté par Agricola (a) et du four expérimental avant préchauffe (b).

Fig. 5 : Four de liquation expérimental en fonctionnement (gauche) avec coulée de plomb (haut droit) et produits de la liquation (bas droit).

Fig. 9 : Four de ressuage en fonctionnement d'après Agricola (a) et four de ressuage expérimental en construction avec la carcasse en place (b) et en fonctionnement (c).

Fig. 11 : Produits du ressuage ; carcasse asséchée sur une flaque d'oxydes de plomb et de cuivre, ressuage 2 (a) ; flaque de plomb très riche en cuivre, ressuage 1 (b).

Fig. 13 : Coupellation expérimentale ; sole et creuset du four en cendres de bois (a), plomb d'œuvre fondu et formation de litharge à sa circonférence (b) et culot de litharge hâlé hors du four (c).

Fig. 9 : Moule avec deux profils de plomb – rupture d'une des valves du moule sous l'effet de la chaleur.

Fig. 10 : Coulée de plomb dans le moule.

Fig. 11 : Baguette de plomb au démoulage.

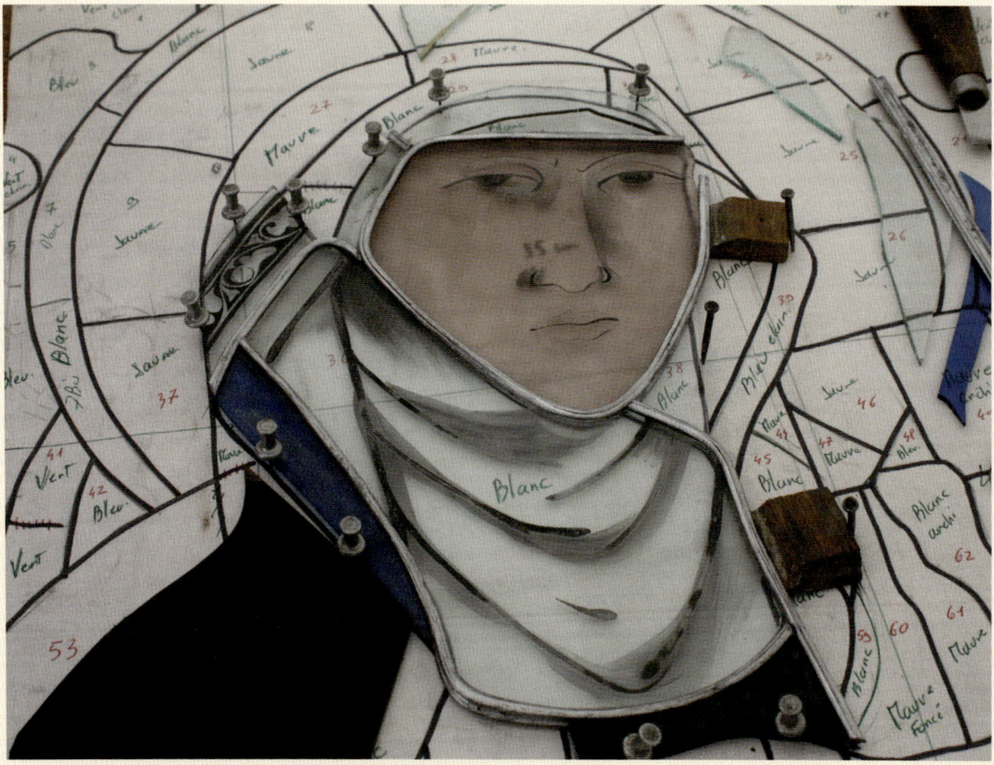


Fig. 12 : Mise en plomb d'un vitrail avec notre production. Copie inspirée par le vitrail attribué à Antoine de Pise (1396).
Collatéral nord de la nef de Santa Maria del Fiore à Florence.

L'Antoninien de Valérien 1er présente une texture de compression de faible acuité, cohérente avec une monnaie qui a été coulée puis frappée, la texture de compression ne provenant que de la frappe (fig. 6.a). Le douzain aux deux H d'Henri IV de 1594 possède lui aussi une texture fibre, mais plus marquée que pour la pièce romaine, cohérente avec un monnayage au marteau qui avait de nouveau cours de 1585 à 1639.

La troisième monnaie, le double sol de billon frappé entre 1738 et 1750 sous Louis XV, donc après l'interdiction par Louis XIV du monnayage au marteau en 1645, présente une texture de laminage dans laquelle la composante "cuivre" est nettement plus marquée que la composante "laiton". Néanmoins, la forme de la figure de pôle (222) qui semble arrondie sur les bords, pourrait indiquer aussi la présence d'une composante "fibre" de compression due à la frappe de la monnaie blanchie.

## 5. Discussion

Les résultats des mesures de texture réalisées par diffraction des rayons X, qui ne prennent en compte que les couches métalliques de la surface des pièces et non pas le matériau massif dans sa globalité, sont en excellent accord avec les mesures réalisées par Kockelmann (2006a) par diffraction des neutrons par mesure du temps de vol. Par exemple, les figures de pôles (111), (100) et (200), caractéristiques d'une mise en forme par martelage, obtenues par diffraction neutronique sur un Taler en argent du début du XVIe siècle (fig. 7.a) sont plus marquées mais comparables à celles obtenues par RDX sur le douzain aux deux H (fig. 6.b) alors la texture de compression s'estompe après recuit sur les reconstitutions de la figure 4.b, en particulier pour la phase minoritaire $b_{Ag}$.

Dans le cas des monnaies laminées, les similitudes sont encore plus frappantes. Les figures de pôles obtenues par DRX aussi bien sur le double sol de billon (fig. 6.c), que sur les reconstitutions aux différents stades de la mise en forme c'est-à-dire après laminage (fig. 4.c), après laminage puis recuit suivi ou non de la frappe (fig. 4.d et 5.b) ou encore après laminage, recuit et blanchiment suivi ou non de la frappe (fig. 5.a et 5.c) présentent une acuité presque meilleure que celle obtenue par diffraction neutronique sur le Thaler (ou Taler) de 1577 de l'archiduc Ferdinand (fig. 7.b.).

Cependant, dans le cas du faux Thaler (fig. 7.c.) ou de l'Antoninien de Valérien 1er (fig. 6.a.), qui ont tous deux été coulés puis frappés, la diffraction neutronique permet, par rapport à la diffraction des rayons X, de minimiser la composante de compression de surface due à la frappe, et de mieux mettre en évidence la mise en forme par moulage, même si cette dernière est décelable par DRX.

## 6. Conclusion

Les résultats obtenus montrent qu'il est possible de déterminer le mode de mise en forme des monnaies, donc le choix de la chaîne opératoire, par une mesure physique non destructive et simple à mettre en œuvre : l'analyse de leur texture cristallographique par diffraction des rayons X. Des essais de reconstitution ont

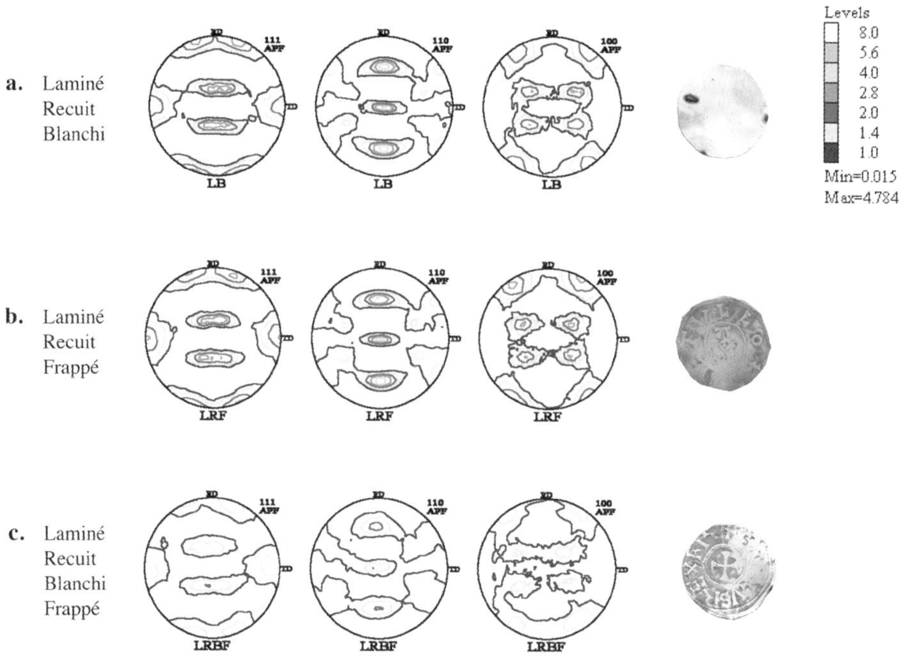


Fig. 5 : Influence du blanchiment et de la frappe sur les figures de pôles (222), (220) et (200) de la phase $b_{Ag}$ des flans après laminage, recuit et blanchiment - LRB (a) laminage, recuit et frappe - LRF (b) laminage, recuit, blanchiment et frappe - LRBF (c) diffraction des rayons X, anticathode au cobalt (voir cahier couleur).

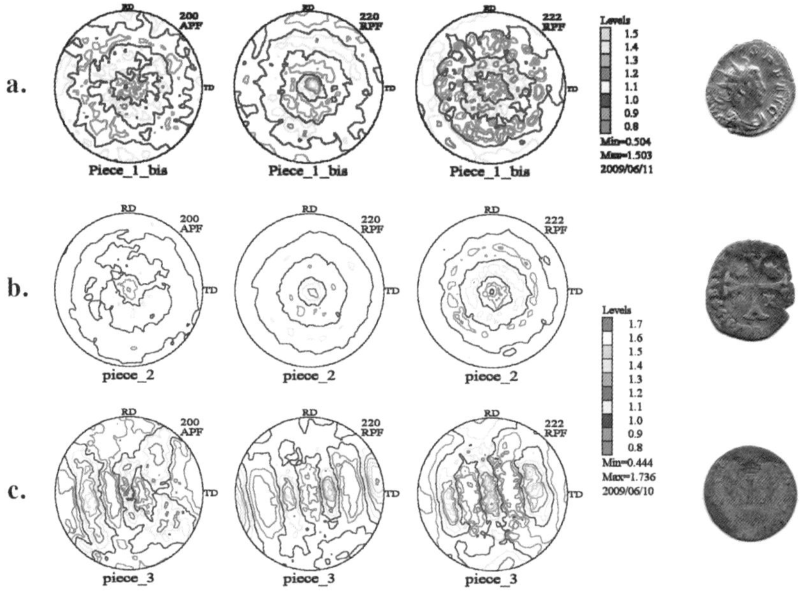


Fig. 6 : Figures de pôles (200) extrapolée, (222) et (220) calculées de la phase $b_{Ag}$ ; (a) Antoninien de Valérien 1er vers 250 ap. J.-C., (b) douzain aux deux H d'Henri IV de 1594, (c) double sol de billon entre 1738 et 1750, diffraction des rayons X, anticathode au cuivre (voir cahier couleur).

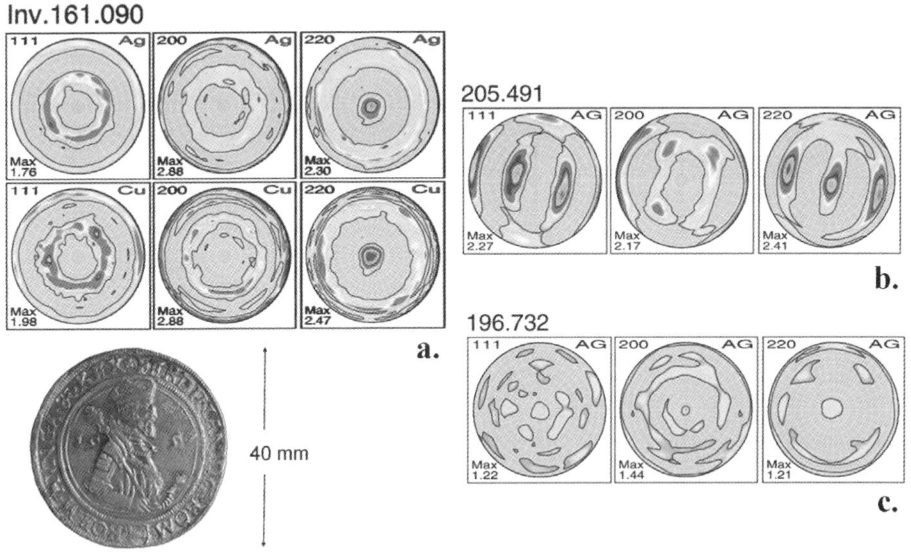


Fig. 7 : (a) Figures de pôles des phases $a_{Cu}$ et $b_{Ag}$ d'un Taler en argent du début du XVIe siècle (93,8 % Ag, 6,2 % Cu), (b) figures de pôle de $b_{Ag}$ d'un Taler de l'archiduc Ferdinand de 1577 à 90 % Ag, (c) figures de pôle de $b_{Ag}$ d'une pièce d'argent pur (fausse pièce), diffraction des neutrons par mesure du temps de vol (Kockelmann, 2006a) ( voir cahier couleur).

permis d'établir la persistance d'une texture de type "laiton" {110}<1-12>, après le laminage final, à tous les stades ultérieurs de la fabrication d'une monnaie de billon à 25 % d'argent en masse.

En revanche, la maîtrise approximative de la technique de mise en forme par martelage conduit à des résultats plus mesurés sur les échantillons issus des reconstitutions. Néanmoins, les textures du douzain aux deux H ainsi que le Taler du début du XVIe siècle comportent toutes deux une composante de compression très forte qui montre sans ambiguïté une mise en forme par martelage. La texture fibre plus marquée sur les pièces réelles que sur les reconstitutions montre simplement une excellente maîtrise du monnayage au marteau par les ouvriers du XVIe siècle, ce qui n'est pas le cas des expérimentateurs actuels.

Cette technique permet aussi de différencier aisément les pièces coulées des monnaies mises en forme par déformation plastique et donc de pouvoir déceler des "faux coulés" lorsque le monnayage au marteau ou au moulin est en vigueur.

# La dorure au mercure des monnaies d'Axoum en argent

## *Fire-gilding of Aksumite silver coins*

---

Maryse Blet-Lemarquand, Florian Téreygeol

**Résumé** : La dorure partielle des monnaies axoumites en bronze et en argent (nord-est de l'Afrique, de la fin du IIIe siècle ap. J.-C. au milieu du VIIe siècle ap. J.-C.) est un phénomène exceptionnel dans l'histoire des monnayages. La pratique de la dorure au feu a été mise en évidence pour toutes les monnaies d'argent dans de précédentes études. Des expérimentations ont été réalisées sur la plate-forme d'archéologie expérimentale des Mines d'argent des Rois Francs à Melle (Deux-Sèvres) pour comprendre la méthode de dorure employée à Axoum pour les monnaies d'argent. Les échantillons dorés ont été étudiés en laboratoire et comparés aux monnaies. Il n'est pas nécessaire d'apprêter la surface à dorer avec du mercure, même celles des monnaies en alliages de bas titres. Si l'hypothèse d'une dorure à la feuille avec du mercure ne peut pas être définitivement rejetée pour les monnaies des premiers rois, la dorure avec un amalgame d'or a été clairement établie pour les rois suivants. La conversion du roi à la religion chrétienne a conduit à des changements typologiques et a obligé les monnayeurs à modifier leur technique de dorure au feu (dorure des flans puis des monnaies).

***Abstract*** *: The partial gilding of Aksumite silver and copper coins (north-eastern Africa, from the end of the third century AD to the middle of the seventh century AD) is an exceptional phenomenon in the history of coinages. In previous studies the practice of the fire-gilding was proved for all the silver gilded coins. Replication experiments were carried out on the archaeometallurgical platform of Les Mines d'argent des Rois Francs at Melle (Deux-Sèvres, France) to understand the gilding methods used in Aksum for silver coins. Gilded samples were studied in the laboratory and compared to the coins. Priming the surface to gild with mercury appeared to be unnecessary even for low fineness silver-based alloys. If the hypothesis of the use of gold leaf with mercury cannot be definitely rejected for the earliest kings, the gilding with gold amalgam is clearly established for the next Aksumite kings. The conversion to the Christian religion of the Aksumite kings led to typological evolutions and obliged the moneyers to modify their fire-gilding technique (gildings of the blanks then of the coins).*

**Mots-clés** : Archéométallurgie, Axoum, dorure, mercure, monnaie.

***Key-words** : Archaeometallurgy, Aksum, gilding, quicksilver, coin.*

## INTRODUCTION

La dorure au mercure, encore nommée dorure au feu, est l'une des techniques de dorure des métaux les plus courantes, qui a été largement utilisée dans l'Antiquité tardive (Oddy, 2000, p. 5). Les exemples de dorures dans le domaine monétaire relèvent habituellement du faux-monnayage (Oddy et Cowell, 1993 ; Delamare, 1983). Cependant, le royaume d'Axoum (nord-est de l'Afrique, de la fin du IIIe siècle ap. J.-C. au milieu du VIIe siècle ap. J.-C.) présente la particularité d'avoir émis des monnaies d'argent et de cuivre où certains éléments iconographiques, tels que le buste du roi, sa couronne et surtout la croix figurée au revers à partir de la fin du IVe siècle, sont dorés (Hahn, 2002). Ce fait original a suscité beaucoup d'intérêt et d'attention de la part des scientifiques. Dans une étude précédente centrée sur le monnayage en argent, nous avons prouvé que les monnaies avaient été dorées au mercure et nous avons établi une correspondance entre la composition de l'or de la dorure et celui utilisé pour frapper le numéraire d'or (Blet-Lemarquand *et al.*, 2009a). Mais de nombreuses questions se posaient sur les procédés techniques et sur la portée des analyses non destructives de dorures par MEB-EDX, donc limitées à la surface. La seule façon d'apporter de nouvelles informations consistait à recréer des dorures au feu, puis à les comparer aux dorures des monnaies. Les expérimentations ont été réalisées sur la plate-forme d'archéologie expérimentale des Arts du feu établie sur le site des Mines d'argent des Rois Francs de Melle (Deux-Sèvres).

## 1. La pratique de la dorure au feu

### 1.1. Les recettes

Le procédé de dorure au mercure est cité ou décrit dans de nombreux traités techniques depuis l'Antiquité jusqu'à l'époque industrielle où il est abandonné pour des méthodes moins nocives[1]. Selon les sources anciennes, il est décliné de deux façons, soit en utilisant un amalgame d'or, soit en appliquant une feuille d'or sur un support préalablement enduit de mercure. Dans les deux cas, après l'application de l'or, la pièce à dorer est chauffée pour évaporer le mercure et former une couche

1. Sources anciennes reprises dans Oddy, 1988 ou dans Raub, 1993, par exemple. Citons pour les principales, classées par ordre chronologique : la plus ancienne mention dans *De Architectura* de Vitruve (Ier siècle av. J.-C.) ; quatre références dans *Naturalis Historia* de Pline (Ier siècle ap. J.-C.) dans Zehnacker, 1983 ; trois recettes (52, 53 et 55) dans le *Papyrus de Leyde* (IIIe ou IVe siècle ap. J.-C.) dans Halleux, 2002 ; deux recettes (55 et 219) dans la *Mappae Clavicula* (IXe au XIIe siècle) dans Smith et Hawthorne, 1974 ; chapitres 34, 35 et 36 du livre III du traité de Théophile (XIIe siècle) dans De L'Escalopier, 1977 ; pour les recettes postérieures au Moyen Âge voir Lins (2000) ; voir aussi le *Guide pratique du doreur, de l'argenteur et du galvanoplaste* de Roseleur (1873).

solidement fixée au support qui est ensuite brunie afin de donner un aspect brillant à la dorure.

Si les grandes lignes de la technique figurent dans tous les traités, certaines recettes apportent des précisions sur la préparation de l'amalgame ou celle des surfaces destinées à recevoir la dorure (*cf. infra* dans la partie "Expérimentations").

## 1.2. Le rôle de la dorure partielle des monnaies d'argent axoumites

La dorure partielle est apparue sur les monnaies d'Axoum au début du IVe siècle soit peu de temps après son introduction dans le monde romain, au IIIe siècle (Lins et Oddy, 1975), et a été employée de façon discontinue jusqu'à la fin de ce monnayage.

Il n'est pas très facile d'expliquer pourquoi seules certaines émissions monétaires d'Axoum sont dorées, ni d'imaginer quel rôle jouait cet élément typologique dans le système monétaire, hormis une fonction symbolique évidente de glorification du *négus* et des symboles religieux (Godet, 2003, vol. II, p. 195). La dorure était fastidieuse et coûteuse[2]. Il est évident qu'elle ajoutait de la valeur à la pièce, notamment lorsque le titre et la masse des monnaies baissaient (Hahn, 2002, p. 125).

## 1.3. Les types de dorures

L'observation des monnaies d'argent dorées suggère deux sortes de dorures (fig. 1).

- Pour les plus anciennes aux noms d'Aphilas et d'Ousanas I, la dorure est au revers de la monnaie et elle recouvre le buste du roi entouré d'un cercle. Sur cette face, il existe une dépression entre la bordure portant la légende et le buste, si bien que celui-ci apparaît en relief inscrit dans un cercle, comme sur un bouclier[3]. Certains numismates ont suggéré l'utilisation de feuilles d'or découpées (Godet, 1986, p. 205).

- Au contraire, pour les monnaies émises après la conversion du roi à la religion chrétienne, la dorure recouvre une zone plane, délimitée par un rebord et présentant une surface plus faible : le symbole solaire au droit, puis la croix ou le centre de la croix au revers, et parfois aussi la couronne royale au droit.

Il ne fait pas de doute que dans le cas des monnaies les plus récentes, la dorure ait été réalisée sur la monnaie et non pas sur le flan monétaire. Mais cette hypothèse n'est pas recevable pour les bustes dorés, car le relief aurait compliqué l'application de la dorure et son brunissage. De plus, comme on peut le remarquer sur la figure 1, la dorure dépasse souvent la bordure et empiète sur la légende. Un disque de dorure a été déposé sur les flans correspondants puis ces derniers ont été frappés.

---

2. L'Éthiopie disposait de ses propres gisements aurifères, mais on ne connaît pas de mine de mercure. Ce métal était donc probablement importé (Godet, 2003, vol. 2, p. XV). Les sites de production de mercure seraient l'Espagne, mais aussi l'Anatolie (Oddy, 2000, note 3 p. 15).

3. Hahn, 2000, p. 294 ; Hahn, 2002, p. 125.

Fig. 1 : Exemples de monnaies partiellement dorées d'Axoum (col. privée).
De gauche à droite : Aphilas (dorure de la tête centrale au revers), Ousanas Ier (dorure de la tête centrale au revers), Ebana (dorure centrale de la croix au revers), Nezana (dorure du globule au centre du revers), Armah (dorure de la couronne au droit, de la croix et du globule au revers).

## 1.4. La composition des dorures et des monnaies dorées

De précédents travaux qui se fondaient sur l'analyse de la surface de dorures par MEB-EDX ont permis de prouver l'usage de la dorure au feu dès les premières monnaies d'argent axoumites dorées (Blet-Lemarquand *et al.*, 2009)[4].

La campagne d'analyses globales par ANRC de monnaies d'argent a mis en évidence la réalisation des dorures sur des alliages de composition très variable, contenant de 97 % à 20 % d'argent, du fait de l'ajout de bronze et/ou de laiton (Blet-Lemarquand *et al.*, 2001).

## 1.5. Les problématiques des expérimentations

L'objectif des expérimentations réalisées à Melle était à la fois de mieux comprendre comment cette technique de dorure était mise en œuvre à Axoum, mais aussi d'éclairer nos analyses élémentaires par MEB-EDX. Ces analyses ont été effectuées à la surface des monnaies, faute de pouvoir les couper.

Comme seule une partie de la surface des pièces est dorée, il apparaît plus probable qu'un amalgame ait été apposé plutôt que des feuilles d'or. Cependant, la dorure à la feuille a aussi été testée dans un second temps. Différents aspects de la dorure avec

4. Les teneurs en mercure à la surface des dorures les plus anciennes approchent les limites de détection du MEB-EDX, mais la présence de mercure a été confirmée avec les analyses globales des monnaies par ANRC (activation avec des neutrons rapides de cyclotron). Utilisant également les analyses MEB-EDX, Hahn est parvenu aux mêmes conclusions (Hahn, 2002, p. 125). Par contre, Russo et Russo, qui n'ont pas détecté de mercure dans les dorures des premières séries, ont supposé un procédé de dorure à la feuille sans mercure (Russo et Russo, 1989).

amalgame ont été abordés. Est-il nécessaire d'apprêter la surface avec du mercure ? À quel moment l'amalgame a-t-il été appliqué, sur le flan ou sur la monnaie ? Quelle est l'incidence de la composition du support pour la tenue de la dorure au mercure ?

## 2. Les expérimentations

### 2.1. Fabrication des flans et des monnaies à dorer

Nous ne disposons d'aucun témoignage sur la fabrication monétaire dans le royaume d'Axoum, autres que les monnaies elles-mêmes. D'une façon générale, la documentation dans ce domaine est mince avant le Moyen Âge, c'est pourquoi nos échantillons ont été confectionnés selon les techniques médiévales (*cf.* Arles, 2009; Arles et Téreygeol, 2011).

Deux alliages ont été préparés: l'un était un mélange argent-cuivre 90-10, tandis que l'autre contenait environ 20 % d'argent allié à un laiton expérimental. Ils ont été coulés dans des lingotières de fer (moules métalliques bivalves) de forme rectangulaire pour obtenir les "lames". Ces plaques métalliques épaisses ont été martelées à froid, puis recuites périodiquement. Ce procédé présente l'avantage d'enrichir en argent la surface de l'alliage par l'élimination partielle de cuivre sous forme d'oxydes (les battitures). Puis, des "carreaux", pièces métalliques de forme carrée, ont été taillés dans les lames. Enfin, des flans ronds ont été découpés à partir de ces carreaux. Les flans ont été nettoyés dans une solution dite de blanchiment, contenant de la gravelle, encore nommée "pierre de vin" et composée majoritairement de bitartrate de potassium ou de sodium, additionnée de sel de cuisine dissous dans de l'eau et chauffée: les oxydes ont été dissous et la surface a pris un aspect argenté mat. Les flans ont ensuite été rincés à l'eau claire et séchés. Leurs surfaces étaient alors parfaitement propres et débarrassées des oxydes.

Un problème a été rencontré lors du dernier recuit des flans de bas aloi. Les flans ont été portés à une température trop élevée, si bien qu'une épaisse croûte noire d'oxydes s'est formée. Le bain de blanchiment a efficacement décapé ces flans mais leur surface est restée anormalement granuleuse, même après un décapage mécanique avec du sable.

Rien n'indique que les techniques mises en œuvre ici ressemblent à celles en usage dans l'Antiquité, mais on retrouve dans le *Papyrus de Leyde* une recette présentant les mêmes étapes (recette 19, *in* Halleux, 2002, p. 89). Préconisée pour embellir des monnaies d'argent contenant du cuivre, elle conduit à décaper l'alliage par alternance de passages au feu et d'immersion dans un bain à base d'alun (sulfate de fer), de sel de cuisine et de vinaigre (acide de plantes).

Les sources écrites insistent sur la nécessité de nettoyer correctement les surfaces à dorer. Ce nettoyage est réalisé mécaniquement au moyen d'une pierre ponce (recette 55 dans la *Mappae Clavicula*, *in* Smith et Hawthorne, 1974, p. 36) ou chimiquement avec de l'alun (recette 55 dans le *Papyrus de Leyde*, *in* Halleux,

2002, p. 97). Il est aussi associé à un apprêt de la surface avec du mercure ou l'un de ses dérivés (mélange de cinabre avec de l'alun et du cinabre ayant la consistance de la cire, recette 53 dans le *Papyrus de Leyde*, *in* Halleux, 2002, p. 97 ; mélange chauffé de gravelle, de sel commun, de mercure et d'eau, chapitre 37 du traité de Théophile, *in* De L'Escalopier, 1977, p. 168). Notre préparation des flans a suivi ces recommandations de propreté puisque les échantillons ont été plongés dans le bain de blanchiment, puis éventuellement polis au sable.

Certains flans ont été frappés avec les coins disponibles (type médiéval de La Rochelle). Les monnaies obtenues ont été de nouveau nettoyées.

## 2.2. La dorure à l'amalgame

### *2.2.1. Préparation de l'amalgame d'or*

Deux fragments d'or pur pesant au total 1,5 g ont été étendus par martelage jusqu'à une épaisseur de 150 µm environ. Ces feuilles ont été nettoyées avec de l'acide nitrique, puis découpées en copeaux. Du mercure a été ajouté à ces fragments d'or, en respectant les proportions indiquées dans le manuel de Théophile, soit huit fois plus de mercure que d'or (chapitre 34, *in* De L'Escalopier, 1977, p. 163). L'amalgame d'or a commencé à se former à température ambiante, mais il a fallu chauffer et écraser le mélange pour parvenir à la dissolution quasi complète de l'or. En fait, lorsque l'amalgame a été appliqué sur les objets, il est apparu que des copeaux d'or étaient demeurés quasi intacts. Des analyses de coupes d'objets archéologiques ont mis en évidence de tels fragments d'or pur dans des dorures à l'amalgame (Raub, 1993, p. 109). Le chauffage a été poursuivi jusqu'à ce que l'amalgame atteigne la consistance souhaitée, celle du "beurre très froid, un peu rude au toucher et d'une contexture cristalline qui le fait crier quand on le serre entre les doigts" (Roseleur, 1873, p. 202 et 442). Cet amalgame est aussi dénommé "or moulu" par Théophile (chapitre 34, *in* De L'Escalopier, 1977, p. 163).

### *2.2.2. Application de la dorure et chauffage*

L'amalgame d'or de couleur grise a été déposé sur les flancs et sur les pièces. L'application a été limitée à une petite fraction de la surface pour reproduire la dorure partielle des monnaies d'Axoum. L'amalgame a été étalé de façon uniforme sur la surface choisie, sauf dans les cas où la fraction prélevée contenait encore des petits copeaux d'or ou si la surface à dorer était granuleuse.

Les flans et les monnaies dorés ont été chauffés sur des charbons rouges (température estimée de l'ordre de 200 °C). Des gouttes de mercure ont tout d'abord perlé à la surface des dorures. Au bout de quelques minutes, ces zones se sont ternies et sont devenues jaune mat. Les échantillons ont alors été retirés du feu. Un halo mordoré s'est formé autour de la dorure de certains échantillons. Les analyses en laboratoire par MEB-EDX ont mis en évidence que ces zones correspondaient à des contaminations en mercure. Ce halo a disparu après un blanchiment.

#### *2.2.3. Brunissage et frappe*

Après le passage au feu, la dorure était mate. L'observation au Microscope Électronique à Balayage a montré qu'elle était très poreuse (fig. 2). En écrasant la dorure, elle a pris un aspect lisse et réfléchissant. Cette opération a été réalisée en brunissant la dorure des monnaies avec un outil en agate ou bien en frappant les flans partiellement dorés.

### 2.3. La dorure à la feuille

L'application d'un amalgame semble mieux adaptée pour dorer précisément une petite surface. Néanmoins, nous souhaitions tester la faisabilité de la dorure à la feuille dans le cas du monnayage d'Axoum, pour fournir des explications aux faibles teneurs en mercure mesurées en surface de certaines dorures (*cf. infra*, paragraphe 3.3.).

La technique de la dorure à la feuille est attestée pour dorer du cuivre dans *Naturalis Historia* de Pline (livre XXXIII, chapitre XX, *in* Zehnacker, 1983, p. 73) et pour l'époque médiévale dans la *Mappae Clavicula* (219, *in* Smith et Hawthorne, 1974, p. 60). Les techniques qui ont été employées pour nos expérimentations s'inspirent des recettes de dorure décrites dans le traité de Théophile (livre III, chapitres 37 à 39, *in* De L'Escalopier, 1977, p. 168-172).

#### *2.3.1. Confection des outils*

Des fils de laiton ont tout d'abord été assemblés sur un manche pour constituer un gratte-bosse fin, outil indispensable au doreur (De L'Escalopier, 1977, p. 170-171 ; Roseleur, 1873, fig. 4, p. 202).

#### *2.3.2. Préparation des surfaces*

Certains échantillons destinés à être dorés ont dû subir un recuit. Tous ont été blanchis dans le bain de blanchiment décrit précédemment, puis vigoureusement gratte-bossés en tous sens. Ils ont retrouvé un aspect brillant du fait des frottements. Après cette opération leur surface était propre, dégraissée et rayée.

Un mélange de vinaigre et de sel de cuisine a été appliqué au moyen du fin gratte-bosse sur la surface que l'on souhaitait dorer, c'est-à-dire un disque de 5 mm de diamètre. Le gratte-bosse a de nouveau été trempé dans le mélange de vinaigre et de sel, puis a servi à prélever du mercure qui a été étalé sur la surface. Le mercure s'est amalgamé avec l'alliage à base d'argent, mais la surface enduite de mercure est restée bien visible.

#### *2.3.3. Dépôt des feuilles*

Des petits carrés avaient préalablement été découpés dans des feuilles d'or pur modernes (épaisseur estimée à 0,15 µm). Ils ont été prélevés un à un et déposés sur une surface ronde apprêtée pour la dorure. Le carré a adhéré à la surface enduite ; au fil du temps la surface ronde dorée a blanchi et une nouvelle feuille a pu être

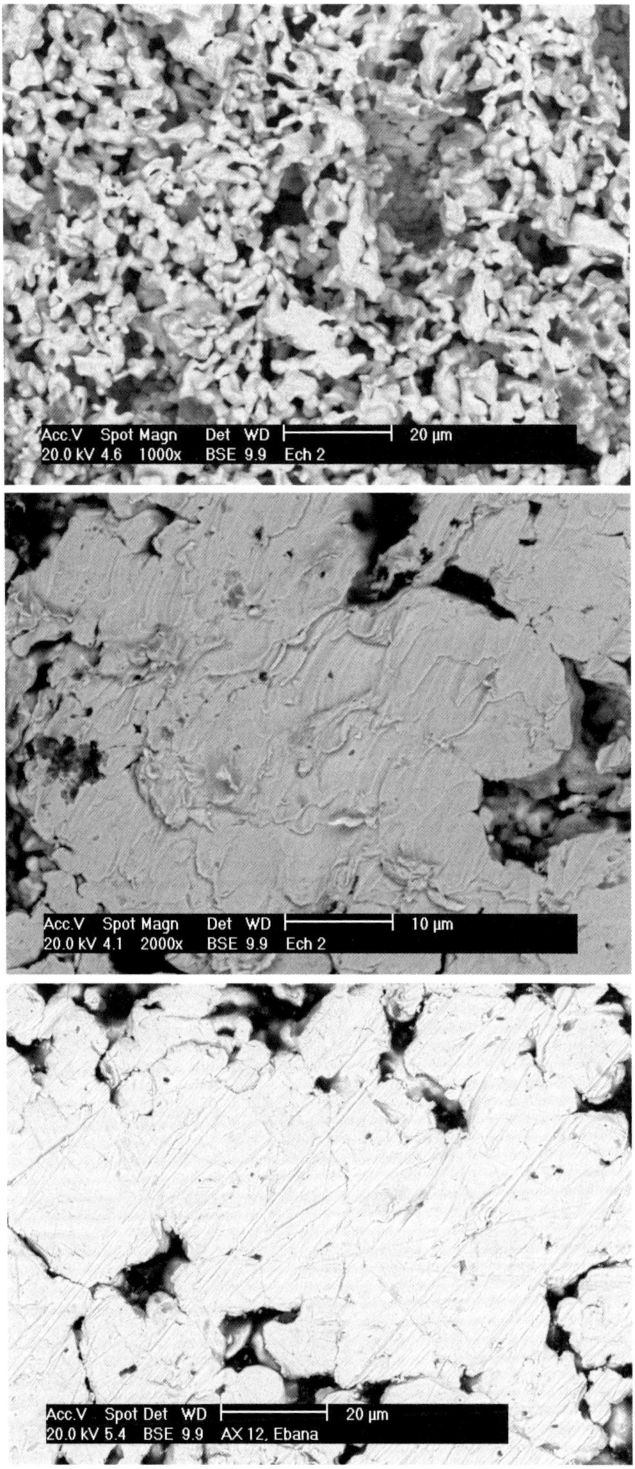


Fig. 2 : États de surface de dorures à l'amalgame observés au MEB (Microscope Électronique à Balayage).

déposée. Le passage de l'appuyeux sur les quatre coins de la dorure a déchiré les parties des carrés d'or qui n'étaient pas au contact du mercure et n'adhéraient donc pas au support. Ainsi, des dorures de la forme souhaitée ont été réalisées.

Les expérimentations de dorure à la feuille ont prouvé que cette technique pouvait être mise en œuvre pour dorer un disque central sur un flan monétaire. Cependant, elle nécessite un nombre d'opérations plus important que dans le cas de l'application d'un amalgame d'or sur le flan. De plus, nous avons employé des feuilles d'or pur modernes très fines. Il n'est pas sûr que les Anciens parvenaient à battre l'or jusqu'à atteindre une telle finesse[5]. Des feuilles plus épaisses auraient dû être découpées pour couvrir un disque sur les monnaies.

## 3. Études de laboratoire des dorures expérimentales et des monnaies anciennes

Les recréations ont été examinées au moyen d'un MEB (XL40 de FEI) et des analyses élémentaires semi-quantitatives ont été réalisées (méthode EDX avec instrumentation Oxford) sur la surface des échantillons et sur des sections polies incluses dans de la résine.

### 3.1. Le support

Conformément aux études précédentes (Arles, 2009 ; Arles et Téreygeol, 2011), le mode de fabrication des flans expérimentaux a conduit à enrichir en argent la surface des flans (fig. 3 et 4). L'amalgame d'or a été appliqué sur une couche contenant au moins 95 % d'argent, alors que la concentration en métal précieux n'est que de 88 % dans le premier alliage argent-cuivre et de 22 % dans le second (avec 73 % de cuivre et 5 % de zinc environ).

### 3.2. L'argent de la dorure

La dorure réalisée avec un amalgame d'or pur contient systématiquement une faible fraction d'argent qui a diffusé du support (fig. 5). Cette contribution varie entre 0,2 % et 3 % lorsque la microanalyse X est réalisée à la surface de la dorure. De façon identique, on peut s'attendre à ce qu'une fraction de l'argent mesuré à la surface des dorures axoumites provienne en fait de l'alliage monnayé plutôt que de l'or utilisé pour préparer la dorure. Nous avons montré que l'or employé pour dorer partiellement les pièces d'argent avait une composition semblable à celui frappé pour le numéraire en or, pour un règne donné (Blet-Lemarquand *et al.*, 2009a). L'examen des recréations met en évidence qu'en toute rigueur, ces teneurs en argent devraient être très légèrement diminuées pour calculer la vraie concentration de l'argent

5. Une épaisseur a été calculée à partir des données de la recette figurant dans la *Mappae Clavicula* (246-A p. 65 de Smith et Hawthorne, 1974). Elle est de 5 µm (cité dans Éluère, 1990, p. 136).

contenu dans l'or au départ. En pratique, une correction serait très difficile à évaluer étant donné le nombre de paramètres qui régissent la diffusion de l'argent dans la dorure ; elle demeure de toute façon bien souvent négligeable. Le rapprochement établi entre l'or monnayé et celui des dorures reste valide, et ce d'autant plus que le titre des monnaies d'or fluctue pour un règne donné (Barrandon *et al.*, 1986).

| N° 1 | Cu (%) | Zn (%) | Ag (%) | | N° 2 | Cu (%) | Ag (%) |
|---|---|---|---|---|---|---|---|
| Couche superficielle | 2-5 | | 95-98 | | Couche superficielle | 7,2 | 92,8 |
| Substrat | 73,1 | 5,3 | 21,6 | | Substrat | 12,0 | 88,0 |

Fig. 3 : Composition des couches superficielles enrichies en argent comparée à celle de la masse pour les échantillons 1 et 2. Teneurs en pour-cent pondéraux.

### 3.3. Les teneurs en mercure des dorures

Les dorures de nos recréations contiennent dans leur masse entre 3 % et 7 % de plus de mercure qu'en surface (fig. 3). Cette tendance est logique, compte tenu de l'évaporation du mercure pendant le chauffage (fig. 6)[6].

D'après les analyses par MEB-EDX, les teneurs en mercure à la surface des dorures axoumites sont comprises entre 0,7 et 13 % (Blet-Lemarquand *et al.*, 2009b, p. 472). Or, Anheuser a estimé les bornes de ce domaine de composition entre 8 et 25 % en analysant les coupes de ses recréations et d'objets archéologiques (Anheuser, 1997, p. 58 ; Northover et Anheuser, 2000, p. 114). Comment expliquer cet écart et que signifient les basses teneurs en mercure mesurées pour certaines dorures d'Axoum ?

6. Voir aussi, par exemple, des profils de teneurs obtenus sur des coupes de dorures expérimentales (Anheuser, 1997, p. 60), et un autre, obtenu de façon non destructive, par spectrométrie Auger, sur un faux louis d'or (Delamare, 1983, p. 387).

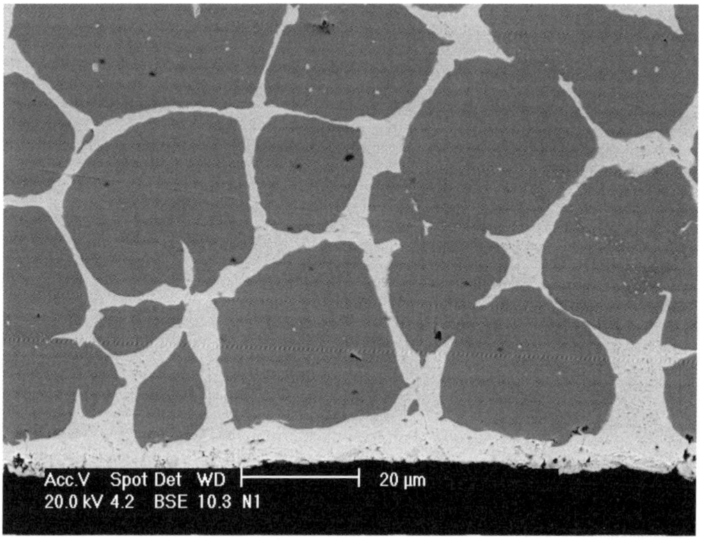


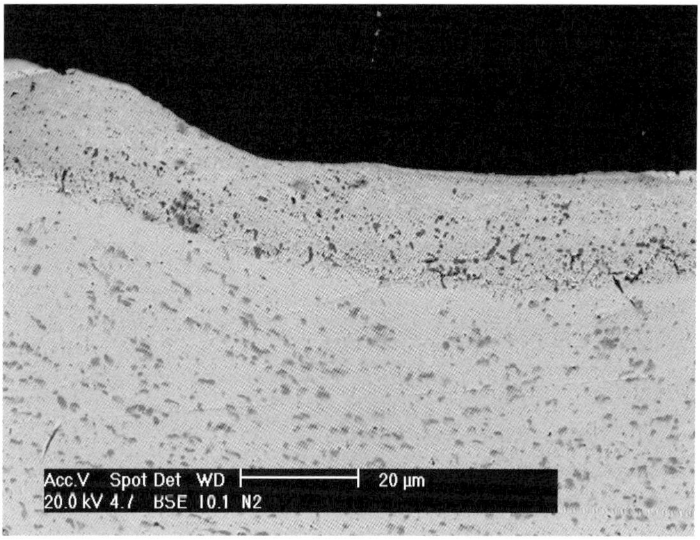


Fig. 4 : Images MEB des coupes des échantillons 1 (gauche) et 2 (droite).

| | | | Analyse de la surface | | | Analyse de la coupe | | |
|---|---|---|---|---|---|---|---|---|
| **N°** | **Fabrication** | **Titre du substrat** | **Ag** | **Au** | **Hg** | **Ag** | **Au** | **Hg** |
| 1 | Dorure puis frappe | ~ 20 % | 1,4 | 87,5 | 11,1 | 3,8 ± 2,0 | 77,4 ± 2,7 | 18,8 ± 2,7 |
| 2 | | ~ 90 % | 1,6 | 88,2 | 10,4 | 3,6 ± 1,0 | 83,3 ± 2,6 | 13,1 ± 2,8 |
| 11 | Frappe puis dorure | ~ 20 % | 2,9 | 84,4 | 12,3 | | | |
| 12 | | ~ 90 % | 1,4 | 90,2 | 8,4 | | | |

Fig. 5 : Composition moyenne des dorures des échantillons expérimentaux obtenues en surface ou sur des coupes (analyses MEB-EDX).

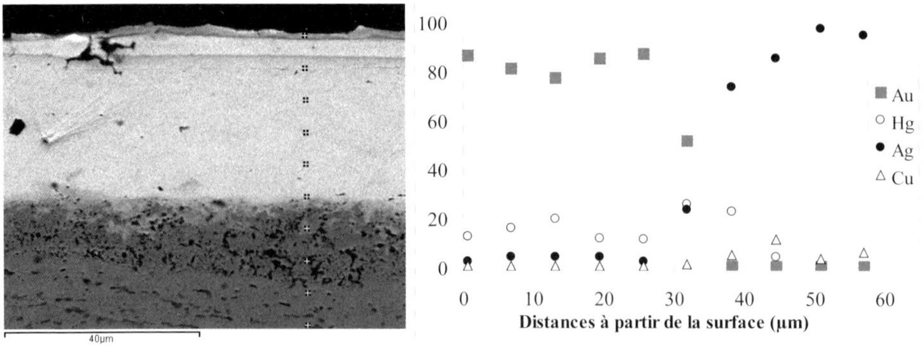


Fig. 6 : Profil de composition obtenu par MEB-EDX d'un substrat à 90 % doré au mercure.

En fait, la teneur en mercure mesurée à la surface d'une dorure axoumite semble inversement proportionnelle au titre d'argent de la monnaie dorée, pour les alliages plus riches en argent que l'eutectique argent-cuivre (fig. 7). Par contre, dans le cas des monnaies dorées contenant moins de 72 % d'argent, la teneur en mercure à la surface de la dorure varie peu selon la composition moyenne du support, tout comme ce qui est observé pour les échantillons expérimentaux. Le mercure aurait-il d'autant plus diffusé dans la monnaie pendant le chauffage qu'elle est riche en argent ? On peut effectivement s'attendre à ce que la composition du support ait une incidence sur la diffusion du mercure. Cependant, la fabrication des flans monétaires pourrait conduire à enrichir en argent leur surface et donc limiter l'incidence de l'aloi de la monnaie sur la diffusion du mercure. À moins que les techniques de fabrication

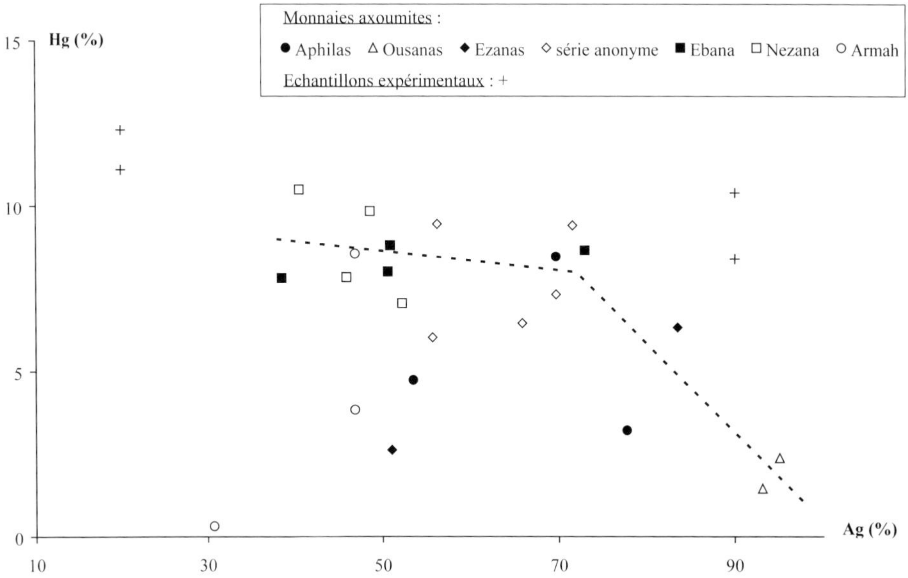


Fig. 7 : Teneur en mercure à la surface de la dorure (MEB-EDX) en fonction de la teneur en argent de la monnaie axoumite dorée (ANRC) ; classement chronologique par règne.

monétaire d'Axoum diffèrent sensiblement de celles mises en œuvre au cours de nos expérimentations. L'examen de coupes des monnaies pour lesquelles des faibles teneurs en mercure ont été relevées à la surface de la dorure fournirait certainement des éléments de réponse pertinents.

Les conditions du chauffage (température, durée) ont aussi une incidence sur la proportion de mercure résiduel dans la dorure, comme l'a montré expérimentalement Anheuser (Anheuser, 1997, p. 60; Anheuser, 1999, p. 36). Les dorures d'Axoum apparemment pauvres en mercure auraient-elles subi un chauffage prolongé ou effectué à des températures particulièrement élevées ? On ne comprend pas très bien quel(s) avantage(s) les doreurs auraient tiré(s) en procédant de la sorte.

K. Anheuser a expérimenté les deux grandes techniques de dorure au feu sur support argent, celle avec amalgame et celle avec des feuilles d'or, puis a procédé à des analyses par microsonde électronique des coupes des dorures obtenues (Anheuser, 1997, p. 60). Les profils de teneurs des éléments or, argent et mercure sont très différents selon la méthode de dorure utilisée. Ils constituent *a priori* un critère fiable de discrimination entre ces deux techniques, sauf si les alternances de dépôt de mercure et de feuilles d'or ont été multipliées. Autre différence, les teneurs en mercure apparaissent plus faibles en surface lorsque des feuilles d'or ont été utilisées plutôt qu'un amalgame d'or. Serait-ce un argument recevable pour suggérer l'emploi de feuilles d'or afin de dorer certains exemplaires du monnayage d'Axoum ?

## CONCLUSION

L'étude conjointe des dorures d'Axoum et des recréations permet de formuler différentes remarques.

- L'analyse non destructive des dorures pour caractériser l'or employé est pertinente, même si la dorure se trouve légèrement enrichie en argent suite à la diffusion d'un peu d'argent venant du support.

- Les expérimentations ont montré qu'il n'est pas nécessaire d'apprêter la surface à dorer avec du mercure. D'ailleurs, une seule des monnaies axoumites dorées analysées comportait du mercure en dehors de la dorure[7].

- En l'état de nos recherches, il est peu probable que les monnaies aient été dorées à la feuille, même les plus anciennes qui présentent le buste doré du roi en médaillon. L'utilisation d'un amalgame d'or est mieux adaptée à la dorure partielle.

- La technique de dorure des monnayeurs axoumites s'est adaptée aux types monétaires et a évolué avec l'affirmation de la conversion du roi à la religion chrétienne. Avant cette conversion, le flan était doré sur un disque central qui recevait, par la frappe, l'empreinte du buste du roi. Puis, à partir d'Ezanas, le roi qui

7. Elle a été émise par Aphilas, le roi qui a inauguré la dorure. Peut-être doit-elle être considérée comme une sorte d'essai de mise en œuvre du procédé.

s'est converti, la dorure a été réalisée sur la monnaie pour glorifier, notamment, un symbole religieux : un symbole solaire puis la croix, ou son centre.

## REMERCIEMENTS

Les auteurs adressent leurs remerciements aux personnels des Mines d'argent des Rois Francs, à Adrien Arles qui a confectionné les flans utilisés pour cette étude, à Dominique Robcis qui les a initiés à la dorure à la feuille et aux collectionneurs privés qui leur ont prêté des exemplaires pour analyse.

# La prise en compte des déchets dans une discussion technique : l'exemple de la production monétaire

## *The study of the amount of scissels in a technical discussion: the example of the coinage*

Adrien Arles, Marc Bompaire et Florian Téreygeol

**Résumé** : Cette étude s'inscrit dans une recherche globale sur les techniques de fabrication de la monnaie au marteau en vigueur dans les ateliers monétaires français jusqu'au milieu du XVIIe siècle. Elle est fondée sur une approche archéométrique multidisciplinaire qui confronte les données d'analyses physico-chimique d'un corpus archéologique aux données issues d'une étude bibliographique de différentes sources monétaires: traités techniques, ordonnances royales... L'expérimentation paléométallurgique est également une approche importante mise en œuvre dans cette recherche. En définitive, l'ensemble des informations rassemblées permet de définir l'ensemble de la chaîne opératoire de fabrication de la monnaie mais également de comprendre la finalité des différentes opérations qui se succèdent.

Avant la mécanisation de la fabrication monétaire qui a vu l'introduction du laminoir, du coupoir et de la presse à balancier, les ouvriers monétaires ne devaient pas dépasser un certain quota de déchets lors de leur mise en forme des flans. Un raisonnement géométrique simple laisse à penser qu'un tel règlement est difficile à respecter et apparaît comme une gêne pour les ouvriers dans leur travail. D'ailleurs, l'étude d'un compte de fabrication de l'atelier monétaire de Bayonne confirme cette hypothèse. Cependant, si l'on considère un compte de fabrication de l'atelier de Crémieu, les conclusions sont différentes. C'est pourquoi l'approche expérimentale au cours de laquelle l'ensemble de la chaîne opératoire de fabrication de la monnaie a été reconstitué, a permis de mieux comprendre cette question de la production des déchets. Le propos de cet article est de démontrer que l'autorité monétaire a pu imposer un règlement qui peut en premier lieu limiter la productivité des ouvriers afin d'encourager ces derniers à mettre en œuvre une chaîne opératoire certes complexe mais qui garantit la qualité du monnayage produit.

***Abstract** : This paper is a part of a global study of the hammer striking process used in the French medieval mints until the mid* XVII*th* *century. This archaeometric research is multidisciplinary, based on physicochemical analyses of archaeological samples but also on a bibliographic compilation: monetary treaties, official reports, royal edicts, mint accounts... The experimental work takes an important part in the study too. Finally, the gathering of all data defines the processes used in the French medieval mints, but also their respective purposes.*

*Before the use of mechanical techniques with the introduction of the rolling mill, the blanking press and the screw press, the minters were supposed to respect some rules restricting their amount of scissels. By a simple geometrical approach this tolerance allowed may appear hard to respect. Moreover, the study of an account of the Bayonne mint (France) confirms this assumption. But another count from the Crémieu mint (France) claims the opposite with a high respect of limits. In fact, an experimental approach of the whole minting process shows the easiness of the task if the minters take care of completing their work in a certain way. Besides it is this same operational sequence that guaranties the quality, in terms of weight and shape, of the coins. The purpose of this paper is to demonstrate that French monetary authorities may have fixed limits of swarf amount to force the workers to follow a longer process that assures the goodness of the minting.*

**Mots-clés** : Chaîne opératoire, expérimentation paléométallurgique, monnayage, Moyen Âge.

***Key-words**: Process, experimental archaeometallurgy, minting, Middle Ages.*

## INTRODUCTION

Cette étude s'inscrit dans le cadre d'une recherche globale sur les chaînes opératoires du monnayage au marteau au Moyen Âge et au début de l'époque moderne (Arles, 2009). L'expérimentation paléométallurgique appartient ici à une démarche multidisciplinaire qui croise des données historiques, archéologiques et archéométriques. Elle a permis de reconstituer l'ensemble des chaînes opératoires étudiées, de la fonte des alliages monétaires jusqu'à la frappe des monnaies. Dans cet article, une opération particulière de la mise en forme est discutée à partir de la prise en compte des règlements monétaires qui la régissent et des déchets qui en résultent. La problématique principale est ici de comprendre pourquoi les autorités monétaires ont imposé aux ouvriers monnayeurs la mise en œuvre d'une chaîne opératoire de fabrication complexe alors qu'il existe *a priori* des alternatives plus expéditives. Cette question se comprend également du point de vue de l'organisation du travail au sein d'une fabrique où simplicité est généralement synonyme de productivité.

### 1. La fabrication de la monnaie

La chaîne opératoire de fabrication de la monnaie consiste principalement à produire des rondelles métalliques appelées flans à partir des alliages monétaires.

Ces ébauches sont ensuite frappées entre deux matrices pour y imprimer les figures monétaires. Les opérations de découpe et de martelage nécessaires à la mise en forme des flans sont relativement bien décrites dans plusieurs textes et traités monétaires, ainsi que dans les ordonnances de l'autorité émettrice qui réglementent la fabrication (Boizard, 1692 ; Poullain, 1902). L'iconographie nous renseigne également sur les types d'outils utilisés. En définitive, la principale finalité des étapes de mise en forme est de garantir la qualité métrologique des espèces monnayées en termes de diamètre et de masse. Ce dernier paramètre doit être réglé très précisément, car il est en relation directe avec la quantité de métal précieux d'une monnaie, à savoir leur valeur libératoire. L'autorité émettrice accepte toutefois un certain domaine de variation de la masse des espèces défini par le *remède de poids*.

Dans une discussion préliminaire, on peut considérer l'ensemble de la chaîne de préparation de flans par le biais de l'opération qui la conclut : la restitution de leur *brève* par les ouvriers monétaires. Il s'agit de l'étape comptable ordonnée par les gardes de la fabrique qui consiste à évaluer le travail des monnayeurs. Après la mise en forme des flans, les ouvriers doivent rendre leur production, ainsi que leurs déchets de coupe. Ces différentes quantités sont rapportées à la masse de métal qui leur aura été confié pour déterminer la proportion de matière perdue au cours de la fabrication, mais également le pourcentage de déchets résultant des découpes réalisées. On soulignera ici que ces derniers peuvent par la suite être refondus et réintroduits dans un processus de fabrication.

Dans le cadre de la production monétaire, ces évaluations interviennent selon une politique de contrôle légitime. Celle-ci l'est d'autant plus qu'il est ici question d'une mise en forme d'alliages de métaux précieux. C'est pourquoi l'existence de quotas qui fixent des quantités de pertes de métal à ne pas dépasser durant la fabrication n'est pas surprenante[1]. Une telle gestion garantit contre le vol ou le détournement de métaux par les ouvriers.

En revanche, une seconde limitation à laquelle sont soumis les ouvriers monétaires est moins évidente. Durant leur travail de mise en forme, il est nécessaire qu'ils minimisent leurs découpes. Elles ne doivent pas dépasser, lorsqu'ils rendent leur *brève*, 12,5 % de la masse de métal qui leur aura été confiée initialement[2]. Lorsque cette exigence n'est pas respectée, les responsables sont censés dédommager le maître particulier de l'atelier pour la dépense de fonte supplémentaire qu'entraîne un cisaillage excessif (Brisson et Frerot, 1611, p. 955-960). Finalement, que représente

1. Dans une ordonnance de 1423, la proportion de perte de métal consentie est indiquée. Sans devoir rendre de compte à leur responsable, il est permis aux ouvriers de ne pas rendre dans leur brève jusqu'à une once d'alliage par tranche de vingt marcs mis en forme, soit un déchet réellement perdu équivalent à 0,6 % de la masse totale (Trésor des chartes, ms. 4° 18, f° 188v°-196r°, 1423 et Brisson et Frerot, 1611, p. 955).

2. Dans une ordonnance du 25 septembre 1327, il est indiqué que les monétaires sont autorisés à rendre deux marcs et demi de déchets de coupe pour vingt marcs de métal mis en forme (Monnaie de Paris, ms. 4° 4, f° 101r°-108v° ; De Laurière *et al.*, 1723, 802 ; Bompaire et Dumas, 2000, p. 491-492).

cette limite de 12,5 % de déchets de coupe ? Est-elle facile à respecter lors de la préparation des flans ? Ne constitue-t-elle pas une contrainte importante qui gêne les ouvriers dans leur travail ? Dans ce cas, l'économie réalisée par le maître de la fabrique sur les refontes supplémentaires des déchets de coupe justifie-t-elle un règlement trop exigeant qui augmente les temps de fabrication ? Enfin, pourquoi un tel quota est-il inscrit dans les ordonnances rédigées par l'autorité émettrice alors qu'elle n'en tire potentiellement aucun avantage ? C'est notamment en répondant à ces questions que peut être étudiée la chaîne opératoire de fabrication monétaire médiévale dans la mesure où elle s'inscrit dans ce cadre réglementaire.

Si l'on considère que les flans sont produits à partir des *carreaux*, l'opération la plus simple consisterait à découper le cercle inscrit dans ces carrés d'alliage monétaire (fig. 1). La quantité de déchets qui résulte de cette opération se calcule simplement à partir de la différence des surfaces associées puisque l'épaisseur reste ici constante.

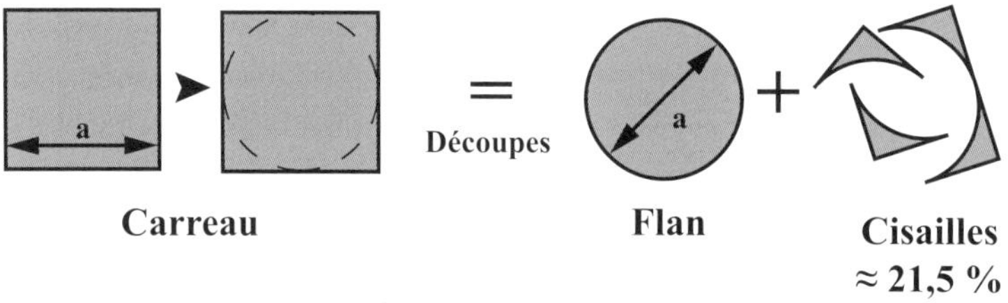


$$\%\text{déchets de coupe} = 100 \times \frac{\text{Surface carreau} - \text{Surface flan}}{\text{Surface carreau}}$$

$$\%\text{déchets de coupe} = 100 \times \frac{a^2 - \pi(a/2)^2}{a^2} = 100 \times (1 - \frac{\pi}{4}) \approx 21{,}5\ \%$$

Fig. 1 : Chaîne opératoire de découpe arrondie.

Avec environ 21,5 % de déchets, cette estimation équivaut à près du double de la limite des 12,5 % réglementaires. Toutefois, cette technique de fabrication n'était *a priori* pas mise en œuvre dans les fabriques monétaires médiévales. Ce n'est pas la méthode réglementaire décrite par les sources monétaires. Dans ce cas, la chaîne opératoire officielle permet-elle effectivement de produire moins de déchets et ainsi respecter le quota imposé ?

## 2. Deux comptes monétaires de production

Dans le cadre du contrôle de la fabrication des ateliers monétaires, l'autorité émettrice impose aux fabriques la rédaction de comptes de production. Ces documents sont d'un intérêt évident dans une discussion sur l'organisation du travail au sein des ateliers. Dans certains d'entre eux, les gardes ont consigné le compte rendu régulier des *brèves* réalisées par les ouvriers. À partir de ces documents, nous disposons d'informations précises sur les quantités de déchets de coupe produits au sein de ces fabriques. Deux de ces comptes ont été étudiés. Ils mettent en évidence des politiques distinctes de gestion des déchets au sein de deux ateliers (Archives départementales de l'Isère, B4403, 1420 ; Archives nationales, Z1b 57, fol. 12, 1556. Documents partiellement publiés dans Bompaire & Dumas, 2000 et Bompaire, p. 491-492).

Le premier document est un compte rendu du travail effectué au sein de l'atelier monétaire de Crémieu (Isère) sur une période de 4 mois entre le 14 décembre 1419 et le 17 avril 1420. Il témoigne d'une production de florettes de *billon*[3]. Il permet de connaître la proportion de déchets produits chaque jour par les ouvriers de cette fabrique. Les évaluations sont très précises dans la mesure où les *brèves* sont inventoriées pour chacune des *fournaises*, c'est-à-dire chacune des équipes d'ouvriers auxquelles était confiée une certaine quantité de métal. À partir de la constitution connue des *fournaises* qui ne regroupent jamais plus de 5 ouvriers, il est possible d'avoir une évaluation individuelle moyenne du travail au sein de cette fabrique.

En considérant la production de chaque *fournaise*, nous disposons de 188 estimations de la production de déchets associées au fonctionnement de l'atelier de Crémieu. Elles ont été représentées sur la figure ci-dessous qui les rapporte à la quantité moyenne de métal travaillé par chaque ouvrier. En outre, les *fournaises* qui comptent des apprentis (*recuchons*) dans leur rang sont indiquées puisque le travail *a priori* moins assuré de ces derniers peut avoir eu des conséquences sur la production des équipes.

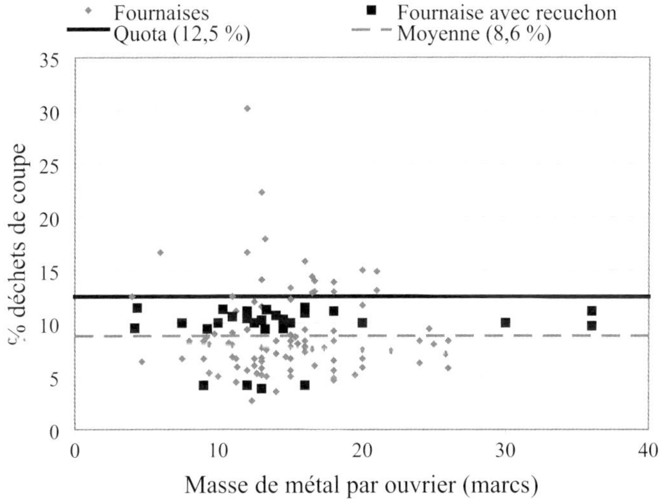


Fig. 2 : Proportions de déchets de coupe dans la fabrication de l'atelier de Crémieu pour la période du 14 décembre 1419 au 17 avril 1420.

Comme le montre la figure 2, la limite des 12,5 % est respectée dans la très grande majorité des cas au sein de l'atelier de Crémieu. Elle n'est dépassée que 20 fois lors de la restitution des 188 *brèves*. De plus, la moyenne générale est bien moins élevée, puisqu'elle est égale à 8,6 %. L'évaluation des productions minimales de déchets est

3. Alliage monétaire composé d'argent et de cuivre.

d'autant plus surprenante, puisque certains jours, ces dernières s'élèvent seulement à 4 % de la masse de métal confiée aux ouvriers.

Par ailleurs, la présence d'un apprenti dans une *fournaise* n'est que très rarement associée à une augmentation de la proportion des déchets de coupe. Les quantités produites sont tout à fait comparables à celles des équipes qui n'emploient pas de *recuchon*. Il faut voir dans ce constat un indice confortant la mention du traité des monnaies de J. Boizard (Boizard, 1692), dans lequel il est indiqué que le travail des apprentis, ici appelés *recuiteurs*, se limite précisément au recuit des ébauches en cours de mise en forme, tâche qui n'a pas grande incidence sur la production de déchets de coupe[4].

Qu'en est-il par ailleurs de la production de cisaille confrontée à la masse de métal travaillée quotidiennement ? Il est *a priori* envisageable qu'un ouvrier auquel est confié un ouvrage plus important, et alors contraint de travailler plus vite, produise plus de déchets. La considération de la figure 2 contredit cette hypothèse puisque la quantité de résidus de coupe ne suit pas une tendance croissante avec l'augmentation de la masse de métal moyenne confiée à chaque monnayeur.

Au sein de l'atelier monétaire de Crémieu, l'existence du quota réglementaire fixé par l'autorité émettrice concernant la proportion de déchets à ne pas dépasser durant les étapes de fabrication ne définit donc pas une contrainte. La limite est globalement très largement respectée. En outre, un rythme de fabrication plus soutenu ne nuit pas de ce point de vue à la qualité du travail. Une telle observation laisse à penser que la chaîne opératoire mise en œuvre dans cette fabrique est le paramètre commun à toutes les fabrications. C'est elle qui assure le respect du *quota* de déchets fixé par les ordonnances.

Parallèlement à ce premier document, le compte de production de l'atelier monétaire de Bayonne (Pyrénées-Atlantiques) tenu sur une période d'un an et huit mois, entre le 2 janvier 1555 et le 11 août 1556, met en évidence une tendance différente dans la production des déchets de découpe. Les gardes ont relevé ici globalement les quantités de déchets quotidiennement produits au sein de la fabrique.

Les 193 estimations de production de déchets de coupe au sein de la Monnaie de Bayonne sont représentées sur la figure 3 en fonction des quantités de métal mises en forme quotidiennement. La précision de ces données est complétée par les deux types monétaires produits. Le premier correspond à une frappe de monnaies fortes, puisqu'il s'agit de testons d'une valeur de onze sous quatre deniers tournois. Le second est associé à un monnayage plus faible de douzains. Cette espèce ne vaut que douze deniers tournois.

---

4. "Les ouvriers sont appellez *recuiteurs* pendant leur année d'apprentissage [....]. Ce terme de *recuiteurs* vient de ce que les ouvriers faisoient recuire, pendant l'année de leur accueillement qu'ils faisoient leur apprentissage, les lames et les quarreaux, dans le temps qu'on fabriquoit les espèces avec le marteau...", (Boizard, 1692).

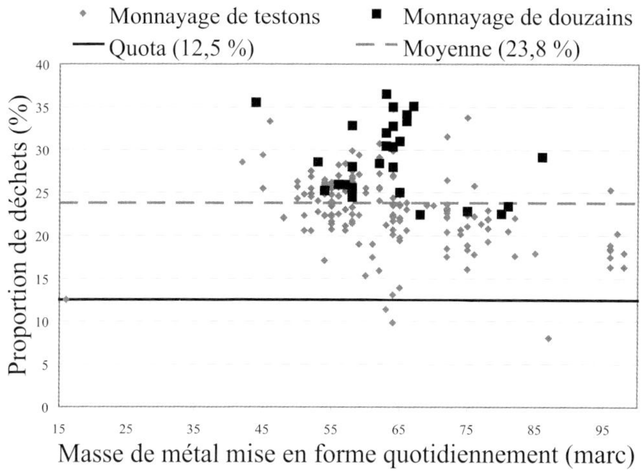


Fig. 3 : Proportions de déchets de coupe dans la fabrication de l'atelier de Bayonne pour la période du 2 janvier 1555 au 11 août 1556.

La première observation du graphique marque une nette différence avec la production de déchets de l'atelier de Crémieu. La moyenne estimée à 23,8 % représente presque deux fois le maximum autorisé. Pour les 193 jours de travail, la limite fixée par les ordonnances monétaires est respectée 4 fois seulement.

De plus, si au sein de la fabrique de Crémieu le rythme de production n'a pas de conséquence sur le taux de rebuts de production, ce n'est pas le cas ici. Toutefois, alors que la logique voudrait une plus grande proportion de déchets corrélée avec une production plus importante, à Bayonne, l'augmentation de la masse de métal mis en forme entraîne une diminution du volume des résidus à refondre. Faut-il y voir la conséquence négative d'un travail plus appliqué des ouvriers lorsqu'ils ont moins de métal à mettre en forme ? On constatera finalement que leur technique ne permet pas le respect des limites réglementaires.

Le type monétaire fabriqué semble également avoir une influence sur la proportion de déchets puisque les quantités associées à la mise en forme de douzains sont, avec une moyenne de 29 %, globalement au-dessus du niveau général. Dans un contexte de respect des ordonnances concernant les proportions de découpes produites, une telle configuration aurait pu être rapprochée d'une plus grande attention portée au travail des alliages contenant plus de métal précieux. Ce n'est, semble-t-il, pas le cas ici puisque malgré une moyenne de 23 % de cisailles associée à la fabrication des testons, certains taux de découpe sont tout de même élevés et équivalents à ceux estimés pour les monnayages de douzains.

En définitive, le maître de l'atelier monétaire de Bayonne apparaît relativement laxiste face à la production des déchets de fabrication. Car bien que le quota de référence soit fixé par des ordonnances monétaires, c'est à leur employeur local et non à l'autorité émettrice que les ouvriers devaient rendre compte d'une production trop importante de déchets. Ils pouvaient être obligés de le dédommager pour les frais des fontes supplémentaires encourus. On peut donc supposer que si cette règle avait été appliquée dans cet atelier, elle aurait limité les dépassements systématiques du quota. À Bayonne, la tolérance est d'autant plus assurée qu'elle est constante sur les 20 mois couverts par le compte de fabrication. Il n'y a pas de tendance qui révèle une quelconque consigne qui viserait à diminuer les quantités de déchets produits. À Bayonne, le quota de découpes défini par les ordonnances représente une contrainte. La proportion globalement élevée de déchets produits est certainement associée, comme pour l'atelier de Crémieu, à une chaîne opératoire de mise en forme propre.

À partir de l'étude des comptes de production des fabriques monétaires de Crémieu et Bayonne, il est possible de mettre en évidence deux politiques différentes de gestion des déchets de coupe parfaitement opposées. Dans un cas, le quota de découpes est largement en accord avec les règlements, alors que dans un autre, ils ne peuvent être respectés. De plus, les observations relevées font *a priori* état de l'influence des chaînes opératoires de fabrication dans la proportion des résidus de mise en forme. Dans ce cas, la chaîne opératoire réglementaire du monnayage au marteau, telle qu'elle est présentée dans les sources monétaires, est-elle justement celle qui permet de respecter les prescriptions définies par l'autorité émettrice ? D'autant que cette dernière a également produit les ordonnances exigeant la mise en œuvre de ces techniques de fabrication.

La réponse à cette question ne peut être apportée par l'étude des comptes de Crémieu ou de Bayonne. Aucune mention dans ces deux documents ne renseigne sur les pratiques des ouvriers. Afin de disposer de données associées à différentes chaînes de fabrication, il a été décidé de mettre en œuvre plusieurs expérimentations. Cette approche permet de vérifier l'influence de la chaîne opératoire sur la production de déchets.

## 3. Expérimentations : mise en forme et déchets de coupe

Pour estimer les quantités de résidus de coupe associées à divers procédés de fabrication monétaire, il était nécessaire de proposer plusieurs alternatives distinctes. Cependant, l'étude bibliographique des sources monétaires rend compte qu'il n'existe qu'une technique réglementaire de monnayage au marteau en France au Moyen Âge. C'est pourquoi il a été décidé de confronter cette chaîne opératoire à celle présentée en introduction de notre discussion. Elle consiste à découper des flans directement dans des *carreaux*. Ce procédé n'a aucun lien avec les techniques officielles, néanmoins il n'est pas totalement inconcevable puisqu'il a été employé dans le cadre de plusieurs activités médiévales de faux-monnayage (Rancoule *et al.*, 1974 ; Ayme *et al.*, 1976 ; Miquel *et al.*, 2002 ; Téreygeol *et al.*, 2007 ; Arles, 2011).

Le plan d'expérience retenu consiste à comparer deux types de chaînes opératoires. Le premier est associé à la fabrication officielle et le second ne met en œuvre qu'un cisaillage circulaire. Toutefois, si ce dernier procède d'une opération relativement simple, il n'en est pas de même du premier. Celui-ci se décompose suivant différentes étapes qui demandent une certaine maîtrise. La présente démarche n'a donc pu intervenir qu'après la mise en œuvre d'une étude archéométrique et expérimentale préliminaire. Au terme de cette recherche validée à partir d'une inter-comparaison rigoureuse entre des échantillons produits expérimentalement et les ébauches monétaires mises au jour dans l'atelier monétaire de La Rochelle (Charente-Maritime), il a été possible de définir les opérations indispensables à la réussite de la fabrication officielle (Arles *et al.*, 2011).

### 3.1. Production des flans selon la chaîne officielle

Afin de s'assurer de la possible généralisation des résultats de ces essais à tout type de monnayage, il a été décidé de reconstituer un type monétaire arbitraire. La démarche retenue a consisté à utiliser 34 *carreaux* de cuivre pur de 10 mm de côté et d'1,2 mm d'épaisseur, pour une masse moyenne de 1,08 g. Ils sont dans un premier temps martelés comme le prévoit la chaîne opératoire officielle et ensuite ajustés jusqu'à une masse fixée à 1 g pour l'expérience. La découpe est faite par rognages successifs de leurs coins. Chaque ébauche est pesée avant et après ajustage afin de calculer la quantité de déchet associée.

Fig. 4 : Chaîne opératoire globale mise en œuvre lors de l'expérimentation (*carreau*, *carreau* battu, *carreau* ajusté avec 7,4 % de déchets, flan rechaussé, trois flans).

Après cette étape préliminaire, la chaîne opératoire est menée à son terme afin de valider le protocole de découpe (fig. 4). Les *carreaux* ajustés ont donc été plusieurs fois flattis et rechaussés. C'est-à-dire qu'ils sont dans un premier temps frappés individuellement à plat sur une enclume, puis, tenus en pile de plusieurs ébauches, ils sont martelés sur leur tranche. Lorsque la morphologie circulaire correspondant au type monétaire désiré est atteinte (ici elle a été fixée 14 mm de diamètre), les flans sont *boués*. Lors de cette opération, les ébauches disposées empilées sur une enclume sont frappées avec un lourd marteau afin de les rendre parfaitement planes. Il est en effet difficile d'aplanir un *flan* en le martelant individuellement. Finalement, la reconstitution n'est validée qu'après avoir mené à terme cette chaîne opératoire et vérifié que la morphologie des ébauches produites est comparable à celle que présentent les échantillons archéologiques.

### 3.2. Production des flans par une découpe circulaire

La seconde partie de l'expérimentation a consisté à découper des flans de 10 mm de diamètre et de 0,4 mm d'épaisseur dans des carrés de cuivre préalablement préparés. Deux principaux protocoles de cisaillage ont été retenus. Le premier se décrit comme un rognage progressif des *carreaux* (fig. 5a). Quand au second, baptisé “coupe arrondie”, il correspond effectivement à une découpe circulaire. Elle est par ailleurs plus ou moins productrice de déchets suivant que les coins sont éliminés progressivement (fig. 5b) ou les quatre à la fois (fig. 5c), comme cela peut être observé dans un exemple de faux-monnayage (Arles, 2011).

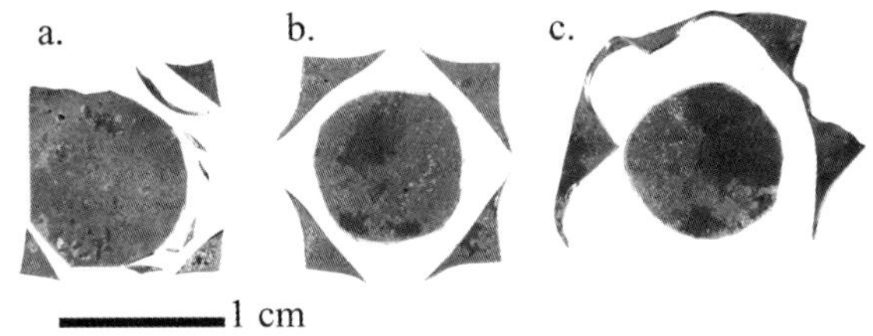


Fig. 5 : Différentes découpes circulaires.

Finalement, 15 flans ont été produits selon la coupe arrondie et 9 par rognages successifs, chacun d'eux ayant été pesé avant et après découpe.

### 3.3. Résultats expérimentaux

Pour tous les échantillons préparés selon les différentes méthodes de mise en forme, la masse de déchets associée a permis d'évaluer le pourcentage de découpe. Ils sont représentés sur la figure ci-dessous, en regard du *quota* théorique autorisé par les ordonnances monétaires.

Il apparaît que chacune des chaînes opératoires retenues définit un taux moyen de production de déchets qui lui est propre. C'est finalement la découpe arrondie qui entraîne la proportion de découpes la plus importante, avec une moyenne de 25,7 %. Ceci n'est pas surprenant dans la mesure où une partie du métal éliminé n'est pas justifiée par la mise en forme circulaire. Elle n'intervient que pour permettre une découpe continue (fig. 5c). La découpe circulaire par rognage, beaucoup plus progressive et limitée à l'essentiel pour obtenir une forme ronde, diminue la quantité de découpes. Cependant, bien que plus restreint puisqu'il se situe en moyenne autour de 18,1 %, le taux de rebuts est tout de même systématiquement au-dessus du plafond réglementaire de 12,5 %. Globalement, la technique la plus simple, mais qui n'est décrite dans aucune source monétaire, ne permet pas de respecter le *quota* de résidus de fabrication imposé par l'autorité émettrice.

Ce n'est en revanche pas le cas pour la chaîne opératoire réglementaire. La figure 6 montre qu'elle peut être menée à terme et produire des flans monnayables sans entraîner une quantité importante de chutes de découpe. Avec un taux de cisaillage moyen de 8 %, la limite réglementaire est respectée assez largement pour la presque totalité des échantillons obtenus.

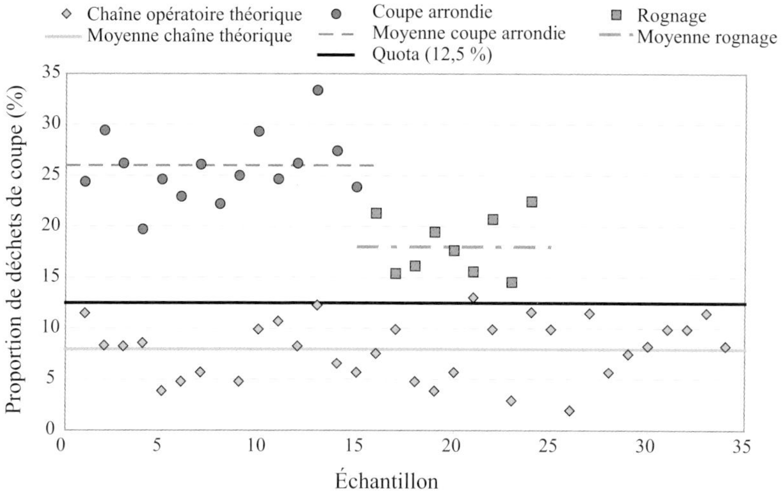


Fig. 6 : Pourcentages expérimentaux de déchets de coupe.

Il est en outre remarquable que le taux moyen de déchets résultant de la reconstitution de la chaîne opératoire réglementaire du monnayage au marteau soit en définitive très proche de celui calculé à partir des relevés du compte de production de l'atelier monétaire de Crémieu. La moyenne de 8,6 % de résidus est légèrement supérieure aux 8 % expérimentaux. Toutefois, les quantités de métal transformées ne sont pas comparables. Les données de Crémieu correspondent à une production de masse. De plus, les déchets considérés lors des expérimentations ne correspondent qu'aux chutes de découpe résultant de l'ajustage des carreaux. Les relevés de la fabrique de Crémieu prennent également en compte dans les quantités de métal non ouvrées : les chutes de découpes, les rebuts de fabrication, ainsi que les fragments qui résultent de la découpe des *lames*[5]. Il est donc légitime que le taux expérimental soit sous-évalué.

## 4. Le poids des ordonnances monétaires sur le travail des monnayeurs

L'une des questions posées en introduction de cette discussion sur les opérations de mise en forme associées au monnayage au marteau cherchait à évaluer si les ouvriers monétaires se trouvaient contraints dans leur travail par des règlements trop stricts définis par l'autorité émettrice. Cette question porte en particulier sur la quantité de déchets produits. Finalement, il faut considérer ce problème d'un point de vue différent. Dès lors que seule la chaîne opératoire réglementaire de fabrication monétaire est compatible avec le respect des ordonnances fixées pas

5. Les lames sont les lingots d'alliages monétaires, par la suite martelées et découpées pour produire les monnaies.

l'autorité émettrice, l'intérêt de cette dernière ne repose-t-il pas sur la mise en œuvre de ces opérations au sein des ateliers ? En effet, en mettant de côté la production plus importante de chutes qui peuvent être par la suite refondues, la préparation des flans par rognage apparaît beaucoup plus simple. Elle se résume à trois principales étapes qui sont l'amincissement de lames à l'épaisseur des monnaies, puis leur découpe en *carreaux* et enfin en flans. En revanche, la chaîne officielle se décompose en un minimum de 12 opérations principales (Arles *et al.*, 2011). Dans ce cas, pourquoi une telle complexité a-t-elle été imposée par ordonnance aux ouvriers monnayeurs ?

Pour répondre à cette question, il faut rappeler les paramètres réglementaires qui définissent un type monétaire. Il en existe seulement deux, contrôlés par les gardes de chaque atelier monétaire avant toute délivrance : la masse et le titre en métal précieux des monnaies.

Il est important pour l'autorité émettrice de garantir selon les types monétaires, une uniformité de la masse des pièces[6]. Et si elle accorde aux monnayeurs le *remède de poids*, les écarts possibles sont néanmoins limités. Les références relevées par N. de Wailly pour le monnayage d'argent et de *billon* rendent compte de variations de 0,01 g dans le premier et jusqu'à 0,1 g dans le second (Wailly, 1857, p. 7-13). À titre d'exemple, en considérant des monnaies frappées sous le règne d'Henri III, un teston pesant théoriquement 9,6 g pouvait voir sa masse varier de 0,01 g, soit 0,1 %. Pour un douzain de billon, de 2,4 g, la différence autorisée pouvait aller jusqu'à 0,1 g, soit une variation de 4,2 %.

Du point de vue de l'ajustage de la masse des flans, les deux chaînes opératoires évoquées plus haut présentent également des différences importantes. Alors que la découpe circulaire est apparue dans un premier temps comme le moyen le plus simple pour produire des rondelles métalliques, elle est en revanche beaucoup plus contraignante lorsqu'il s'agit d'assurer l'uniformité de leur masse.

Dans le cadre de la fabrication réglementaire, l'opération d'ajustage des *carreaux* par rapport à la masse légale intervient dès le début du processus de mise en forme. Toutes les étapes qui permettent d'obtenir la forme circulaire des pièces ne sont réalisées qu'après l'ajustage de la masse des espèces.

Dans le cadre de la préparation des flans par une simple découpe arrondie, les contraintes à respecter sont à la fois plus nombreuses, mais, de surcroît, corrélées les unes aux autres, multipliant les risques de variation par rapport aux limites réglementaires. Dans une coupe circulaire, la masse finale d'un flan dépend à la fois de son diamètre et de son épaisseur. Ces deux paramètres définissent le volume de l'ébauche. Ils se conjuguent avec la masse volumique de l'alliage travaillé pour permettre la production

6. Du point de vue de l'utilisateur, le seul moyen de vérifier simplement la qualité d'une espèce est d'effectuer une pesée. Elle doit notamment lui indiquer si les pièces qui lui sont proposées ont la masse réglementaire. Plus légères, elles perdent de la valeur. D'abord parce qu'elles ne représentent pas la bonne quantité de métal précieux, et de surcroît parce qu'une diminution de masse résulte *a priori* de la pratique illégale du rognage. Elles risquent finalement d'être refusées lors d'un échange commercial.

de monnaies de masse légale. Dans un premier temps, le module de la pièce apparaît fixé par les figures monétaires qui doivent être imprimées. En supposant en première intention que la découpe des flans soit parfaitement circulaire et reproductible, l'épaisseur des *lames* devient ici une caractéristique fondamentale. Alors que dans la chaîne officielle, le réglage de la masse des *carreaux* se fait par des découpes successives de métal sans contraintes morphologiques, ici, il doit se faire par la définition d'une épaisseur très précise des *lames* découpées. Une petite variation de la finesse d'un *flan* entraîne rapidement une modification significative de sa masse[7]. C'est notamment cette même observation qui est proposée par D. Sellwood pour justifier l'introduction difficile du laminoir dans la fabrication monétaire. Selon lui, les premières machines ne permettaient pas d'obtenir des épaisseurs assez reproductibles. Or, comme les *lames* devaient une fois laminées être découpées à l'emporte-pièce pour produire des flans – un procédé plus expéditif, mais en définitive similaire à la découpe circulaire –, les monnaies ne pouvaient avoir une masse uniforme[8].

À titre d'exemple pour la chaîne opératoire du monnayage au marteau, les variations de masse ont été estimées pour les monnaies présentées plus haut (fig. 7).

Pour les types du teston et du douzain, une différence de seulement 0,1 mm avec l'épaisseur théorique de la *lame* dans laquelle devraient être produits les flans entraîne des variations de masse de 7,8 % pour un teston et de 19 % pour un douzain[9]. Elles dépassent largement les *remèdes* de 0,1 % et 4,2 % consentis par l'autorité émettrice. Cette configuration impose avant toute découpe une mise en forme très serrée et complexe, puisqu'un martelage excessif qui entraîne un amincissement trop important ne peut être corrigé.

En outre, pour définir au préalable l'épaisseur théorique des *lames* qui permet d'obtenir des flans de masse réglementaire, il a été nécessaire de poser comme constante le diamètre de ces derniers. Or, il faut admettre que la précision relative du

7. Il faut considérer qu'un flan d'épaisseur e correspond à un cylindre de section S, de masse m, d'un alliage de masse volumique ρ. Il existe donc la relation :

$$m = Se\rho$$

La variation de la masse du flan Δm engendrée par une variation Δe de son épaisseur correspond à l'ajout ou le retrait d'un cylindre d'alliage. D'où :

$$\Delta m = S\Delta e\rho$$

Il est finalement possible de calculer le pourcentage de variation massique engendré par un écart d'épaisseur du flan :

$$\%\,\text{variation massique} = 100\times\frac{\Delta m}{m} = 100\times\frac{S\Delta e\rho}{Se\rho} = 100\times\frac{\Delta e}{e}$$

8. "When dealing with a coin which is only 1 mm or so thick, and about 25 mm diameter, an eccentricity of 0.1 mm in the rollers would give rise to a thickness variation of 0.2 mm, i.e. a weight fluctuation of 20 %, quite unacceptable in a precious metal currency." (Sellwood, 1993, p. 109).

9. Les épaisseurs théoriques des flans ont été calculées à partir de leurs masses et diamètres théoriques ainsi que des masses volumiques des alliages associés. Ces dernières ont été estimées à partir d'une règle empirique proposée dans la thèse de J. Poirier (Poirier, 1983, p. 159 ; Lide, 1991, section 12 p. 120) : $\rho_{Teston} = 10,3\ g.cm^{-3}$ et $\rho_{Douzain} = 9,2\ g.cm^{-3}$.

cisaillage ajoute un paramètre supplémentaire de variation difficilement prévisible. Il est d'autant plus difficile de produire des flans de masse identiques compte tenu de la dépendance de ces paramètres.

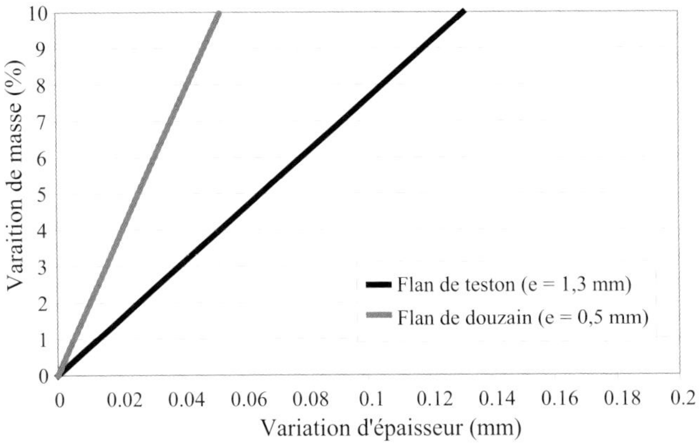


Fig. 7 : Variation de la masse de différents flans suivant leur épaisseur.

La chaîne opératoire de découpe arrondie, apparue dans un premier temps comme une alternative relativement simple pour la production de flans, doit être finalement reconsidérée. Dans le cadre de la fabrication officielle de monnaies, elle ne peut garantir une production à grande échelle conforme aux attentes métrologiques imposées par l'autorité émettrice, en particulier concernant la masse des monnaies. En revanche, la chaîne opératoire réglementaire, bien qu'organisée selon un nombre d'opérations de mise en forme plus important, permet, sans contrainte particulière, de produire des monnaies de métrologies réglementaires.

Afin de proposer un système monétaire dans lequel la population peut avoir confiance, l'autorité émettrice doit s'engager à fournir des monnaies toutes identiques selon les types. Dans la mesure où la production des espèces est déléguée aux ateliers monétaires, cette dernière est contrôlée pour attester de la qualité du monnayage qui en résulte. C'est notamment le rôle des gardes et contre-gardes qui, en tant que représentants du pouvoir émetteur au sein des fabriques, ont pour mission de vérifier la masse des pièces émises par rapport aux limites et *remèdes* fixés par les ordonnances monétaires. S'ils constatent des écarts, les monnaies concernées sont cisaillées. Les ouvriers responsables doivent ensuite en rendre compte. Cependant, si pour les monnayages les plus précieux, les pesées sont effectuées pièce à pièce, ce n'est pas le cas pour les plus faibles, qui sont évalués à partir d'un échantillonnage[10]. Ce choix favorise un gain de temps non négligeable dans les opérations de délivrance, puisque les monnayages les plus faibles sont par ailleurs ceux auxquels sont associées les productions les plus importantes d'espèces. Néanmoins, il résulte de ces contrôles limités un risque d'émission de monnaies non réglementaires.

10. "Ainsi ces espèces [de billons] n'ont point été [...] pesées pièce à pièce par les gardes..." (Boizard, 1692, p. 79 et Bompaire et Dumas, 2000, p. 467).

Suivant la chaîne opératoire de fabrication retenue, il peut être difficile, voire impossible, de subvenir à une production de masse conforme aux exigences légales. Dès lors, il est nécessaire pour l'autorité émettrice de proposer un procédé de fabrication permettant de tenir les objectifs qu'elle impose. Toutefois, dans la mesure où la chaîne opératoire officielle définie n'apparaît pas dans un premier temps comme la plus simple, ne faut-il pas voir dans la définition du quota de déchets que ne doivent pas dépasser les ouvriers durant la préparation des flans un pouvoir délégué aux maîtres des ateliers pour garantir indirectement le recours au procédé réglementaire ? Il apparaît que si ces derniers peuvent demander un dédommagement à leurs employés lorsqu'ils produisent trop de déchets à refondre, ils vont, en exerçant leurs droits, contraindre les ouvriers à produire peu de cisailles. Or, la chaîne opératoire dont résulte le moins de découpes est également celle qui favorise la production de flans de masse uniforme.

Finalement, les monétaires responsables de la fabrication se trouvent encouragés sur différents plans à produire des flans de masse homogène, en conformité avec les caractéristiques légales de chaque type de monnaie. Dans un premier temps, la consigne est explicite, puisque les gardes doivent vérifier la conformité des monnaies produites avec les exigences réglementaires. Néanmoins, cette surveillance a ses limites, notamment pour les monnayages les moins précieux qui ne sont pas contrôlés pièce à pièce. C'est pourquoi la définition d'un quota de déchets de coupe à ne pas dépasser dans le cadre d'une fabrication de monnaie apparaît sur un second plan comme un moyen implicite de garantir la qualité de la production. Afin de pouvoir respecter les objectifs qui leur sont fixés, les ouvriers se voient encouragés à mettre en œuvre une chaîne de production relativement complexe qui permet finalement d'obtenir un monnayage uniforme et réglementaire.

Le choix d'une alternative plus simple comme la découpe arrondie des flans est exclu, à la fois par les irrégularités métrologiques des monnayages associés et par une production de déchets de coupe supérieure au quota réglementaire. D'autant qu'à ce niveau, c'est à leur maître d'atelier que les ouvriers doivent rendre des comptes pour les dépenses occasionnées par de trop grandes quantités de cisailles.

# L'ESSAI DES MINERAIS AU XVI$^e$ SIÈCLE : RÉDUCTIONS EXPÉRIMENTALES DE GALÈNE AU FOUR À MOUFLE

## *Assaying ores in the 16$^{th}$ century: experimental reductions of galena in a muffle furnace*

JOSEPH GAUTHIER

**Résumé :** Dans le cadre de l'étude des techniques d'essais des minerais à petite échelle au service de l'exploitation minière au XVI$^e$ siècle, l'expérimentation archéologique ne permet pas seulement de mieux comprendre le mode opératoire de l'essai. Elle apporte aussi une vision différente de l'organisation du métier d'essayeur et de son rôle au sein de l'entreprise. Plus de 50 essais expérimentaux ont été réalisés sur la plate-forme de Melle sur 4 séries de galène. Notre travail se concentre sur les premières étapes de l'essai (grillage et réduction) qui se font au scorificatoire dans un four à moufle. La définition d'un mode opératoire de base, ainsi que l'étude des techniques avec ajout de fondant, notamment l'emplombage, constituent le cheminement de nos expérimentations. De l'échantillonnage à la coulée du régule, la prise de conscience de certaines réalités laisse apparaître de nouvelles questions et permettent de poser un regard nouveau sur les sources historiques et archéologiques.

***Abstract**: As part of the study of ores assaying techniques on a small scale in a context of mining exploitation in the 16$^{th}$ century, archaeological experiments allow not only to understand better the assaying process. They also bring a different vision of the assayer's work organization and of his role into the company. More than 50 experimental assays were made on the Melle platform on 4 series of galena. Our work focuses on the first steps of assaying (roasting and reduction) which are realized in a scorifer into a muffle furnace. The definition of a base process then the study of techniques with flux adding, particularly lead, constitute the development of our experiments. From sampling to the pouring of the regulus, the awareness of realities reveal new issues and allow to put a new glance on historical and archaeological sources.*

**Mots-clés** : XVI$^e$ siècle, essai, expérimentation, fondant, galène, minerai.

***Keywords**: 16$^{th}$ century, assaying, experiments, flux, galena, ore.*

# INTRODUCTION

Les techniques d'essai des minerais ont très peu été étudiées du fait de leur caractère dispensable dans la chaîne opératoire de production des métaux. La coupellation d'essai a toujours été pratiquée dans les ateliers monétaires ; c'est cette opération qui livre les témoignages tant historiques qu'archéologiques les plus anciens (Halleux, 1986). Au contraire, les étapes précédentes de l'essai des minerais à petite échelle n'apparaissent qu'à la fin du Moyen Âge, et ce de façon sporadique. Les traces archéologiques sont rares, même pour le XVIe siècle, et ne suscitent l'attention des chercheurs que lors de découvertes exceptionnelles (Osten, 1998 ; Martinón-Torres et Rehren, 2005). La Renaissance a en revanche produit une importante série de traités techniques faisant la part belle à l'essai des minerais et qui constituent la base de leur étude (Sisco et Smith, 1949 ; Biringuccio, 1540 ; Agricola, 1556 ; Ercker, 1574). Cependant, écrire l'histoire d'une technique ne peut se limiter à l'étude des sources écrites. Le mobilier archéologique peut donner un premier aperçu de la réalité des choses quoique très limité. L'expérimentation n'en est pas plus proche, puisque menée strictement en dehors du contexte matériel passé et dans un état d'esprit complètement différent, mais permet une autre approche concrète de la technique étudiée. Elle met en évidence des éléments que l'histoire et l'archéologie traditionnelle ne laissent pas entrevoir et oblige à suivre un mode opératoire qui, s'il n'est pas identique à celui pratiqué par le passé, en suit obligatoirement les grandes lignes. On découvre alors la réalité de l'opération métallurgique et les possibles gestes du métallurgiste. Cela concourt à l'étude de deux problématiques : l'une strictement technique concerne le mode opératoire des essais, de l'échantillonnage à la production du bouton de métal précieux ; l'autre est liée à l'organisation de l'exploitation minière et s'attache à comprendre le développement de ce savoir-faire et l'insertion de cette pratique dans la chaîne opératoire de production des métaux.

Les travaux réalisés sur la plate-forme d'expérimentations paléométallurgiques des Mines d'argent des Rois Francs de Melle dans le cadre du Programme Collectif de Recherche "Paléométallurgies et expérimentations" font suite à une première approche expérimentale des techniques d'essais des minerais conduite par Florian Téreygeol en 2004 (Téreygeol, 2004). L'équipement de la plate-forme s'est depuis largement développé, notamment en ce qui concerne les techniques d'essai des minerais à petite échelle, avec la mise à disposition de deux fours à moufle. Cela nous a permis de mener plusieurs séries d'expérimentations entre 2007 et 2009 dans des conditions matérielles relativement bonnes et assurément introuvables ailleurs. Il faut également noter la richesse des échanges entre les différentes équipes de recherche qu'occasionne le regroupement de plusieurs projets d'expérimentations.

## 1. L'essai des minerais à petite échelle

L'essai est une analyse qualitative et quantitative des minerais. Bien que n'étant pas techniquement indispensable à la production de métal, il revêt une grande importance dans l'économie de l'exploitation minière à l'époque moderne. Il se pratique principalement dans les fonderies, mais aussi sur le terrain au sortir de la mine, et remplit plusieurs fonctions (Gauthier, 2007b ; Gauthier et Fluck, à paraître). D'abord, au cours des prospections de nouveaux gisements, l'essai permet de connaître la qualité du minerai et la quantité de métal que l'on peut en attendre. La décision de poursuivre ou non un nouveau chantier se fonde sur ces résultats. L'essai des minerais a également un rôle important dans les transactions entre mineurs et fonderies, puisque c'est le moyen d'estimer la valeur d'une livraison de minerai. C'est là son utilisation la plus courante au XVIe siècle. Enfin, sur un plan purement technique dans les fonderies, l'essai permet de savoir comment un minerai se comporte au feu. On pouvait grâce à cela préparer les opérations de fonte en grand en prévoyant les mélanges de minerais à faire ou les matières à ajouter, voire les améliorer. Les expérimentations peuvent aider à comprendre le métier d'essayeur et son importance dans l'exploitation minière.

Les techniques d'essai des minerais pratiquées au XVIe siècle sont le résultat d'une innovation mise au point dans les deux derniers siècles du Moyen Âge en Europe centrale (Saxe, Bohème, Carpates) dans un contexte d'expansion minière (Gauthier, 2007a). Aucune source ne mentionne de métallurgie primaire à petite échelle avant la fin du XIIIe siècle : on procédait auparavant à l'essai des minerais au moyen d'une fonte en grand. Les techniques d'essai à petite échelle procèdent selon un mode opératoire inédit sur quelques grammes ou dizaines de gramme de minerai. L'essai devient ainsi un travail de laboratoire avec la conception d'un équipement spécifique (four à moufle, scorificatoires) bien décrit dans les traités techniques du XVIe siècle. La technique est largement répandue dans l'espace germanique à cette époque et connait une faible évolution au cours des siècles suivants jusqu'à l'apparition des techniques d'essai par voie humide à la fin du XVIIIe siècle. L'essai par voie sèche est encore pratiqué de nos jours entre autres en Bolivie où l'équipement est bien sûr moderne, mais le mode opératoire reste à peu de choses près le même qu'au XVIe siècle. Nous nous concentrons cependant sur l'essai à l'époque moderne et tentons par l'expérimentation d'approcher au mieux la chaîne opératoire d'essai des minerais à petite échelle pour cette période.

## 2. L'équipement

Le four utilisé (fig. 1) a été réalisé en argile par François Peyrat, céramiste, d'après les traités techniques de l'époque moderne et des exemples de four à moufle du XIXe siècle. Il est de même structure que les fours les plus courants au XVIe siècle : c'est une cheminée cylindrique de 65 cm de haut pour un diamètre interne de 20 cm. Les parois font 5 cm d'épaisseur. Le four se resserre dans sa partie haute, laissant une ouverture pour l'échappement des fumées de 10 cm de diamètre. On trouve à sa base un cendrier séparé du foyer par une grille en argile. Au niveau supérieur, la chambre de chauffe, protégée par le moufle[1], fait 16 cm de long pour 12 de large et 10 de haut.

1. Demi-cylindre en argile réfractaire, ouvert à une de ses extrémités pour pouvoir accéder à l'espace intérieur, perforé sur les côtés et parfois au fond pour laisser entrer la chaleur.

Cet équipement permet de réaliser des opérations délicates dans une atmosphère contrôlée sans être gêné par les charbons de bois dont il est entouré. Le four est installé dans un endroit couvert, mais non complètement fermé, ce qui peut occasionner une mauvaise marche du feu en raison des conditions météorologiques. Il arrive donc d'être contraint d'utiliser une soufflerie électrique pour pouvoir atteindre les températures nécessaires, entre 1 000 et 1 100 °C (ce qui n'est normalement pas utile dans un lieu fermé). Les contenants utilisés, scorificatoires[2] et coupelles de cendre, sont fabriqués industriellement mais d'une capacité proche de celle des spécimens archéologiques retrouvés.

Fig. 1 : Le four à moufle utilisé pour les expérimentations (voir cahier couleur).

## 3. La métallurgie de la galène

Le programme d'expérimentation est basé sur les essais de galènes argentifères, principale source d'argent aux époques étudiées. Une autre raison est qu'il s'agit sûrement du minerai le plus simple à transformer pour un historien-archéologue non métallurgiste. En effet, la métallurgie des minerais d'argent ou de cuivre est beaucoup plus complexe. La galène est un sulfure de plomb (PbS) composé à 86,6 % de plomb et 13,4 % de soufre (en poids) et qui est parfois argentifère (teneur la plupart du temps inférieure à 3‰). Largement répandu, c'est le principal minerai argentifère usité au Moyen Âge et à l'époque moderne, malgré sa faible teneur en argent. La métallurgie de la galène consiste en trois étapes successives : le grillage, la réduction et la coupellation ou affinage. Le grillage sert à débarrasser le minerai du soufre. Il

2. Sorte de creuset peu profond et largement ouvert de diamètre réduit (environ 5 cm) dont le fond est épais de façon à résister à l'action corrosive de la scorie.

se fait en foyer ouvert et produit un oxyde de plomb. Celui-ci est ensuite réduit par le carbone dans un foyer fermé afin d'obtenir le plomb métallique allié au possible argent contenu dans le minerai. Enfin, ce plomb d'œuvre est affiné au moyen de la coupellation : le plomb de l'alliage est oxydé et retiré du bain de métal fondu ou absorbé par la coupelle, ne laissant à la fin de l'opération qu'un argent presque pur.

Dans l'essai au four à moufle, les deux premières étapes sont réalisées lors de la même opération. Le four à moufle permet en effet de contrôler l'atmosphère régnant dans la chambre de chauffe, protégée du foyer par le moufle. Ainsi, le but de l'opération de scorification est de faire se succéder une atmosphère oxydante et une atmosphère réductrice afin de passer du minerai au métal. On en obtient un régule de plomb que l'on coupelle afin de savoir s'il contient de l'argent. Cet affinage se fait dans une coupelle en cendres d'os qui absorbe la litharge qui se forme à la surface du bain. Le bouton d'argent finalement obtenu est pesé et permet de calculer la teneur du minerai. Bien que les régules soient coupellés afin de valider ou non l'opération précédente, le but de ces expérimentations est principalement l'étude de la technique de scorification. La coupellation ne sera donc pas abordée.

## 4. Les minerais

Les échantillons de minerai essayés proviennent de différents gisements, au contexte géologique plus ou moins connu. Les premiers essais ont été réalisés sur une galène roumaine acheté en poudre et ne contenant pas d'argent. Ils nous ont servi à connaître le four à moufle et à comprendre la métallurgie de la galène et sa pratique. Après avoir obtenu des résultats satisfaisants, nous sommes passés à des échantillons prélevés sur des sites archéologiques connus : la galène de Melle, extraite d'un gisement sédimentaire où elle est souvent associée au quartz, et la galène du secteur filonien de l'Altenberg à Sainte-Marie-aux-Mines (Haut-Rhin, fig. 2). La gangue de cette dernière est de la sidérite ($FeCO_3$), dans un encaissant de gneiss. Ces deux échantillons étaient de bonne qualité et nous en disposions en grande quantité. Grâce à la connaissance des contextes géologiques de ces échantillons ainsi qu'à leur disponibilité, nous avons pu réaliser de nombreux essais sur des minerais quasiment purs, ce qui nous a permis d'obtenir nos meilleurs résultats. Enfin, la dernière série d'essais a été faite à partir de minerais collectés dans le Piémont italien. Nous avions cette fois des échantillons de différents gisements dont nous ne connaissions pas le contexte géologique, en petite quantité et de mauvaise qualité (fig. 3). Les essais ont donc été réalisés avec une approche complètement différente, comparable à celle d'un essayeur dans le cadre d'une prospection. C'est principalement la mauvaise qualité des échantillons qui a rendu le travail difficile, étant donné que nous ne disposions pas de suffisamment de matière pour expérimenter une préparation par lavage. Ces manipulations ont néanmoins été l'occasion de souligner certaines questions et de travailler sur les techniques d'ajout d'un fondant. Pour avoir une idée des gangues des minerais et de leur pureté, les échantillons ont fait l'objet d'une analyse chimique élémentaire par fluorescence X portable.

Fig. 2 : Concassage de galène de l'Altenberg (voir cahier couleur).

Fig. 3 : Échantillon de galène piémontaise de moindre qualité (voir cahier couleur).

Afin de pouvoir comparer les résultats, nous avons écarté l'expérimentation minéralurgique. Les échantillons ont tous été préparés de la même manière : concassage, sélection manuelle puis broyage en poudre avec tamisage à moins de 250 µm. La première série d'essais préparée de cette manière a permis d'obtenir des résultats satisfaisants. Nous avons donc conservé ces paramètres pour les séries suivantes. Cette préparation des échantillons a été l'occasion de réaliser la différence de qualité des poudres obtenues en fonction du type de gangue. En effet, 4 des 8 minerais alpins se sont distingués par la dureté de cette dernière. Il apparaît au regard des analyses par fluorescence X qu'il s'agit de minerais à gangue siliceuse (dureté du quartz : 7 sur l'échelle de Mohs), tandis que les autres possèdent une gangue de calcaire (dureté de la calcite : 3) ou de barytine (dureté : 3-3,5). Les minerais de Melle et de l'Altenberg préparés n'avaient pas permis de prendre en considération ce problème, puisque la dureté de la sidérite est également faible (3,75-4,25) et que la galène de Melle était déjà triée. La différence de dureté des gangues entraîne donc un tri naturel lors des opérations minéralurgiques pour les minerais à gangue dure, puisque le quartz est moins vite réduit en poudre et constitue le résidu. La galène (dureté : 2,5) en est donc séparée par l'action du broyage, alors que le rapport entre minerai et gangue ne change pratiquement pas pour les autres échantillons, dont les gangues de faible dureté se broient aussi facilement que la galène. Nous constatons donc une pureté plus importante après le concassage de l'échantillon pour les minerais à gangue dure. Cela alimente le questionnement concernant l'échantillonnage, la représentativité de l'échantillon essayé, à propos de quoi les sources écrites et archéologiques ne fournissent que très peu d'informations. Cependant, le choix de concentrer notre étude sur les opérations métallurgiques oblige à ne pas multiplier le nombre de paramètres.

## 5. L'essai de galènes pures : la mise au point du mode opératoire

Fig. 4 : Exemple de régule produit par un essai réussi.

Le protocole d'expérimentation mis en place pour les essais sur la plate-forme de Melle ne peut être strictement fixé à l'avance. En effet, les aléas liés à la conduite du four et le comportement de l'essai en cours d'opération impliquent de s'adapter à chaque manipulation en fonction de son déroulement. Ainsi, on n'appliquera pas un temps d'oxydation, un temps de réduction et des températures strictement identiques à chaque essai. Néanmoins, nous avons réussi à mettre au point un mode opératoire efficace que nous avons pu reproduire plusieurs fois dans des conditions proches. Ces paramètres qui permettent d'obtenir un régule métallique à chaque essai ont été élaborés à partir des galènes de Melle et de l'Altenberg en jouant sur les temps et températures de grillage et de réduction. La quantité de minerai disponible a permis de réaliser suffisamment d'expérimentations pour arriver à un résultat techniquement satisfaisant et reproductible. Par ailleurs, il n'a pas été nécessaire, pour ces échantillons de bonne qualité, de recourir à un fondant. Les essais ont été faits sur 30, 20 ou 15 grammes de minerai en fonction de leur disponibilité. Selon nos observations, les différentes masses de la prise n'influencent pas le déroulement de la manipulation. Le bilan des deux séries d'essais dégage le mode opératoire suivant : la désulfuration de la galène semble faite après 30 à 45 minutes en atmosphère oxydante autour de 850 °C. La marge de manœuvre concernant la température est relativement large, mais il est manifeste que l'opération est arrêtée si l'on monte au-delà de 900 °C. Ces paramètres de grillage fonctionnent pour tous les minerais. À ce stade, le minerai doit être fondu. Dans les meilleurs cas, on observe une séparation entre le bain métallique et la masse de scorie qui surnage au centre. Ensuite, la réduction de l'oxyde de plomb en métal est beaucoup plus rapide. On ferme pour cela complètement le moufle et un charbon ardent est placé à l'intérieur, devant le scorificatoire, afin d'obtenir une atmosphère la plus réductrice possible et de monter en température. Cette étape prend entre 5 et 10 minutes pour tous les essais. Par contre, la température à atteindre dépend de la qualité de l'échantillon et notamment de sa gangue. La galène de l'Altenberg possède une gangue de sidérite qui joue le rôle d'un fondant puisqu'un régule de plomb peut être produit avec une température qui n'excède pas 960 °C en fin d'opération. Nous n'avons pas essayé d'abaisser ce point, mais il se peut que l'opération réussisse à plus basse température. La galène de Melle, associée à de la silice, nécessite une température plus élevée pouvant monter jusqu'à 1 100 °C (fig. 5). Le procédé a été pratiqué plusieurs fois avec succès pour les deux minerais. La série d'essais de galène de l'Altenberg montre bien la reproductibilité de l'opération (fig. 6). Avec des échantillons similaires et des paramètres de temps et de température très proches, nous avons réussi à obtenir 5 rendements très rapprochés (entre 30,43 et 34,75 %). Nos expérimentations sont aussi validées par la comparaison avec les analyses modernes de la teneur en argent des minerais qui donne une fourchette dans laquelle nous nous situons.

| **PbS (Altbrg)** | SCO 5/08 | SCO 6/08 | SCO 7/08 | SCO 8/08 | SCO 9/08 |
|---|---|---|---|---|---|
| Échantillon (g) | 40 | 40 | 40 | 40 | 40 |
| Flux | | | | Poussier | Borax 1,27 g |
| Régule | Pb | Pb | Pb | Pb | Pb |
| Régule (g) | 12,86 | 12,17 | Avec scorie 28,96 | 13,9 | 12,05 |
| Rendement % | 32,15 | 30,425 | | 34,75 | 30,125 |
| Coupellation | >< | >< | | >< | >< |

Fig. 5 : Résultats d'essais de la galène de l'Altenberg.

| **PbS ME** | SCO 13/07 | SCO 14/07 | SCO 1/08 | SCO 2/08 | SCO 3/08 | SCO 4/08 | XP1/09 |
|---|---|---|---|---|---|---|---|
| T° max (°C) | 1050 | 1100 | 1100 | 1000 | 1070 | 960 | 1030 |
| Temps (mn) | 46 | 49 | 44 | 51 | 53 | 78 | 62 |
| **PbS SMM** | SCO 5/08 | SCO 6/08 | SCO 7/08 | SCO 8/08 | SCO 9/08 | | |
| T° max (°C) | 960 | 960 | 960 | 990 | 980 | | |
| Temps (mn) | 74 | 51 | 51 | 51 | 42 | | |
| **PbS IT** | XP4/09 | XP6/09 | XP8/09 | XP9/09 | XP10/09 | XP11/09 | |
| T° max (°C) | 1085 | 1030 | 1000 | 1015 | 1060 | 990 | |
| Temps (mn) | 57 | 35 | 26 | 36 | 31 | 41 | |

Fig. 6 : Temps et températures maximales atteints au cours des essais ayant produit un régule métallique.

## 6. L'essai des flux et fondants sur les échantillons de mauvaise qualité

Les galènes piémontaises ont été beaucoup plus difficiles à scorifier. La facilité à fondre le minerai dépend en effet de la qualité de la gangue, comme nous l'avons vu avec la galène de l'Altenberg, mais aussi de la pureté de l'échantillon, mauvaise dans le cas de cette dernière série d'expérimentations. L'analyse par fluorescence X portable montre les éléments principaux de gangue, leurs proportions approximatives[3], ainsi que celle du plomb contenu dans l'échantillon (fig. 7). La teneur maximum en plomb est d'environ 33 % ; le minimum, mis à part le premier échantillon que nous n'avons pas essayé, est de 14,8 %. Les gangues sont constituées de silice, calcite ou baryte, en proportions variables allant de 6 à 22,5 %. L'analyse révèle également la présence d'autres métaux que le plomb et l'argent (cuivre, zinc, fer) qui traduisent la présence de minerais associés à la galène (chalcopyrite, sphalérite). Ces résultats sont l'occasion de noter la correspondance entre les données d'analyse et ce que l'on peut remarquer à l'œil. Un simple jugement à vue permet effectivement un classement des échantillons selon leur pureté validée par les analyses. On oublie souvent la valeur de ce genre d'observation, certainement la première faite dans le passé, tant nous sommes concentrés sur l'analyse et l'opération métallurgique.

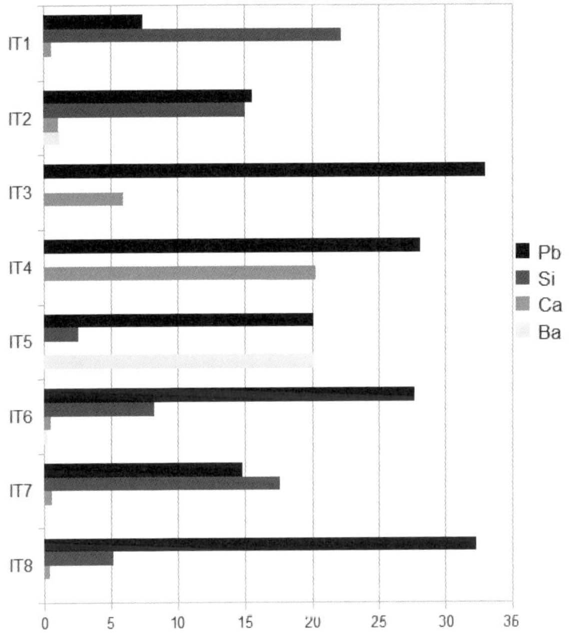


Fig. 7 : Résultats d'analyses par fluorescence X des galènes italiennes montrant les proportions de plomb et d'éléments de gangue ($\%_{mass}$).

Le mode opératoire prédéfini n'a pu être adapté : les seules variations de temps et de température n'ont pas permis d'aboutir à la production d'un régule métallique pour ces minerais. Nous avons donc entrepris l'expérimentation de l'ajout de flux ou de fondant. En effet, quand la qualité du minerai ou de l'échantillon rend impossible sa réduction par le mode opératoire mis au point, l'ajout d'un fondant permet

3. Ces analyses donnent un résultat qualitatif et quantitatif, le second ne donnant qu'un ordre d'importance des différents éléments (la balance se situe en moyenne à 50,6 %). Néanmoins, cela nous a permis de définir quelques caractéristiques de nos minerais tels le degré de pureté, le(s) type(s) de gangue, la présence d'argent et le nombre d'éléments autres que le minerai et sa gangue.

d'abaisser le point de fusion de l'échantillon, notamment des gangues, et d'aider à la séparation et à la réduction des parties de minerai. Trois fondants ont été testés : le borax, le poussier et le plomb. L'ajout de borax dans deux essais n'a produit aucun résultat. Nous avons seulement obtenu un bain plus aéré qui attachait plus à la paroi du scorificatoire. Cela n'a pas aidé la scorification et l'a même gênée. Le poussier a des effets plus difficiles à apprécier. Il permet seulement d'obtenir une atmosphère réductrice à la fin de l'opération. On parlera donc de flux plutôt que de fondant. Son utilisation s'est faite par l'ajout de poussière de charbon sur le minerai plus ou moins fondu à la fin du temps de grillage. Il brûle ensuite durant tout le temps de réduction. Cela n'entraîne pas systématiquement la réussite de l'essai, mais facilite certainement la réduction, même si aucune différence avec les opérations sans ajout de poussière n'a pu être mise en évidence. La seule chose certaine est que cela ne favorise pas la coulée du régule. En effet, le plomb liquide tombe en même temps que la poudre de charbon dans le moule et l'empêche de se rassembler. On obtient ainsi un régule fragmenté (fig. 8), avec parfois des morceaux de très petit calibre, qui ne contribue pas à l'exactitude des mesures effectuées par la suite et peut même provoquer une perte.

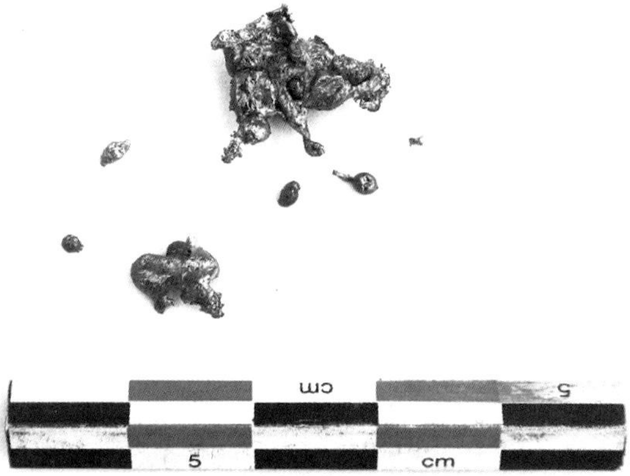


Fig. 8 : Résultat d'un essai avec ajout de poussier ; le régule est fragmenté.

La méthode ayant donné les meilleurs résultats est l'emplombage. Les échantillons ne contiennent en effet pas suffisamment de galène pour former une scorie avec la quantité importante de gangue dont le minerai doit être séparé. Ainsi, les essais réalisés sans ajout de plomb donnent un agglomérat de poudre plus ou moins fondu, avec au mieux une scorie très pâteuse. L'emplombage doit donc pallier l'insuffisante quantité de plomb contenue dans l'échantillon et jouer le rôle de celui normalement issu de la galène : abaisser le point de fusion de la gangue, s'y associer pour former une scorie suffisamment fluide et former un régule métallique qui collecte l'argent du minerai. L'emplombage est d'ailleurs souvent cité dans les traités techniques d'essai comme la méthode de base de l'essai des minerais (Biringuccio, 1540 ; Agricola, 1556 ; Schlutter, 1750). Ainsi, Christoph Andreas Schlutter préconise de scorifier une partie de minerai dans 8 parties de plomb pour un minerai ordinaire et dans 16 parties de plomb pour un minerai difficile à fondre (Schlutter, 1750, p. 154). Nous avons donc mis en œuvre un protocole d'expérimentation de l'emplombage progressif sur 3 essais du fait de la quantité limité de minerai disponible pour chaque échantillon. Le minerai fait l'objet d'une première expérimentation sans emplombage, puis d'une deuxième avec ajout de deux fois son poids en plomb. Si nécessaire, la quantité de plomb est doublée lors d'une troisième opération. L'emplombage se fait selon la description donnée par Agricola dans le livre VII du *De Re Metallica* (Agricola, 1556, p. 239) : le minerai est versé dans le plomb fondu au préalable. Contrairement à notre appréhension concernant le grillage, ce mode opératoire n'a pas empêché la désulfuration du minerai, même si celui-ci ne se trouvait plus en contact direct avec l'air. On constate nettement une amélioration du résultat avec l'augmentation de la proportion de plomb ajouté pour chaque minerai (fig. 9). Le troisième essai a abouti à chaque manipulation à la production d'une scorie suffisamment fluide pour couler un régule métallique dont la coupellation a permis d'extraire l'argent du minerai. Il n'a alors pas été utile d'aller au-delà du rapport de 1 pour 4. L'emplombage est donc un moyen efficace et facile à mettre en œuvre pour scorifier les échantillons de galène quelles que soient leur qualité et leur gangue. Cela pose de nouveaux questionnements : cette méthode était-elle systématiquement appliquée ? Y avait-il une qualité minimum pour procéder à l'épreuve d'un minerai ? Techniquement, cela ne paraît pas nécessaire puisque l'emplombage nous a permis d'extraire l'argent d'échantillons de galène contenant peut-être moins de minerais que de stérile. La diversité des minerais essayés peut donc s'en trouver élargie.

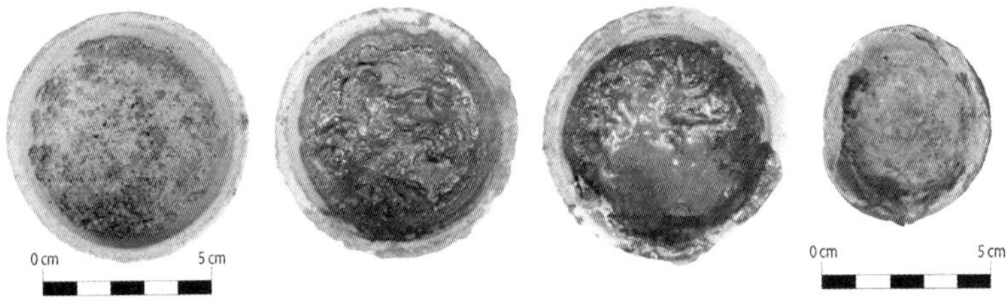


Fig. 9 : Scorificatoires expérimentaux et archéologique (Sainte-Marie-aux-Mines, Fertrupt-Fassler, XVIe siècle). Les 3 premiers sont le résultat d'essais d'un échantillon de galène italienne avec emplombage progressif : sans ajout, avec 2 parts puis 4 parts de plomb. Dans le dernier cas, la fluidité de la scorie reste inférieure à celle observée dans le scorificatoire trouvé à Sainte-Marie-aux-Mines (voir cahier couleur).

## 7. Discussion

Ces résultats satisfaisants ne doivent pas écarter les limites de ces expérimentations. Même avec les échantillons purs, le manque de fluidité du bain de plomb et de scorie est un problème récurrent. La scorie piège ainsi une partie du plomb que l'on peut voir dans le scorificatoire refroidi. La perte en argent est proportionnelle. La solution pourrait résider dans la poursuite du travail sur l'emplombage, au travers d'une augmentation de l'ajout de plomb. Une autre limite de nos expérimentations a été la production de régules de scorie. Cependant, seuls deux essais sur plus d'une cinquantaine sont concernés. Nous ne savons comment expliquer ces résultats qui pourraient être dus à une erreur de prise, malgré le soin qui y est porté.

L'emplombage pose de nouvelles questions à propos de l'essai au scorificatoire. Une première interrogation concerne la quantité de minerai essayée et la quantité de plomb ajoutée. Moins le minerai est pur, plus il occupe un volume important, et plus il faut l'emplomber. Pour produire une scorie assez fluide et permettre de collecter tout le plomb métallique produit par le minerai, il nous faudrait, en suivant les conseils de Schlutter, ajouter 8 fois le poids de l'échantillon en plomb. La capacité du scorificatoire est insuffisante. Ce problème pourrait constituer une réponse à notre interrogation concernant la qualité minimum de l'échantillon essayé. Le questionnement persiste cependant quant à un ajout de 16 parts de plomb. Vient ensuite la question du calcul du rendement de l'opération. Le rapport entre prise et régule est difficilement appréciable puisque faussé par l'apport de plomb, étant donné que la partie de plomb mobilisée pour former la scorie n'est pas mesurable. Le rapport entre l'ensemble des matières mises en œuvre (prise plus plomb) et le régule obtenu ne peut donc pas être comparé aux manipulations réalisées sans ajout de plomb. Ajoutons à cela le manque de fluidité de la majorité de nos essais, manque qui entraîne le piégeage de billes de plomb dans la scorie, et nous réalisons que le rapport entre prise et régule et entre prise et bouton n'est pas significatif. Ce constat est évidemment lié à la nature expérimentale de nos essais. Il met cependant en évidence la difficulté de considérer une opération comme réussie. À partir de quels critères l'essayeur juge-t-il de la qualité de son épreuve ? Se soucie-t-il de la quantité de plomb obtenu ? Si l'expérience doit jouer un rôle considérable dans ces questionnements, il n'en reste pas moins que les essayeurs avaient eux aussi une démarche expérimentale et que l'efficacité de leur travail peut tout à fait faire l'objet d'une discussion.

## CONCLUSION

Ces expérimentations des techniques d'essai au scorificatoire de la galène ont permis d'acquérir une vision différente des problématiques que nous abordons principalement à l'aide de sources historiques et archéologiques. Elles permettent une compréhension nouvelle des traités techniques. L'insertion de l'essai dans la chaîne opératoire de production de l'argent s'en trouve également clarifiée. Nous avons une meilleure idée du travail de l'essayeur et des éléments pris en compte lorsqu'il décide de tester un minerai. Notons d'ailleurs la similitude de notre situation, expérimentant les techniques d'essai des minerais, avec celle de l'essayeur dont le rôle est parfois de découvrir un minerai comme nous l'avons fait. L'expérimentation est une partie de son travail de spécialiste.

D'un point de vue technique, les expérimentations réalisées à Melle ont la chance de bénéficier d'un équipement exceptionnel qui permet une approche plutôt cohérente des techniques anciennes. Il reste néanmoins difficile de mettre en œuvre un protocole expérimental strict, particulièrement dans le cas des techniques d'essai, puisque chaque manipulation doit faire l'objet de choix en cours d'opération. Les paramètres de temps, de température et d'atmosphère dans le moufle varient donc immanquablement de manière plus ou moins contrôlée. Malgré cela, nous avons réussi à approcher un mode opératoire efficient. Pour être efficace, la méthode de base semble être d'enrichir le minerai au maximum et d'y ajouter les flux ou fondants nécessaires. De cette manière tous les minerais peuvent être essayés, mais le lien avec les opérations de production à grande échelle n'est pas évident. L'essayeur doit pourtant aussi préparer cette étape de la chaîne opératoire de production de l'argent. Il nous reste donc à étudier la *grande épreuve* mentionnée dans les archives, et ses rapports avec les opérations réalisées au scorificatoire afin de comparer leurs méthodes, leurs buts et leur complémentarité au XVIe siècle. L'étude d'autres flux et fondants que le plomb pourrait se faire en travaillant sur des minerais d'argent ou de cuivre, qu'il reste à trouver.

# AFFINER L'ARGENT AU FOUR DE COUPELLATION : EXPÉRIMENTATIONS AUTOUR DU *DE RE METALLICA* D'AGRICOLA

## *Refining silver in a cupellation furnace : experimental tests thanks to Agricola*

FLORIAN TÉREYGEOL, MARIE-PIERRE GUIRADO

**Résumé** : La coupellation a longtemps été le seul procédé en usage pour obtenir de l'argent à partir d'un plomb d'œuvre. L'opération prend place dans un four d'affinage : une sole surmontée d'un dôme et reposant sur des murets pour un travail à hauteur d'homme. Le creuset, c'est-à-dire la dépression creusée à même la sole, reçoit l'alliage à coupeller. Cette sole est faite de cendres et d'argile. Encore aujourd'hui, il y a très peu de témoignages archéologiques de ces fours. À l'inverse, depuis le XVI$^{e}$ siècle, l'affinage est bien renseigné grâce à de nombreux traités métallurgiques au premier rang desquels on trouve le *De Re Metallica* d'Agricola (1556). Entre 2007 et 2008, nous avons mené à bien 8 expériences. Elles ont été entièrement basées sur les données issues du traité d'Agricola. L'ensemble du procédé a été pris en compte : réalisation du four et de la sole, contrôle des températures et des atmosphères, évacuation et piégeage de la litharge, études de la casse et du métal affiné. L'expérimentation est nécessaire pour comprendre les choix techniques des métallurgistes. Elle permet également de créer des référentiels pour des études comparatives avec des artefacts archéologiques.

***Abstract**: Cupellation was for long the only known method to retrieve silver from argentiferous lead. The operation takes place in a cupellation furnace, a structure made of a wall supporting a sole and topped with a dome. The hearth, where the alloy is placed, is made from earth and ash. There is very little archaeological evidence of this operation. However, since the 16$^{th}$ century, silver refining has been well documented in detailed and illustrated metallurgical treaties, such as Georgius Agricola's* De re metallica *(1556), book X. Conducting experimentations is therefore necessary to understand the technological choices of ancient metallurgists. 8 operations were carried out over the past two years. They were entirely based on Agricola's text. The whole process is taken* *into account in this study: temperature and atmosphere conditions, hearth composition, drawing out of the molten litharge and structure of the litharge cakes.*

**Mots-clés** : Four de coupellation, cendre, casse, argent, litharge.

***Key-words**: Cupellation furnace, ashes, litharge cake, silver, litharge.*

## INTRODUCTION

La coupellation est un procédé d'affinage pour les métaux non oxydables, tels l'or et l'argent. Utilisé en essai, cette technique était également employée à grande échelle dans la chaîne opératoire des minerais argentifères, qu'il s'agisse de galène (PbS), de cuivre gris (série tétrahédrite-tennantite $(Cu,Fe)_{12}(As,Sb)_4S_{13}$) ou de minerais d'argent *stricto sensu*. Si l'expérimentation sur la coupellation à petite échelle est bien maîtrisée, jusqu'à présent, la dimension d'un four d'affinage, la durée de l'expérience et la quantité de métal à traiter avaient singulièrement limité l'approche expérimentale de ce procédé. La réalisation de la plate-forme expérimentale de Melle a permis de dépasser ces blocages. Nous ne considérerons ici que le cas d'un simple alliage plomb-argent à l'instar du plomb d'œuvre produit lors de la réduction d'une galène. La question de l'ajout de plomb pour séparer l'argent du cuivre a déjà été abordée lors d'expérimentations sur les techniques d'essai des alliages cuivre-argent (Téreygeol *et al.*, 2003) et ne sera pas traitée bien que le plomb d'œuvre utilisé pour ces expériences en contienne. Pour récupérer l'argent, l'alliage est placé sur une sole en cendre. Cette opération, nommée coupellation, requiert une atmosphère oxydante, afin de favoriser la formation de l'oxyde de plomb lors de la fusion. Au-delà de 890 °C, cet oxyde que l'on appelle litharge (PbO) est liquide. À la faveur de la tension superficielle du bain métallique, l'oxyde glisse sur le pourtour de la masse en fusion. Alors que le plomb métal à l'état liquide ne mouille pas la cendre, la litharge va s'imbiber dans la sole à l'image de l'eau sur une éponge. La capacité d'absorption de la sole n'est pas suffisante pour permettre l'accumulation de toute la litharge et une large part de l'oxyde de plomb doit être mécaniquement tirée hors du four. Ainsi, par retrait progressif du plomb, l'alliage s'enrichit en argent. Une température supérieure à 960 °C est nécessaire pour maintenir le métal noble en fusion jusqu'à la fin de l'opération.

La coupellation permet l'obtention d'un argent pur. Cependant, les opérations à grande échelle visaient généralement un affinage partiel. L'alliage était amené au titre voulu lors d'une opération de raffinage ultérieure. Cette seconde coupellation concernait de plus faibles quantités de métal, d'un bon titre de départ, et prenait place dans un autre type de four. Cette dernière phase n'intègre pas nos expérimentations.

Maîtrisée depuis l'Antiquité (Wagner et Weisgerber, 1985), la coupellation a longtemps été la seule méthode connue pour récupérer le métal noble à partir d'un plomb argentifère. Son déclin commence avec l'apparition du procédé par cristallisation, ou pattinsonnage, en 1833. Malgré des siècles d'utilisation, il existe peu de témoignages archéologiques pour les périodes médiévales et de la Renaissance. Avec le recyclage dont les déchets de cette chaîne de production sont l'objet, Le manque de fouilles de ce type d'installation explique assez clairement ce manque dans les corpus des collections archéologiques. Cependant, à partir du XVIe siècle, plusieurs traités métallurgiques détaillés et illustrés font leur apparition, tels *De la pirotechnia* de Vanoccio Biringuccio (1540), livre III, chapitre 7 (Smith et Gnudi, 1990), et surtout *De Re Metallica* de Georgius Agricola (1556), livre X (Hoover et Hoover, 1986, p. 464-483). À cette période, le four d'affinage est décrit comme une structure faite d'un mur supportant une sole et coiffé d'une coupole. Cette sole, où était placé l'alliage, était faite de terre et de cendres.

Quelles sont les caractéristiques des fours d'affinage du XVIe siècle qui déterminent les conditions de la coupellation ? Puisque les sources historiques sont incomplètes et non objectives, conduire des expérimentations apparaît nécessaire afin de comprendre les choix techniques des anciens métallurgistes. Quelles doivent être les parts des ventilations naturelles et mécaniques ? Comment la température est-elle répartie et contrôlée dans ce type de four ? Quelles qualités sont requises des cendres qui composent la sole ? Comment gérer la litharge ?

## 1. Structure du four

Dans le *De Re Metallica* (Hoover et Hoover, 1986, p. 467), le four d'affinage est constitué d'un mur circulaire en pierre, supportant une pierre de sole ronde, et surmonté d'une coupole (fig. 1). Cette coupole peut être déplacée grâce à une grue. La sole est composite : la base est faite en argile alors que la partie supérieure est en cendre. Une paire de soufflets est utilisée pour la ventilation forcée. Le four

Fig. 1 : Le four de coupellation (*De Re Metallica*, livre X, 1556, fol. 377) et sa reconstruction expérimentale (début de chauffe) (voir cahier couleur).

est alimenté au bois. Le modèle expérimental construit à Melle est basé sur la structure décrite par Agricola (fig. 1). Le tableau donné dans la figure 2 compare les dimensions et les matériaux employés. Les différences principales visent une plus grande flexibilité pour les expérimentations, devant compenser la perte du savoir-faire technique depuis l'arrêt de cette technique industrielle d'affinage.

| | | **Expérimentations** | ***De Re Metallica* - Agricola** | |
|---|---|---|---|---|
| **base** | matière | briques | +/- 14 pierres | - |
| | hauteur | 85 cm | 4 pieds 3 palmes | 145 cm |
| | diamètre | 165 cm | 14*(1 pied 1 palme)/pi | 170 cm |
| | épaisseur | 13 cm | 1 pied | 30 cm |
| | dans le sol | non | 1 pied 1 palme | 38 cm |
| | évents | 4 | 6 | - |
| | soutient la sole | non | murs briques croisés et mur pierres extérieur | - |
| **sole** | base sole | table acier | pierre | - |
| | diamètre | 140 cm externe, 110 cm interne | diamètre base - 2*épaisseur + 2*entaille | 125 cm |
| | terre | argile chamotte foin | argile et paille | - |
| | cendres | cendre de bois | cendre de bois lessivée | - |
| | préparation | dame + maillet | dame + maillet | - |
| | épaisseur terre | 7 cm | inconnu | |
| | épaisseur cendres | 5 cm | inconnu | |
| | profondeur du creuset | 4 cm | 2 palmes 2 doigts | 19 cm |
| **coupole** | extérieur | plaques de fer | plaques de fer | |
| | intérieur | argile chamotte filasse chanvre | lutage à l'argile | - |
| | hauteur sous coupole | 50 cm | inconnu | |
| | ouvertures | 3 portes et 1 couvercle | 4 portes et 1 couvercle | - |
| **ventilation** | nature | soufflerie électrique | 2 soufflets + hydraulique | - |
| | moment | une fois montée en température achevée | toute l'opération | - |
| **préchauffage** | localisation | par-dessous | par-dessus | - |
| | durée | plusieurs heures et + | plusieurs heures | - |
| | combustible | bois | charbon | - |
| | finition | rebouche | rebouche et resurface + facing éventuel | - |
| **opération** | durée | (8 h) | plusieurs heures | |
| | quantité métal | 5 kg - 25 kg - (300 kg) | plusieurs centaines de kg | |

Fig. 2 : Données de construction pour les fours d'affinage, tels que décrits dans le *De Re Metallica* (livre X) (texte) et pour le four expérimental.

## 1.1. La coupole

La coupole expérimentale est composite. Sa structure interne est en céramique et son revêtement extérieur en métal. La terre est constituée d'un mélange d'argile en poudre, de chamotte et de filasse de chanvre. Cette dernière vise à donner de la résistance lors de la mise en place de la terre, et avant sa première cuisson. La coupole céramique est fabriquée d'un seul tenant. Son épaisseur est d'environ 3 cm. Elle a été cuite lors de la première chauffe du four dès la fin de son séchage, soit 18 jours après sa confection. Une coupole en tôles d'acier vissées sur une structure métallique couvre le dôme céramique. Les deux parties ne sont en contact qu'à leur base. Si la coupole est également composite dans le *De Re Metallica*, elle est construite de façon différente. L'argile et précuite en plaques qui s'accrochent directement sur la coupole métallique, à l'aide de petits tenons métalliques venant s'insérer dans les 4 trous de fixation ménagés à cet effet dans les plaques d'argile.

La coupole expérimentale comporte 4 ouvertures : une sommitale, munie d'un couvercle, et trois portes disposées à équidistance les unes de autres. La tuyère des soufflets est engagée dans la porte arrière, pour la ventilation forcée. Une des portes avant est utilisée pour travailler dans le four et tirer la litharge. Le combustible est chargé par toutes les portes. Le couvercle, également composite, peut être soulevé indépendamment de la coupole, afin de réguler le tirage.

La coupole pèse 300 kg mais reste amovible à l'aide d'une grue. À chaque réfection de la sole, c'est-à-dire avant chaque chauffe, la coupole est soulevée et placée sur des tréteaux. En plus de son rôle réfractaire durant les chauffes, la structure en terre doit résister aux inévitables à-coups du déplacement. Le caractère expérimental de nos opérations a impliqué de multiplier les déplacements de la coupole. Pourtant, elle reste parfaitement opérationnelle après 8 opérations (fig. 3).

Fig. 3 : La coupole céramique, en parfait état après 8 chauffes.

### 1.2. La sole

La sole doit posséder une bonne résistance mécanique pour supporter le poids du métal et du bois qui y sont chargés, des propriétés réfractaires pour soutenir la chaleur, et une composition chimique qui n'interagit pas avec le plomb mais bien avec ses oxydes, d'où la couche de cendres en surface.

La constitution de la sole est un point crucial dans l'opération d'affinage. Elle est composite. La couche inférieure, reposant sur la table en acier, est en terre damée. Avant chaque opération, cette partie est réparée si nécessaire, mais rarement entièrement refaite. Au-dessus, la surface qui est en contact avec le combustible et le métal est faite de cendres. Elle est à usage unique, au moins pour la partie imprégnée par la litharge. Le diamètre du four expérimental est de 140 cm, mais celui de la sole est de 110 cm seulement, car elle est entourée d'un rang de briques et d'argile qui fait la liaison avec le mur extérieur.

En premier lieu, un mélange humidifié d'argile en poudre, de chamotte et de foin est damé sur la table. Le damage se fait à l'aide d'un maillet à défaut d'une dame suffisamment efficace (fig. 4 et 5). La base de sole en terre est épaisse au final de 7 cm environ, pour 200 kg.

Par-dessus la terre se trouve la couche de cendres. Il peut s'agir de cendres d'os ou de bois selon la littérature disponible mais les études conduites à ce jour sur ces

Fig. 4 : Construction de la sole dans le *De Re Metallica* (livre X, fol. 319). La cendre est tassée avec une dame.

matériaux montrent une prédominance de la cendre d'os souvent mêlée de cendre de bois (Guirado, Téreygeol, 2011). Dans le cas de l'affinage, Agricola mentionne uniquement les cendres ayant servi à faire la lessive, c'est-à-dire des cendres de bois lavées (Hoover et Hoover, 1986, p. 469). Dans notre protocole, nous avons utilisé de la cendre de bois à la fois pour respecter le texte et pour des raisons pratiques. Notons que la cendre utilisée n'a été lavée qu'une fois, ce qui reste notoirement insuffisant pour la débarrasser de ses éléments alcalins.

Fig. 5 : Construction de la sole du four expérimental (voir cahier couleur).

La couche de cendre est mise en place lorsque la terre est presque sèche. La compaction débute comme pour la terre, puis est finalisée par un pilonnage direct du maillet. Bien que les quantités de plomb d'œuvre utilisées jusqu'ici aient été modestes en comparaison des capacités du four, la couche de cendres doit pourtant avoir une épaisseur minimale de 5 cm pour que la litharge n'atteigne pas la terre située dessous.

La sole repose sur une tôle d'acier réglable en hauteur. Elle est ceinte d'une base circulaire en briques et présentant 4 évents au sol. La hauteur, autour de 90 cm, est modulable, car il est aisé d'ajouter 2 ou 3 rangs de briques.

### 1.3. Le séchage

La sole doit être séchée avant d'y placer l'alliage. Agricola insiste sur l'importance de chauffer la sole avec des braises plusieurs heures durant, avec grand soin, afin de sécher correctement l'intégralité de la surface (Hoover et Hoover, 1986, p. 471). Il mentionne également les 6 évents présents dans le mur circulaire, par lesquels l'humidité s'échappe lors des chauffes. Ils permettent de conserver un bon état de surface de la cendre (Hoover et Hoover, 1986, p. 467). Dans notre cadre expérimental, devant tenir compte qu'une tôle métallique tient lieu de dalle en pierre, nous avons directement allumé un feu sous la sole. Il est ventilé par les évents et permet d'évacuer correctement l'eau de la sole.

Agricola ne l'évoque pas mais un problème de mise en œuvre apparaît lors de la réalisation de la sole. Les deux matériaux, argile et cendre, n'ont pas le même retrait au séchage. Si les deux couches sont disposées immédiatement l'une sur l'autre, le retrait de l'argile plus important que celui de la cendre entraîne des fissurations de la sole. Son étanchéité n'est plus assurée. À l'inverse, si on laisse sécher complètement l'argile avant de déposer la cendre, alors celle-ci n'adhère pas à la sous-couche. Conscients du problème, nous avons choisi la seconde solution. La surface des cendres forme une croûte très dure. Lors de la déshydratation, la vapeur d'eau s'échappe à la jonction des deux matériaux et par les bords de la sole. De la sorte, la surface de travail reste quasiment intacte. Cependant, si une fissure se forme dans la terre, elle se répercute dans la cendre et doit être réparée avant de charger le métal et de commencer l'affinage. À part cela, la surface n'est pas retouchée.

On comprend bien que la question du séchage est primordiale. En plus des problèmes de fissures, un four ne peut atteindre son régime thermique optimal tant qu'il y a de la vapeur d'eau à évacuer. Même quand seule la couche de cendres est refaite, ce qui implique très peu d'eau, un séchage poussé et soigné demeure nécessaire. De plus, le four est sous abri, mais exposé à l'humidité atmosphérique, parfois sans servir pendant plusieurs mois. La base en terre, même ancienne, ne peut jamais être considérée complètement sèche. La figure 6 montre les températures relevées par un thermocouple situé dans la couche de terre, au centre du four. Lorsque le four a été correctement préchauffé, la sole accumule la chaleur à la manière de la coupole en terre, et la température s'élève régulièrement. Si le séchage est incomplet, la température demeure égale à 100 °C jusqu'à ce que toute l'humidité soit évacuée.

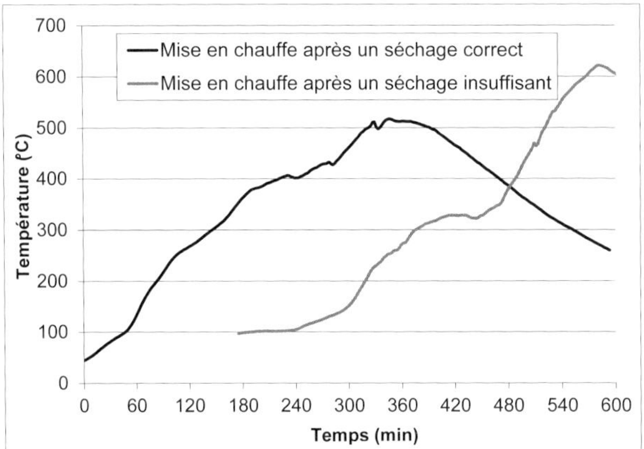


Fig. 6 : Séchage de la sole – influence sur l'opération. Températures mesurées au sein de la sole en terre, au centre du four. La mesure commence en même temps que la chauffe. Le maximum de chaque courbe correspond à l'arrêt de l'opération.

Dans ce laps de temps, des fissures peuvent apparaître, entraînant la perte de métal en profondeur dans la sole et l'échec de l'opération. Un séchage approfondi de la sole avant de commencer l'affinage doit être systématique.

## 2. Les conditions de température et d'atmosphère

### 2.1. Atmosphère : la ventilation

Le four expérimental dispose d'une paire de soufflets pour la ventilation forcée. Cependant, jusqu'à présent, une soufflerie électrique a été utilisée, permettant une reproductibilité des conditions de ventilation entre les différentes opérations (fig. 7). La tuyère métallique est mobile et son avancée dans le four reste réglable. Les vitesses d'air utilisées vont de 1,6 à 3 m/s pour une surface de sortie de l'ordre de 9 $cm^2$. La ventilation forcée n'a pas de réelle influence sur la température. Elle est en revanche cruciale en ce qui concerne l'atmosphère. Une atmosphère très oxydante doit être amenée au cœur du four. Par ailleurs, cette ventilation aide à repousser les oxydes flottant à la surface du bain métallique, à les accumuler et à les diriger vers les portes de la coupole, où la litharge est tirée hors du four.

Fig. 7 : Système de ventilation. Pour cette première phase des expérimentations, une soufflerie électrique est utilisée à la place des soufflets (voir cahier couleur).

Agricola indique que la pierre de sole doit s'encastrer dans les pierres du mur extérieur, et que tout interstice doit être bouché (Hoover et Hoover, 1986, p. 467). La table en acier du four expérimental remplace la pierre, mais le principe reste le même. La sole est totalement jointoyée avec le mur circulaire grâce à un boudin d'argile. La coupole est lutée.

Dans ce type de four, la ventilation naturelle ne doit donc pas être prédominante, car elle entrerait en contradiction avec l'accumulation de chaleur dans la coupole. Ce principe conduira plus tard à la modification du four d'affinage en four à réverbère, où l'alliage traité est séparé du combustible.

## 2.2. Température : les phases de chauffe

La température a été mesurée assez classiquement à l'aide de deux thermocouples : un premier pris dans la sole à l'interface des couches d'argile et de cendre, l'autre dans l'atmosphère à 30 cm de hauteur et dépassant de moins d'1 cm de la paroi du dôme de terre. Il s'agit bien sûr d'une information très ponctuelle mais qui apporte un lot d'informations loin d'être négligeable lors de premiers essais. Deux façons différentes de conduire l'opération ont ainsi pu être comparées pendant les expérimentations en se basant sur les informations données par ces sondes. Les deux débutent par une montée en température. Une fois les températures utiles atteintes, nous sommes passés dans le premier cas directement à la phase de coupellation en ouvrant la partie sommitale du dôme et en actionnant la ventilation électrique (fig. 8). C'est cependant choisir d'ignorer le potentiel de la coupole en terre comme accumulateur de chaleur. La seconde façon de procéder consiste, une fois la température de travail atteinte, à respecter une phase durant laquelle la coupole, comme la sole, se charge en chaleur (fig. 9). Toutes les ouvertures étant fermées, la consommation supplémentaire de combustible est minime. La chaleur accumulée sera restituée lors de la phase de coupellation. Quelle que soit l'option choisie, les températures maximales ne sont pas différentes. Simplement, l'inertie thermique acquise dans le second cas permet, lorsque les portes sont ouvertes pour travailler dans le four, de ne pas subir une baisse excessive de la température.

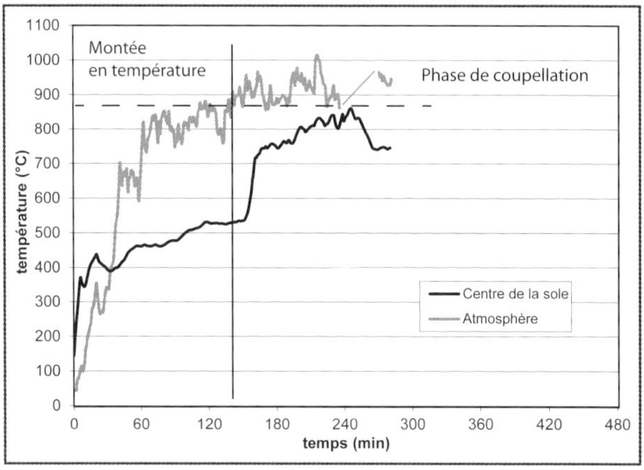


Fig. 8 : Première gestion de chauffe, où la phase de coupellation proprement dite suit immédiatement la montée en température.

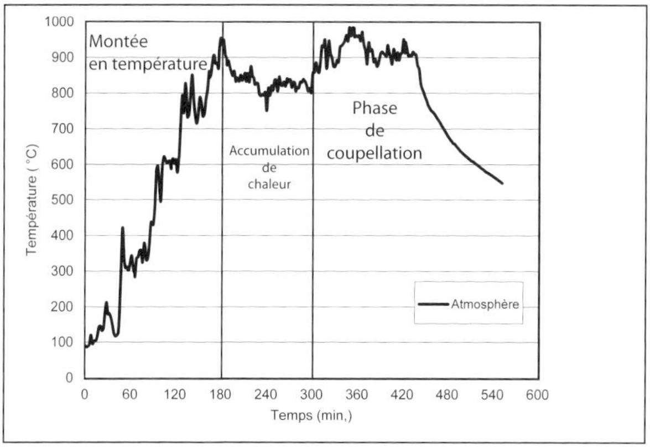


Fig. 9 : Seconde gestion de chauffe, avec une phase intermédiaire d'accumulation de chaleur dans la coupole céramique.

## 2.3. Coupelles test

Les thermocouples utilisés pour relever les températures sont des outils pratiques, mais insuffisants. Ils donnent des informations trop ponctuelles pour permettre d'apprécier le gradient réel de température au sein du four. De plus, la coupellation est également conditionnée par la nature nécessairement oxydante de l'atmosphère. Afin de tester la possibilité de coupellation en différents endroits du four, de petites coupelles d'essai contenant chacune une faible quantité d'alliage peuvent être intégrées dans la sole. Ainsi, si à l'un de ces emplacements l'argent est bien dissocié du plomb en fin d'opération, preuve sera faite que toutes les conditions de coupellation y ont été réunies, au moins pour la durée d'une coupellation d'essai, soit, en moyenne, une trentaine de minutes (Téreygeol *et al*, 2003).

Pour le premier test, des coupelles d'essai contenant chacune environ 15 g de plomb à 10 % d'argent sont intégrées dans une sole meuble en argile, autour d'un emplacement central en cendres accueillant 1,05 kg de plomb dépourvu d'argent. Les emplacements choisis se répartissent dans l'axe de la tuyère, autour d'un bain principal supposé correspondre à l'endroit le plus chaud de la sole, et devant une des portes de la coupole (n° 7, fig. 10). Seul l'alliage de la coupelle test n° 2 a été affiné jusqu'à l'obtention du bouton d'argent. De ces résultats, un modèle simplifié du gradient de température dans le four peut être proposé (fig. 10). Les températures maximales sont atteintes devant la porte de la tuyère, et dans l'axe de celle-ci. Il pouvait sembler improbable que l'emplacement le plus chaud soit situé juste devant la tuyère, puisqu'elle envoie de l'air froid pendant l'opération. De plus, il s'agit de la seule porte de la coupole qui ne soit jamais complètement fermée. Force est de constater que cette zone offre les conditions environnementales nécessaires à la coupellation.

À partir de ce modèle, une disposition différente des coupelles test a été utilisée lors de la chauffe suivante (fig. 11). Cette fois, la quantité d'alliage dans les coupelles

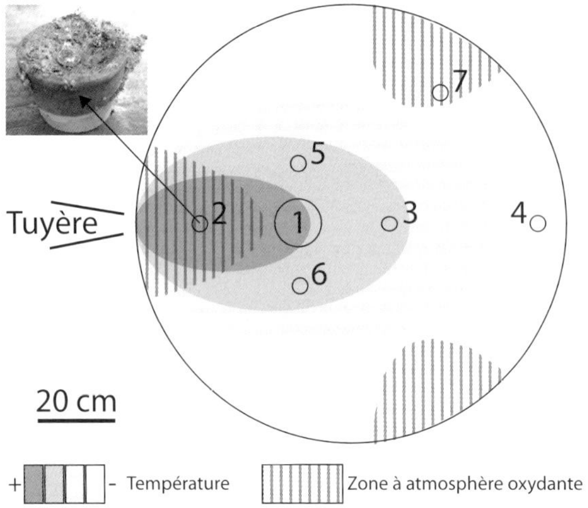


Fig. 10 : Première disposition des coupelles test dans la sole et modèle des conditions lors de la chauffe en résultant. Les niveaux de gris figurent le gradient de température et les hachures l'atmosphère la plus oxydante. Seul le test n° 2 a montré une coupellation complète (voir cahier couleur).

test est de 30 g. Le titre reste identique. Le bain, 860 g de plomb à 7,5 % d'argent, était placé juste devant la tuyère (n° 1) dans une dépression creusée dans la couche de cendre. Seul le bain principal a coupellé, ce qui valide le modèle de température. À ce stade, il faut constater que la majorité de la surface du four expérimental ne réunit pas les conditions nécessaires à l'affinage de l'argent. Nous touchons là aux limites de notre système de ventilation. L'appareil utilisé développe un flux d'air sans pression. Qu'un morceau de bois vienne à se trouver devant le nez de la tuyère et le flux d'air se tarit. Nous savons par ailleurs que lorsqu'une coupellation a débuté, la solidification intempestive de la litharge est un accident difficilement réversible nécessitant d'atteindre des températures plus élevées que le point de fusion de cet oxyde. Dans le système décrit par Agricola, la ventilation est assurée par des soufflets, il s'agit bien alors d'un flux d'air sous pression.

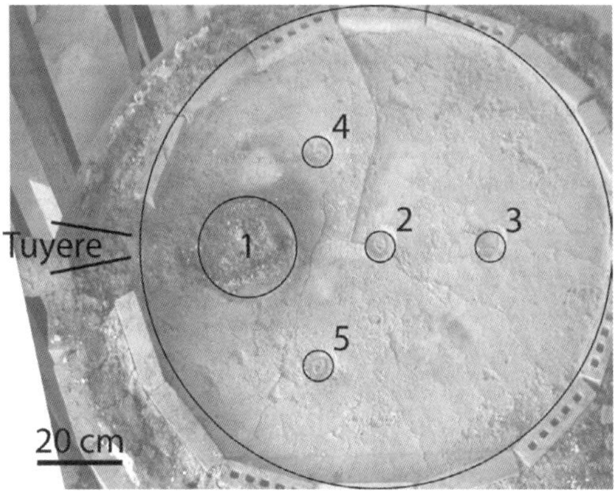


Fig. 11 : Seconde disposition des coupelles test dans la sole, et photographie associée de la sole à l'issue de la chauffe, après nettoyage (voir cahier couleur).

## 3. Le travail au sein du four : gérer la fonte

### 3.1. Combustible

Le chargement dans ce type de four est délicat car le métal et le combustible occupent un même espace. En expérimentation, le feu est allumé au centre de la sole à l'aide de braises et de petits morceaux de bois. Une fois un lit de braises disponible, des rondins de bois refendu d'une longueur de 50 cm sont régulièrement ajoutés. Le feu est étendu pour chauffer correctement le dôme. Le combustible est chargé par toutes les portes, au rythme de 3 bûches par porte toutes les 10 min durant la phase de montée en température. Le bois est posé en chevauchement sur les morceaux précédents, afin de maximiser la circulation de l'air et donc les conditions oxydantes. Pendant la phase d'accumulation de chaleur, la consommation de bois est réduite. Lorsque débute la coupellation proprement dite, les braises flottant à la surface du bain sont soigneusement écartées, afin que toute la surface du métal liquide soit soumise à l'oxydation. Les buchettes sont chargées uniquement le long de la coupole. À ce moment, on comprend bien que le diamètre du creuset est nécessairement bien plus réduit que le diamètre interne du four pour ménager une bordure circulaire où le bois peut se consumer sans interférer avec la formation des oxydes de plomb. Au fil du temps, les rechargements de combustibles deviennent moins importants, mais plus fréquents. À la toute fin, seuls les plus petits morceaux sont employés. C'est une option qui permet de produire des flammes vigoureuses qui, judicieusement placées devant le nez de la tuyère, aident à accroître la température sur le bain.

### 3.2. Phase de coupellation

Lorsque le bain est en coupellation, la pellicule de litharge à sa surface est visible sous forme de plages sombres (fig. 12). Une partie des oxydes est absorbée par la sole en cendres, mais la majorité doit être extraite du four. En coupellation d'essai, la totalité de la litharge imprègne les cendres. Pour un affinage de plomb d'œuvre, cela n'est ni possible, ni souhaité, pour des raisons aussi bien techniques qu'économiques. Premièrement, chaque opération nécessiterait une quantité de cendres excessivement importante. Deuxièmement, la cendre est un matériau réfractaire et le gradient de température dans la sole empêche la litharge de s'imprégner profondément. En essai, la totalité de la coupelle atteint de hautes températures car la chaleur provient de toutes les directions. Durant un affinage, seule la partie supérieure de la sole est chauffée. La conduction thermique est moindre du fait de la géométrie et de la nature du matériau. Agricola indique que l'imprégnation est souvent profonde de 7 cm environ, pour une seule opération, traitant plusieurs tonnes de plomb d'œuvre (Hoover et Hoover, 1986, p. 472 et 475). Enfin, même si le but premier de l'affinage est l'obtention de l'argent, la litharge n'est pas un déchet. La litharge et le plomb issu de sa revivification sont des produits commercialisables, à l'exception des litharges de début d'opération, qui contiennent trop d'impuretés, et des dernières trop riches en argent. Celles-ci sont traitées à nouveau principalement comme fondant dans les fours de réduction du minerai argent, tout comme les casses.

Fig. 12 : Phase de coupellation proprement dite. La litharge (plages sombres) se forme en surface du bain qui diminue et se fractionne (voir cahier couleur).

Pour tirer la litharge hors du four, un canal creusé dans la cendre mène du creuset à une des portes. Une barre est utilisée pour contrôler l'écoulement de l'oxyde de plomb (fig. 13 et 14). La ventilation forcée aide à diriger les oxydes en fusion. La litharge obtenue durant les expérimentations est jaune, cristallisée en feuillets. Elle peut également être accumulée sur un outil en fer (fig. 15), méthode qu'Agricola assimile à d'anciennes pratiques et que nous connaissons à Melle pour le haut Moyen Âge. Lors de la coupellation, on immerge la pointe du ringard dans le bain. La différence de température entre le bain et le fer entraîne une solidification d'une pellicule de litharge autour du ringard. L'outil est refroidit à l'air sans retrait de la litharge puis de nouveau immergé. Progressivement, un "oignon" se forme pouvant atteindre plusieurs dizaines de grammes. Durant cette manipulation, Il faut

Fig. 13 : Écoulement de la litharge hors du four (*De Re Metallica*, livre X, fol. 377) (voir cahier couleur).

Fig. 14 : En expérimentation, la litharge est dirigée à l'aide d'une longue raclette dans un canal creusé dans la cendre, vers une porte de la coupole (voir cahier couleur).

Fig. 15 : La litharge obtenue en expérimentation se forme en feuillets jaunes bien cristallisés. Une partie s'accumule sur l'outil.

veiller à ne pas entraîner de plomb avec la litharge : ce serait perdre de l'argent. L'extraction de la litharge et son imprégnation dans la sole entraînent la diminution et la fragmentation du bain métallique. Durant les expérimentations, nous avons pu croire que cette fragmentation résultait principalement de notre manque de savoir-faire. Les fouilles de la fonderie d'argent de Castel-Miinier (XIVe siècle) ont livré des échantillons montrant le même faciès (fig. 16).

Fig. 16 : Exemples de casse avec billes d'argent témoignant du fractionnement du bain durant l'opération (à gauche, casse expérimentale ; à droite casse archéologique, Castel-Minier, Ariège, XIVe s.) (voir cahier couleur).

L'écoulement de la litharge reste une opération très délicate et le nombre d'expérimentations réalisées insuffisant pour le maîtriser correctement. Les portes de la coupole doivent être ouvertes pour travailler dans le four et dans le même temps, il est impératif de limiter les pertes de chaleur. Par ailleurs, accumuler suffisamment de litharge pour qu'elle puisse s'écouler est difficile compte tenu de la faible quantité d'alliage utilisée lors de chaque opération. Avec un maximum de 26 kg de plomb traité sur une même chauffe, la sole peut facilement absorber la totalité des oxydes produits. À terme, une expérimentation avec 300 kg d'alliage est envisagée.

### 3.3. Résultats de l'affinage : la casse et métal blanc

À l'issue de l'opération, l'argent affiné doit être séparé de la casse, c'est-à-dire des cendres imprégnées par la litharge. Dans ce type de four, et au-delà des limitations dues à notre manque d'expérience, le métal se rassemble relativement mal. En plus d'une plaque d'argent principale, la fragmentation de l'alliage en fusion crée de multiples billes de métal, réparties sur toute la surface de la sole ayant été en contact avec le bain depuis le début de l'opération. Elles sont particulièrement concentrées en périphérie de la zone imprégnée, à l'opposé de la tuyère. Peut-être la surface de cendre n'est-elle pas suffisamment régulière ou pentue. Bien que comparaison ne soit pas raison, il existe une similitude frappante entre notre résultat et les vestiges de casse issus de la fonderie d'argent de Castel-Minier (fig. 16).

La casse où se trouve encore le métal affiné (fig. 17), est représentative de celles obtenues en expérimentation. Dans cet exemple, le lingot initial pesait 5 kg et contenait 7,5 % d'argent. Sa coupellation a créé des billes métalliques allant de peu affinées à de l'argent presque pur (14 à 98 %), et une masse principale de 220 g de métal très bien affiné (97 % d'argent) (analyses MEB-EDXS). L'argent obtenu doit être rassemblé et subir un second affinage pour être amené au titre désiré. Néanmoins, en mesurant la masse de métal blanc disponible, on arrive à 302 g (une masse de 220 g et 82 g de billes et masselottes). 375 g de métal précieux étaient disponibles et nous avons été en mesure d'en isoler correctement 80 %. La part restant (73 g) est contenue dans les 293 g d'alliage plombifère dont la teneur en métal blanc est donc évaluée en moyenne à 25 % d'argent. L'enrichissement du plomb d'œuvre est supérieur à un facteur 3.

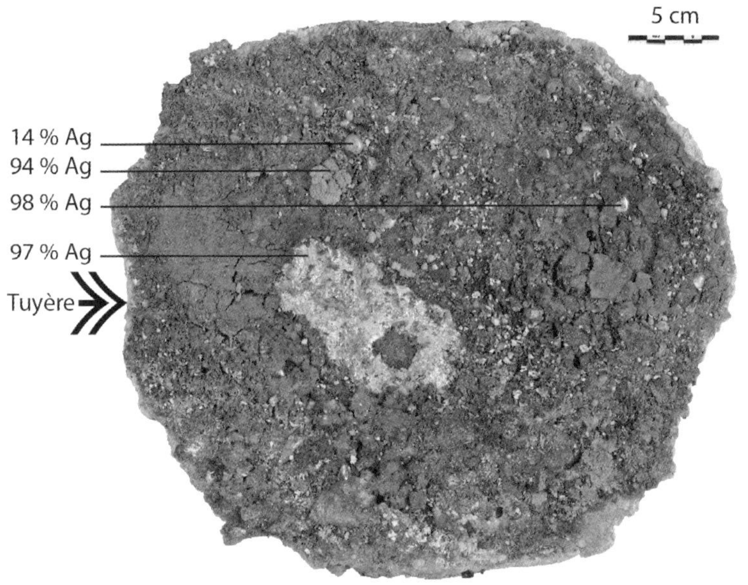


Fig. 17 : Casse issue des expérimentations, portant encore le métal affiné. Du lingot initial à 7,5 % d'argent, l'alliage a atteint différents stades de finesse (analyses MEB-EDXS) (voir cahier couleur).

À l'issue de l'affinage, il est aisé de sortir la casse du four. Son fond est très homogène, car l'imprégnation en profondeur des oxydes est principalement contrôlée par le gradient de température au sein de la sole. L'épaisseur du centre est légèrement plus faible, car les oxydes formés en surface de l'alliage en fusion glissent pour s'imprégner dans la sole en bordure du bain. Jusqu'ici les casses présentent une épaisseur maximale de 2 cm. Leur structure interne présente plusieurs horizons traduisant des enrichissements en litharge variables. La couleur verte de la casse est le signe évident de la présence de cuivre dans le plomb d'œuvre (fig. 18).

À l'issue d'une chauffe, la cendre n'ayant été en contact ni avec le plomb, ni avec la litharge est restée intacte. Elle ressert lors de l'expérimentation suivante, tamisée et mélangée à de la cendre "neuve". En général, la couche de terre n'est pas affectée par l'opération. Elle est aussi réutilisée. Si elle présente des fissures, elles sont colmatées. L'infiltration du métal ou des oxydes métalliques jusqu'à la couche de terre contraint invariablement à reprendre celle-ci.

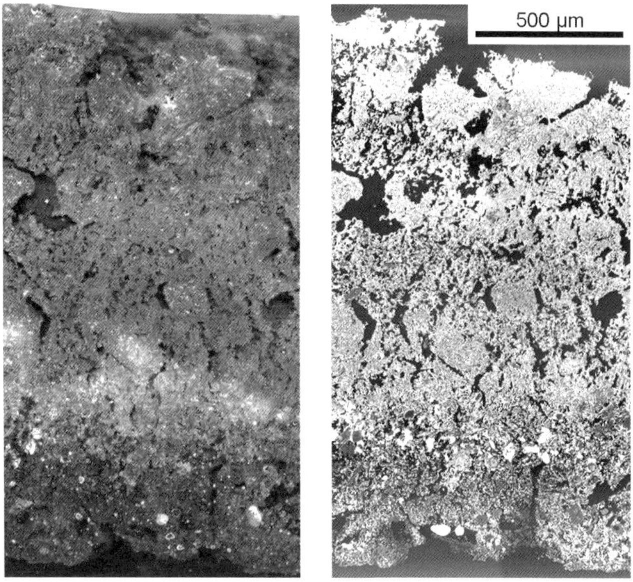


Fig. 18 : Lame épaisse verticale dans une casse expérimentale. Photographie (gauche) et image MEB (droite). Le fond est plus pauvre en litharge, et la cendre non imprégnée est déjà détachée (voir cahier couleur).

## CONCLUSION

Pour la première fois, des affinages d'argent ont été menés avec succès. Nous avons également pu valider la structure du four. Ces expérimentations confirment l'importance de la gestion du flux d'air. La ventilation forcée est utilisée afin de créer une atmosphère fortement oxydante, mais sans gêner l'accumulation de chaleur dans la coupole.

La conduite d'expérimentations sur une si grande structure n'avait jamais été tentée car elle nécessite des moyens lourds et du temps pour chaque essai (en moyenne 1 semaine). N'étant pas des métallurgistes professionnels, et même si la coupellation d'essai existe encore de nos jours, le savoir-faire technique de l'affinage est aujourd'hui perdu. Chaque question doit être considérée pas à pas, au cours de plusieurs chauffes.

Cette étude se poursuit. Les prochaines opérations se focaliseront sur les deux aspects les plus limitants : la quantité d'alliage et la ventilation. La masse de plomb d'œuvre traitée doit être augmentée, afin d'atteindre certaines phases clés de l'opération, comme l'écoulement de la litharge hors du four : peut-il être automatique ou nécessite-t-il systématiquement l'aide d'un opérateur ? En accroissant les quantités, tous les oxydes formés ne pourront pas s'imprégner dans la cendre, et leur accumulation sera suffisante pour que, d'une façon ou d'une autre, ils soient évacués du four. La soufflerie électrique n'a quant à elle pas les mêmes propriétés que des soufflets. Elle applique un flux d'air, alors que des soufflets génèrent une pression. De plus, dans les conditions actuelles d'utilisation, ce flux est apparu trop faible. Nous n'en sommes pas encore au stade où nous pouvons tenter des essais avec nos soufflets manuels, en revanche l'ajout d'une soufflerie en pression est impératif : la ventilation est un des paramètres fondamentaux pour mener à bien l'opération. L'autre semble être la mise en œuvre de la sole. Les années d'expérience acquises lors des essais à la coupelle nous ont permis de rapidement maîtriser ce point pour l'affinage de l'argent.

Ces expérimentations non seulement visent une meilleure compréhension des choix des anciens métallurgistes concernant la structure du four et la conduite de l'opération, mais elles sont également nécessaires pour créer des analogues qui seront comparés avec les artefacts archéologiques, en particulier les casses d'affinage. Leurs compositions peuvent être très diverses, d'une casse en cendre d'os de l'atelier monétaire royal de La Rochelle (XVII^e^ siècle) (Guirado et Téreygeol, 2011), d'un mélange de cendres d'os et de bois au Laurion en passant par un fond de four en cendre de bois provenant de Santa Isabel en Bolivie (Téreygeol et Cruz, sous presse) sans oublier celui de Castel-Minier rapidement évoqué. Cette étude, si elle est pour l'heure axée sur le modèle de four décrit par Agricola, s'inscrit dans une chronologie large allant de l'Antiquité classique au XVII^e^ siècle et s'intéresse autant aux ateliers de production qu'à ceux tournés vers les métallurgies secondaires. Par conséquent, un référentiel sera développé à partir du test de différentes compositions pour la sole en cendres.

# *De ratione, qua argentum ab ære separari debeat.* Approche expérimentale du procédé par liquation et ressuage

## De ratione, qua argentum ab ære separari debeat. *Experimental approach of the liquation and drying process*

Maxime L'Heritier

**Résumé** : Le procédé par liquation et ressuage ou *saigerprozess* est un procédé de traitement des cuivres argentifères qui se développe en Europe à partir du xv^e^ siècle. Il permet d'extraire l'argent de minerais de cuivres très pauvres en argent par adjonction de quantités maîtrisées de plomb puis séparation des deux métaux. Bien documenté par les traités métallurgiques à partir du xvi^e^ siècle, en particulier dans le livre XI du *De Re Metallica* d'Agricola, il est en revanche totalement méconnu en archéologie, notamment faute de connaissance des produits et déchets de cette chaîne opératoire complexe. Trois séries d'expérimentations ont donc été réalisées sur ce procédé, afin de retrouver une partie des gestes techniques, mais aussi les conditions (température, atmosphère) nécessaires à chaque étape de la chaîne opératoire. Enfin, l'ensemble des produits et déchets obtenus a fait l'objet d'une caractérisation physico-chimique pour constituer un premier corpus de référence sur ce procédé.

***Abstract*** : *The liquation and drying process, also known as saigerprozess, is a metallurgical process used to separate silver from silver-poor coppers ores, which spread in Europe in the 15^th^ century. Its principles rely on the addition of great quantities of lead and the separation of the two unmixable metals. This process is well documented in metallurgical treatises from the modern times, in particular Book 11 of Agricola's* De Re Metallica. *However, owing to the lack of archaeological data, very little is known about the process products and wastes. Three liquation and drying experiments were therefore conducted to understand the technical gestures and the required condition for each step of the metallurgical sequence. Products and bye-products were chemically analysed so as to create a first reference corpus.*

**Mots-clés** : Liquation et ressuage, cuivre argentifère, plomb, Agricola.

***Key-words***: *Liquation and drying, argentiferous copper, lead, Agricola*

## INTRODUCTION

Jusqu'au XIVe siècle, en Europe, l'argent provient principalement du traitement des minerais de plomb argentifère par fusion et coupellation du plomb d'œuvre. Parallèlement et depuis l'Antiquité, les métallurgistes savent également extraire l'argent des minerais de cuivre argentifère en fondant ensemble minerai de cuivre et minerai de plomb, opération qui entraîne une forte perte d'argent, piégé dans le cuivre. Pour des raisons économiques évidentes, seuls des minerais de cuivre fortement argentifères (cuivres gris contenant jusqu'à 29 $\%_{mass}$ Ag)[1] peuvent être traités profitablement avec cette technique. Là encore, la séparation de l'argent du plomb se fait uniquement par coupellation. À la fin du Moyen Âge, la demande accrue en argent nécessaire à la reprise économique, alliée à une forte augmentation des besoins en cuivre en particulier pour l'artillerie ou la monnaie de billon, a conduit les métallurgistes à s'intéresser aux minerais de cuivre faiblement argentifères (entre 0,4 et 2 % Ag en moyenne) pour en extraire à la fois le cuivre et le métal blanc. Il leur fallut donc imaginer un nouveau procédé, limitant les pertes de l'emplombage classique et permettant de récupérer le cuivre : le *saigerprozess* ou procédé par liquation et ressuage.

Nous n'entrerons pas ici dans le débat sur l'origine de ce procédé, dont les premières occurrences dans les sources écrites remontent au milieu du XVe siècle (Suhling, 1976). Soulignons cependant que, malgré ses importantes conséquences économiques[2], le *saigerprozess* reste encore totalement méconnu sur le plan archéologique. Seuls les traités métallurgiques ont gardé la mémoire des principes de la liquation et du ressuage. Le plus ancien est l'ouvrage de Biringuccio, *La Pyrotechnie*, qui n'en offre toutefois qu'une vision très incomplète. En revanche, dès la seconde moitié du XVIe siècle, Agricola et Ercker donnent des descriptions beaucoup plus détaillées de l'ensemble de la chaîne opératoire, tout comme bon nombre d'auteurs plus récents, parmi lesquels Barba, Schlüter, Karsten, Dumas, Percy ou encore Schnabel. Grâce à ces anciens traités, les aspects techniques du procédé par liquation et ressuage sont toujours bien connus de l'archéométallurgiste.

Les principes du *saigerprozess* reposent également sur une cofusion plombeuse, les métallurgistes médiévaux connaissant de manière empirique la plus grande affinité de l'argent pour le métal gris. Une fois le cuivre noir obtenu, il est mélangé dans des rapports proches de 1 pour 4 à du plomb métal dans des fours de fusion[3]. Ce pseudo alliage quasi binaire, l'argent ne représentant souvent que moins de 0,5 %, est alors coulé en disques. Lors du refroidissement lent (de 1000 à 954 °C), il se produit une démixtion du pseudo-alliage en deux liquides : l'un riche en plomb (87 %), l'autre riche en cuivre (36 % de Pb). De 954 à 327 °C, le liquide riche

1. Dans la suite de l'article, tous les pourcentages exprimés sont des pourcentages massiques.

2. Suhling (1994) n'hésite pas à lier directement l'accroissement de la production d'argent en Allemagne, estimée à 500 % entre 1450 et 1540, avec le développement de ce nouveau procédé.

3. Ces rapports seront discutés plus loin.

en cuivre se solidifie alors que celui riche en plomb s'appauvrit encore en cuivre en donnant un liquide eutectique très riche en plomb (99,94 %). Au cours de ce refroidissement, l'argent passe dans le métal qui se solidifie en dernier, c'est-à-dire le plomb. Au terme de cette première étape, le métallurgiste a donc réussi à faire migrer l'argent vers le plomb. Il lui faut alors séparer ce plomb devenu argentifère du cuivre désargenté. C'est l'opération de liquation qui consiste à réchauffer sur une sole les disques de ce pseudo-alliage Pb-Cu-(Ag), bien en dessous du point de fusion du cuivre (1083 °C), pour que le plomb allié à l'argent s'écoule alors que le cuivre reste solide. La séparation est toutefois incomplète et les carcasses de cuivre sont reprises dans un four de ressuage à plus haute température et en atmosphère oxydante, pour purifier le cuivre par l'écoulement de la totalité du plomb sous forme d'"écailles de ressuage", un composé d'oxydes de plomb et de cuivre. À la fin de cette opération, le métallurgiste a séparé le cuivre du plomb argentifère qui peut être traité par le procédé classique de coupellation permettant la libération de l'argent.

Malgré la précision de ces anciens traités métallurgiques, bon nombre de paramètres ne sont jamais mentionnés, en particulier les températures de travail de chaque opération, ou encore la nature exacte des produits et déchets. Deux campagnes d'expérimentations sur le procédé par liquation et ressuage ont donc été conduites sur la plate-forme expérimentale des Mines d'argent des Rois Francs de Melle (Deux-Sèvres) en juillet 2008 et janvier 2009 avec un double objectif: retrouver les gestes techniques et les conditions thermodynamiques adéquates de la liquation et du ressuage tout en créant un corpus de matériaux de référence issus de cette chaîne opératoire pour pallier l'absence de données archéologiques sur ce procédé. Ces expérimentations se sont surtout appuyées sur l'ouvrage d'Agricola, à la fois un des plus anciens et des plus précis pour l'ensemble du procédé. Mais pour des raisons pratiques évidentes – les disques de liquation décrits dans les traités mesurant près de 70 cm de diamètre pour une masse de plus de 100 kg –, les expérimentations ont été conduites à plus petite échelle. Néanmoins, tous les rapports, tant en masse qu'en dimensions, ont été scrupuleusement conservés. Malgré tout, il faut garder à l'esprit que ce changement d'échelle implique nécessairement la modification de certains paramètres comme les temps de travail. Nous reviendrons sur cette question des quantités de matière traitées.

L'article suit le déroulement des expérimentations : coulée des disques de liquation, liquation de ces disques et ressuage des carcasses de liquation. Enfin, pour retrouver les produits initiaux (argent et plomb désargenté), une coupellation du plomb d'œuvre et la revivification des litharges obtenues en coupellation ont été réalisées.

## 1. Expérimentations

### 1.1. Coulée des disques

Il existe dans la littérature de nombreuses façons de réaliser des disques de liquation, correspondant aux diverses qualités de cuivre et de plomb qu'il est possible d'employer à l'ouvrage. Le procédé par liquation et ressuage permet en outre la récupération d'une multitude de déchets ou de sous-produits riches en cuivre ou en plomb : scories, litharge, coupelles imprégnées, etc. Les traités décrivent donc un grand nombre de recettes où les quantités respectives de cuivre et de plomb sont précisément déterminées pour contrôler la composition des produits.

Lors de ces expérimentations, afin de limiter les inconnues, il a été choisi de partir de matériaux "purs", dont la composition était préalablement connue : les disques de liquation ont donc été coulés à partir de granules de cuivre et d'argent purs à 99,99 % et emplombés avec du plomb acheté dans le commerce[4]. Agricola mentionne des rapports entre les quantités de cuivre argentifère et de plomb allant de 3 pour 8 à 3 pour 12 suivant les quantités d'argent initialement contenues dans le cuivre noir (Hoover et Hoover, 1912, p. 505), valeurs sur lesquelles la plupart des auteurs s'accordent[5]. Pour ces expérimentations, un rapport moyen de 3 pour 10 a donc été choisi. Il satisfait la première condition édictée par Dumas (1833, p. 410) et Schnabel (1898, p. 458), selon laquelle le rapport Pb/Cu doit être inférieur à 11/3 pour éviter de trop grandes pertes de cuivre dans le plomb. Concernant les quantités d'argent, il a volontairement été décidé de travailler un cuivre riche à 1,4 $\%_{mass}$ Ag, pour s'assurer de retrouver cet élément *in fine*. Le rapport Pb/Ag est donc de 250, ce qui reste compatible avec les recettes pour cuivres riches données par Agricola. Si Dumas (1833, p. 410) et Schnabel (1898, p. 458) recommandent un rapport Pb/Ag supérieur à 500 pour extraire tout l'argent du cuivre, un rapport inférieur n'est pas susceptible de fausser les résultats analytiques sur les produits obtenus. Ce second critère, moins important que le précédent, n'est en outre jamais rempli dans les recettes décrites par Agricola[6]. De plus, comme le mentionne Ercker, il n'y a en pratique pas de limite supérieure à la teneur en argent des disques de liquation : si les carcasses obtenues après liquation sont trop riches en argent, elles peuvent réintégrer la chaîne opératoire en servant à la fabrication de nouveaux disques de liquation (Sisco et Smith, 1951, p. 229). 5 disques de liquations ont été coulés en 3 opérations distinctes (fig. 1). Pour chaque coulée, le cuivre a d'abord été fondu dans un creuset, puis l'argent y a été ajouté. Enfin, le plomb, fondu à part, a été mélangé au cuivre et l'ensemble a été coulé dans des moules circulaires réalisés au sable de fonderie (fig. 2). Les disques expérimentaux mesurent de 12 à 15 cm de diamètre pour 1,5 à 2,5 cm d'épaisseur, et pèsent entre 2 et 4,5 kg chacun, soit environ 50 fois moins que de

4. L'analyse de ce plomb par LA-ICP-MS montre qu'il est pur à 99,7 %. Ses principales impuretés sont le bismuth (0,27 %), le cuivre (500 ppm), l'argent (22 ppm) et l'étain (10 ppm).

5. 3 pour 1 selon Barba (1640, p. 180), 10 pour 3 en moyenne d'après Ercker (Sisco et Smith, 1951, p. 235), 11 pour 3 selon Schlüter (1750, p. 479) et de 10 à 11 pour 3 d'après Dumas (1833, p. 410).

6. Pour les 4 premiers alliages correspondant aux cuivres contenant une proportion modérée d'argent, ce rapport varie de 340 à 400 environ. Il chute de plus de moitié pour les cuivres riches en argent (cinquième alliage). Agricola semble toutefois être le seul à donner des recettes avec des cuivres aussi riches en argent et un rapport Pb/Ag aussi élevé. Des problèmes de conversion entre unités de poids romaines et allemandes ne sont pas à exclure pour expliquer cette divergence avec les autres auteurs (L'Héritier et Téreygeol, 2011).

véritables disques de liquation. À ce moment, l'argent est déjà passé dans le plomb : les opérations suivantes vont consister en la séparation du cuivre de ce plomb devenu argentifère.

| | Coulée 98-1 | | Coulée 98-2 | | Coulée 99-3 | | Agricola 5e alliage (cuivres riches) |
|---|---|---|---|---|---|---|---|
| Cu | 1133 g | 22,64 % | 1133 g | 22,61 % | 1020 g | 22,78 % | 1 *centumpondium* |
| Pb | 3855 g | 77,04 % | 3862 g | 77,08 % | 3444 g | 76,91 % | 2,3-3 *librae* |
| Ag | 15,6 g | 0,31 % | 15,7 g | 0,31 % | 14,2 g | 0,32 % | 3 *centumpondia* |
| Total | 5003,6 g | 100 % | 5010,7 g | 100 % | 4478,2 g | 100 % | |
| Pb/Cu | 10/3 | | 10/3 | | 10/3 | | 9/3 |
| Pb/Ag | 247 | | 246 | | 243 | | 100-190 |
| Ag/Pb | 0,40 % | | 0,41 % | | 0,41 % | | 0,52-1 % |
| Ag/Cu | 1,38 % | | 1,39 % | | 1,39 % | | 1,6-3 % |

Fig. 1 : Composition des disques de liquation expérimentaux, comparée aux teneurs pour cuivres riches données par Agricola.

## 1.2. Liquation

La liquation est la première étape dans la séparation des deux métaux. Son principe repose sur la différence de point de fusion entre le plomb et du cuivre : en réchauffant les disques à une température supérieure à celle de la fusion du plomb (327 °C), mais bien inférieure à celle du cuivre (1083 °C), une partie du plomb argentifère va s'écouler. Le fourneau décrit par Agricola est un foyer ouvert de forme oblongue, activé par ventilation naturelle (fig. 3). L'aire de travail, d'environ 115 x 75 cm[7], est délimitée sur les côtés par des plaques de fer recouvertes d'argile et à l'arrière par un mur en briques. Dans cet espace, les disques reposent de chant sur une sole en pierre, surmontée de plaques de cuivre inclinées vers l'intérieur, formant un canal de coulée d'1 pied de large menant à un bassin de réception aménagé à l'avant du foyer. Le foyer expérimental reproduit à plus petite échelle celui présenté par Agricola. Ses dimensions intérieures sont d'environ 20 x 45 cm. Construit en briques réfractaires, sa sole est, comme dans la description de Schnabel (1898, p. 499), formée par 2 plaques en tôle de fer sur lesquelles reposent les disques. Le canal de coulée mesure 6 cm de large et a été tapissé au sable de fonderie et graphité, à l'instar du bassin de réception.

3 opérations de liquation ont été conduites (fig. 4), les 2 premières avec deux disques de liquation et la troisième avec un seul, de plus grandes dimensions. Les disques sont installés dans le four après une préchauffe d'environ 1 h, en couvrant le foyer de charbons ardents (fig. 5). La ventilation naturelle créée par la dépression au niveau du canal de coulée permet d'atteindre très facilement une température de 600 à 800 °C et les premières coulées de plomb surviennent après 10 min environ,

7. 3 pieds, 3 paumes et 2 doigts de long pour 2 pieds, 1 paume et 3 doigts de large.

Fig. 2 : Coulée des disques de liquation. Mélange du plomb fondu avec le cuivre (a) et coulée des disques (b) (voir cahier couleur) (voir cahier couleur).

A — Furnace in which the operation of liquation is being performed. B—Furnace in which it is not being performed. C—Receiving-pit. D—Moulds. E—Cakes. F—Liquation thorns.

Fig. 3 : Comparaison du four de liquation présenté par Agricola (a) et du four expérimental avant préchauffe (b) (voir cahier couleur).

ordre de grandeur identique au quart d'heure donné par Agricola pour des disques beaucoup plus grands (Hoover et Hoover, 1912, p. 510). Les coulées de plomb sont ensuite régulières, mais un ringardage régulier du canal de coulée est nécessaire pour assurer son bon écoulement. Enfin, du charbon a régulièrement été ajouté sur les disques pour assurer le maintien d'une atmosphère réductrice et ainsi éviter toute perte de plomb par oxydation.

| | Liquation 1 | Liquation 2 | Liquation 3 |
|---|---|---|---|
| Nombre de disques | 2 | 2 | 1 |
| Début de coulée du plomb | 13 mn | 7 mn | 11 mn |
| Durée totale | 1h18 mn | 58 mn | 43 mn |
| Température | 550-700 °C | 700-800 °C | 700-850 °C |

Fig. 4 : Caractéristiques des trois liquations expérimentales.

Aucun auteur ne mentionne précisément la température à laquelle doit se dérouler l'opération de liquation. Le seul à évoquer cette question est Dumas (1833, p. 411), qui écrit uniquement qu'il faut "élever la température à un point déterminé" afin que l'alliage en excès de plomb soit liquide et non celui en en excès de cuivre, fourchette très imprécise. La connaissance des produits théoriques de la liquation peut toutefois nous aider à estimer cette température à l'aide du diagramme de phases Pb-Cu (fig. 6). Un plomb contenant 2 à 3 % de cuivre fond à environ 700-800 °C. Nous avons

Fig. 5 : Four de liquation expérimental en fonctionnement (gauche) avec coulée de plomb (haut droit) et produits de la liquation (bas droit) (voir cahier couleur).

donc tenté de travailler dans ces conditions, malgré des difficultés de contrôle de la température dans ce type de foyer ouvert fonctionnant en ventilation naturelle. Dans les 2 premières liquations, il semble que la température était plus faible au niveau du disque situé à l'arrière du foyer. Agricola et Schlüter évoquent ces problèmes dans la conduite de la liquation et suggèrent alors de couvrir les disques qui ne rétrécissent pas avec davantage de charbon (Hoover et Hoover, 1912, p. 520 ; Schlüter et Hellot, 1750, p. 536). Au contraire, dans la troisième expérimentation, il a été plus difficile de contrôler la température, qui a eu tendance à augmenter en fin d'opération.

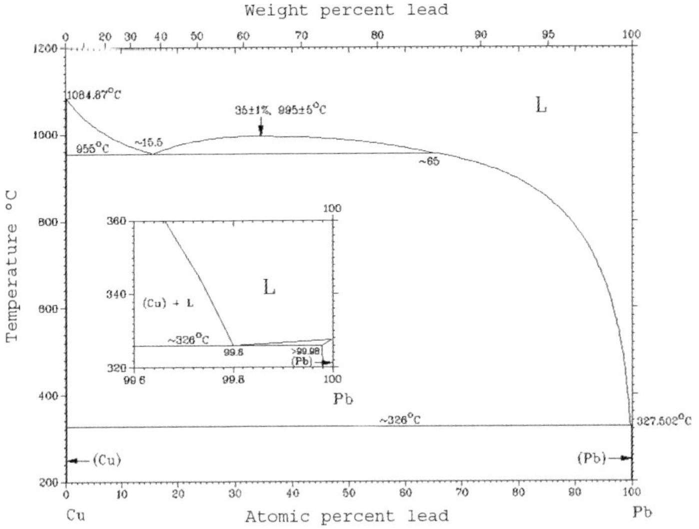


Fig. 6 : Diagramme de phases plomb-cuivre.

Chaque opération a été arrêtée quand le plomb a cessé de s'écouler des disques, soit en moyenne au bout d'1 h. Cette durée semble légèrement inférieure à celle indirectement évoquée par Agricola pour 4 disques de dimensions bien plus colossales, puisqu'il affirme que l'on peut conduire au moins 4 liquations par jour dans un même foyer (Hoover et Hoover, 1912, p. 521)[8]. Plusieurs fragments de disques ont été échantillonnés et le plomb d'œuvre a été homogénéisé et lingoté avant prélèvement[9].

La figure 7 donne les bilans-matière des 3 opérations de liquation. La masse de plomb écoulée représente environ les deux tiers du plomb introduit dans le système pour la première et la troisième liquation, ce qui est à peine inférieur aux estimations extrapolées des descriptions d'Agricola ou Ercker allant de 73 à 85 % (Hoover et Hoover, 1912, p. 506 ; Sisco et Smith, 1951, p. 226). En revanche, avec

8. Il est donc permis d'estimer la durée d'une liquation à environ 2 h.

9. Les analyses des produits ont été réalisées à l'aide d'un appareil de fluorescence X (XRF) portable (Fondis, Niton XLt) avec une durée d'analyse de 60 s. Une calibration préalable avec des matériaux (alliages cuivreux riches en plomb) de référence a été réalisée. L'ensemble des résultats analytiques est porté en annexe.

un rendement d'à peine 40 %, la seconde liquation a vraisemblablement été arrêtée prématurément, ce que confirme l'analyse de la carcasse 2A, qui contient encore 50 % de plomb (fig. 8), alors qu'elle ne devrait pas excéder 25 à 33 %, toujours selon les mêmes sources. Les carcasses obtenues au cours de la première expérimentation ne rentrent pas non plus dans cette fourchette théorique et leur hétérogénéité illustre parfaitement le gradient de température observé dans le foyer entre le disque avant et le disque arrière : la première contient également 50 % de plomb alors que la seconde en est quasiment exempte. En réalité, avec 34 % de plomb, seule la carcasse obtenue au cours de la troisième liquation semble correspondre à ces valeurs théoriques. Néanmoins, la composition du plomb d'œuvre ne semble affectée ni par l'hétérogénéité des carcasses de liquation, ni par la variabilité des rendements : avec 0,5 à 2,7 % de cuivre en moyenne, sa composition est du même ordre de grandeur que celles relevées dans la littérature[10].

| | liquation 1 | | liquation 2 | | liquation 3 | |
|---|---|---|---|---|---|---|
| Masse initiale disque A | 2058 g | | 2723 g | | 4478 g | |
| Masse initiale disque B | 2212 g | | 2040 g | | - | |
| Masse totale des disques | 4270 g | | 4836 g | | 4478 g | |
| | | | | | | |
| Masse finale disque A | 504 g | 24,5 % | 1417 g | 52 % | 1410 g | 31,5 % |
| Masse finale disque B | 536 g | 24,2 % | 1257 g | 61,6 % | - | |
| Plomb dans le basin de réception | 1237 g | | 1092 g | | 2401 g | |
| Plomb dans le canal de coulée | 914 g | | 376 g | | 49 g | |
| Masse totale de plomb extrait | 2151 g | 65 % | 1468 g | 39 % | 2450 g | 71,1 % |
| | | | | | | |
| Déchets | 47 g | | 153 g | | 276 g | |
| Masse totale | 3238 g | 75,8 % | 4295 g | 88,8 % | 4136 g | 92,4 % |

Fig. 7 : Bilan-matière des trois liquations expérimentales.

| Carcasse | Nombre d'analyses | Pb | Cu | Zn | Sb |
|---|---|---|---|---|---|
| 1A | 3 | 7 % | 93 % | < 0,5 % | nd |
| 1B | 4 | 47 % | 51 % | 1 % | <0,5 % |
| 2A | 12 | 46 % | 52 % | 1 % | <0,5 % |
| 2B | 0 | - | - | - | - |
| 3A | 20 | 34 % | 61 % | 1 % | 3 % |

Fig. 8 : Composition moyenne des carcasses de liquation par XRF portable.
Analyses de composition moyenne par XRF portable (voir annexes).

10. 2,2 à 4,8 % selon Agricola (Hoover et Hoover, 1912, p. 522), 2,1 à 2,8 % selon Karsten cité par Dumas (1833, p. 412) et 2 à 3 % selon Schnabel (1898, p. 499).

D'après ces résultats, des 3 liquations, seule la dernière semble donc avoir été menée à son terme. Contrairement aux 2 premières, elle a été réalisée avec un seul disque plus épais, ce qui a permis d'éviter sa fragmentation, tout en s'affranchissant d'éventuelles différences de températures entre les disques et en conférant une plus grande inertie thermique au système. Enfin, pour les 3 opérations, on note l'absence de résidus caractéristiques dans le foyer en fin d'opération, ces "épines de liquation" décrites dans les traités métallurgiques, qui devraient représenter près de 5 % de la charge totale et potentiellement jusqu'à 16 %, soit de 200 à 600 g par expérimentation. Les seuls déchets extraits du canal de coulée sont des fragments de plomb contenant des quantités variables de cuivre, certes parfois mélangés avec des oxydes, en quantités difficilement quantifiables. De plus, la perte de métal excède chaque fois très largement ces valeurs.

Alors que le plomb de liquation, plomb d'œuvre riche en argent, est traité par coupellation, les carcasses de liquation doivent être asséchées dans le four de ressuage. Deux carcasses (2B et 3A) ont été sélectionnées pour ces expérimentations.

### 1.3. Ressuage

Le principe du ressuage est le retraitement en foyer fermé des carcasses de liquation pour en extraire le plomb argentifère restant et purifier davantage le cuivre avant son affinage final. Cette opération semble beaucoup plus complexe que la liquation, bien que les traités métallurgiques les plus anciens n'en rendent pas compte[11]. Même la description d'Agricola, pourtant une des plus complètes, se perd davantage dans l'évocation de la préparation du fourneau de ressuage et de l'arrangement des carcasses pendant les 2 premiers jours de l'opération – qui en compte 4 – que sur le ressuage en lui-même qui occupe le troisième jour. Les traités plus récents sont un peu plus prolixes et il est possible de dégager certaines constantes depuis le XVI^e^ siècle sur la nature du four de ressuage. Il s'agit d'un grand four à réverbère de plan carré, pourvu d'une haute cheminée, et aménagé avec des ouvertures à l'arrière pour contrôler l'atmosphère et permettre de vérifier le bon déroulement de l'opération (fig. 9). L'accès principal se fait à l'avant par une énorme porte coulissante en fer. À l'intérieur, les carcasses de liquations sont disposées à plat, les unes à côté des autres sur des rangées de briques. Aux XVI^e^ et XVII^e^ siècles, un tel four peut contenir jusqu'à 5 à 6 tonnes de métal, soit près d'une centaine de carcasses[12]. L'alimentation traditionnelle au charbon de bois semble toutefois céder la place à un combustible bon marché – probablement la houille – au XIX^e^ siècle (Schnabel, 1898, p. 500). Il a été nécessaire d'entreprendre quelques ajustements pour reproduire l'ensemble de

11. Biringuccio ne mentionne pas l'étape de ressuage dans son ouvrage et Ercker évoque à peine le fourneau et la manière dont il doit être conduit.

12. Au maximum de 70 à 100 *centumpondia* de carcasses, soit de 3,5 à 5 tonnes environ, suivant leur composition, d'après Agricola (Hoover et Hoover, 1912, p. 523), 120 *centner*, soit environ 6 tonnes selon Ercker (Sisco et Smith, 1951, p. 246), seulement 36 à 48 carcasses, soit environ une demi-tonne au Bas Harz où la liquation est "peu considérable" selon Schlüter (Schlüter et Hellot, 1734, p. 543).

ces caractéristiques à plus petite échelle. Le fourneau de ressuage expérimental est construit entièrement en briques sur un plan grossièrement carré de 20 x 25 cm. Sur la sole, recouverte de sable de fonderie, ont été disposés 4 petits blocs de calcaire pour recevoir la carcasse de liquation. À l'arrière du fourneau, une soufflerie électrique a été installée en remplacement des ouvertures et de la cheminée pour obtenir l'atmosphère oxydante désirée (fig. 9).

La plupart des auteurs ne donnent aucune information sur le déroulement du ressuage après l'installation des disques et la mise en chauffe. Bien qu'Agricola ne le mentionne pas, il semble qu'un peu de plomb argentifère s'écoule des carcasses après un certain temps, raison pour laquelle certains auteurs voient dans le ressuage une véritable continuité de l'opération de liquation, qui permet d'extraire un maximum de plomb, et donc d'argent, des disques (Guillot et Benoit, 1994). Il y a ensuite rapidement formation de scories, encore appelées "épines" ou simplement "oxydes"

Fig. 9 : Four de ressuage en fonctionnement d'après Agricola (a) et four de ressuage expérimental en construction avec la carcasse en place (b) et en fonctionnement (c) (voir cahier couleur).

selon les traités. Schnabel (1898, p. 501) différencie deux types de scories : les *darrost*, riches en plomb (75-85 %), et les *darrlinge*, pauvres en plomb (15 %), qui peuvent toutes réintégrer la chaîne opératoire en amont. Toutefois, l'obtention de ces différents oxydes n'est pas clairement explicitée. Seul Dumas (1833, p. 413-414) nous donne une description relativement précise de la façon de conduire l'opération pour arriver à purifier correctement le cuivre : il détaille notamment le rôle essentiel des ouvertures, qui étaient successivement laissées libres puis bouchées, pour dans un premier temps oxyder les carcasses (phase oxydante), puis liquéfier les oxydes obtenus sans perdre trop de cuivre (phase réductrice). Ce contrôle rigoureux de l'atmosphère au sein du foyer est-il déjà réalisé au XVIe siècle ? Nous laissons cette question ouverte. Dans le cadre des expérimentations, l'objectif principal fut l'obtention d'une atmosphère oxydante adéquate pour l'assèchement des carcasses à la bonne température.

La température est la deuxième inconnue sur l'étape du ressuage. Comme pour la liquation, aucun auteur ne donne d'information claire à ce sujet. Toutefois, plusieurs indices permettent d'en donner une estimation assez précise. Agricola affirme tout d'abord que les carcasses deviennent incandescentes en une heure et demie et que peu après, les scories commencent à s'écouler. Il insiste aussi sur le fait que les carcasses ne doivent pas fondre. En considérant que les scories sont essentiellement des oxydes de plomb, leur température de fusion est donc proche de celle de la litharge, soit 890 °C. Le diagramme de phase plomb-cuivre montre en outre clairement qu'au-dessus de 955 °C, il est possible de fondre un alliage contenant 63 % de cuivre et 37 % de plomb (fig. 6). Atteindre une température supérieure à cette limite ne semble donc pas approprié pour maintenir les disques à l'état solide. Il est donc légitime de s'inscrire en faux quant à l'assertion de Guillot et Benoit (1994), selon laquelle l'opération de ressuage devrait se dérouler à une température proche du point de fusion du cuivre pour extraire le maximum de plomb. En réalité, une température de l'ordre de 900 à 950 °C semble amplement suffisante pour conduire avec succès le ressuage des carcasses de liquation.

Le premier ressuage expérimental a été réalisé avec la carcasse 2B (contenant près de 50 % de plomb). Elle a été placée dans le four après un préchauffage de 15 min avec des charbons ardents. Du charbon a été ajouté régulièrement pendant toute la durée de l'opération pour maintenir une température de l'ordre de 950 °C, mesurée par un thermocouple. Après une heure et demie, la carcasse était fragmentée. Du plomb s'en était écoulé et avait solidifié sur la sole. Autour des blocs de calcaire se trouvaient également des résidus poreux non-métalliques, ainsi que de petites billes de plomb de la taille d'une tête d'épingle. L'analyse de la carcasse asséchée montre qu'elle contient encore des quantités importantes de plomb (31 à 39 %) prouvant que l'opération n'a pas été menée à son terme. En outre, le plomb qui s'en est écoulé est très riche en cuivre (de 10 à 35 %), preuve que la température critique de 955 °C a été dépassée.

Le second ressuage expérimental a donc été conduit avec le disque 3A à une température inférieure. Cette fois, elle a été mesurée à l'aide du thermocouple et enregistrée. L'opération a duré 2 h : pendant la première, c'est la température de l'atmosphère du foyer qui a été mesurée, puis la sonde a été placée sur la carcasse pour indiquer la température du métal. Un fragment de disque a également dû être retiré pour ne pas gêner le flux d'air de la tuyère. Il a alors été possible de stabiliser la température autour de 850-900 °C pendant la dernière heure, sans faire varier le débit de la soufflerie, la simple alimentation régulière du foyer en charbon toutes les 10 à 15 min suffisant à maintenir le fourneau en température (fig. 10). Après 2 h, la carcasse était toujours en place bien que fragmentée et la sole du four était recouverte d'une flaque d'oxyde rouge (fig. 11). La séparation de la carcasse et de l'oxyde s'est avérée difficile, aussi les masses mesurées sont à prendre avec précaution. La carcasse asséchée contient de 9 à 14 % de plomb et l'oxyde, environ 78 % de plomb et 17 % de cuivre en moyenne (fig.12), compositions proches des données de Karsten rapportées par Dumas (1833, p. 514), ce qui prouve que les conditions adéquates pour le ressuage ont été atteintes lors de cette dernière expérimentation[13]. S'il est difficile d'établir un bilan massique précis en raison des imprécisions de pesée, on remarque toutefois que 10 % de la matière initialement présente a été perdue, perte qui concerne principalement le plomb.

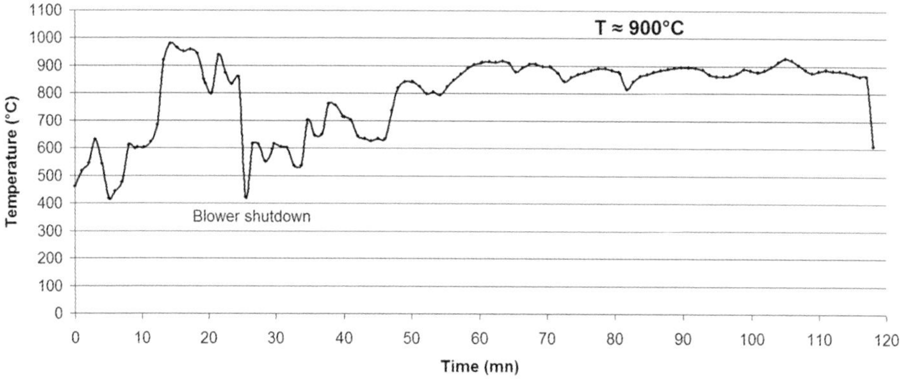


Fig. 10 : Courbe de température au sein du foyer pendant l'opération de ressuage 2.

La chaîne opératoire du procédé par liquation et ressuage proprement dite peut s'arrêter après l'opération de ressuage. Dans son ouvrage, Agricola détaille par la suite l'affinage du cuivre et présente les différentes qualités de cuivre et d'alliages cuivreux qu'il est possible d'obtenir, suivant la nature des minerais et métaux qui ont été traités et le degré de pureté désirée. En effet, les carcasses asséchées n'étaient pas nécessairement destinées à être raffinées à l'état de cuivre "pur" et pouvaient également servir à la fabrication d'une vaste gamme d'alliages comme des bronzes

13. Des analyses complémentaires en fluorescence X sous flux d'hélium ont été réalisées pour estimer la contribution des éléments légers dans les résidus du ressuage. Avec une moyenne de 12 % de silicium, 2 % de phosphore et des traces d'aluminium, pour 66 % de plomb et 14 % de cuivre, ces analyses sont toujours très proches des résultats de Karsten (77-85 % PbO, 4-8 % CuO, 9-14 % $SiO_2$, 1-2 % $Al_2O_3$) (Dumas, 1833, p. 517).

Fig. 11 : Produits du ressuage ; carcasse asséchée sur une flaque d'oxydes de plomb et de cuivre, ressuage 2 (a) ; flaque de plomb très riche en cuivre, ressuage 1 (b) (voir cahier couleur).

| | Masse totale | Plomb (%) | Plomb (g) | Cuivre (%) | Cuivre (g) |
|---|---|---|---|---|---|
| **Carcasse de liquation** | **1 201 g** | **37 %** | **444 g** | **59 %** | **709 g** |
| Fragment de la carcasse | 114 g | 16 % | 18 g | 80 % | 91 g |
| Carcasse asséchée | ≈690 g | 12 % | 83 g | 84 % | 580 g |
| Oxyde | ≈296 g | 66 % | 195 g | 14 % | 41 g |
| **Masse totale des produits** | **1 100 g** | - | **296 g** | - | **712 g** |
| **Perte** | **9 %** | **33 %** | **147 g** | **0 %** | **-3 g** |

Fig. 12 : Bilan matière pour la seconde opération de ressuage, analyses de composition moyenne par XRF portable (voir annexes).

au plomb ou encore le *caldarium* (Dungworth et Nicholas, 2004). Les scories riches en plomb étaient quant à elles réintégrées à la chaîne opératoire pour l'emplombage de nouveaux disques de liquation, mais elles pouvaient également être directement réduites en plomb métallique. Enfin, le plomb de liquation, plomb d'œuvre riche en argent, était porté au four de coupellation.

### 1.4. Coupellation et revivification

L'objectif de cette dernière étape de l'expérimentation était de finaliser la séparation des 3 métaux initialement introduits dans la chaîne opératoire, à savoir le plomb, le cuivre et l'argent, pour déterminer l'influence du procédé par liquation et ressuage sur leur composition finale. Ainsi, il était essentiel en coupellation de récupérer de la litharge et un bouton d'argent, sans tester d'hypothèse archéologique particulière.

2 coupellations ont été conduites avec du plomb de la première et de la troisième liquation. Toutes deux ont été réalisées dans un four en briques réfractaires et de dimensions internes 24 x 32 cm construit sur le modèle du four de coupellation avec plaques d'argiles présenté par Biringuccio (Smith et Gnudi, 1990, p. 167). Le creuset a été fabriqué en cendre de bois industrielle humidifiée et tassée sur une couche d'environ 3 cm (fig. 13). La structure a été chauffée à blanc, puis les fissures apparues dans la coupelle ont été colmatées à la cendre de bois sèche. Pour chaque opération, environ 1 kg de plomb d'œuvre a été placé dans le creuset et mis en chauffe, d'abord au charbon de bois, puis au bois. Lors de la première coupellation, après 1 h, le bain avait atteint la température de 950 °C avec ébullition en surface et contenait de la

Fig. 13 : Coupellation expérimentale ; sole et creuset du four en cendres de bois (a), plomb d'œuvre fondu et formation de litharge à sa circonférence (b) et culot de litharge hâlé hors du four (c) (voir cahier couleur).

litharge en suspension. Plusieurs halages de litharge ont alors pu être réalisés à l'aide d'un ringard (fig. 13). Les culots de litharge obtenus rappellent ceux décrits par Conophagos (1981) ou encore ceux trouvés sur le site de Melle (Téreygeol, 2001). Au cours de la seconde opération, toute la litharge a été absorbée par la coupelle et il n'a donc pas été possible de reproduire le geste de halage. Dans les deux cas, la coupellation a été arrêtée avant d'arriver à l'éclair d'argent. C'est pourquoi 2 essais ont également été réalisés avec du plomb de la troisième liquation pour obtenir 2 boutons d'argent (fig. 14).

| | Essai 1 | Essai 2 |
|---|---|---|
| Masse de plomb d'oeuvre | 15,2g | 15,4g |
| Masse du bouton d'argent | 0,05g | 0,05g |
| Titre en argent | 0,33% | 0,32% |
| Rapport Ag/Pb initial | 0,41% | 0,41% |
| Rendement de l'extraction de l'argent dans le plomb | 80% | 79% |

Fig. 14 : Bilan matière des essais et rendement de l'opération de liquation 3.

La litharge obtenue en coupellation a ensuite été revivifiée, c'est-à-dire réduite pour être transformée à nouveau en plomb métallique. Plusieurs essais ont été réalisés, tout d'abord à partir de litharge "pure" obtenue lors de la première coupellation (fig. 15). Une fois broyée en poudre, cette litharge a été parfois mélangée avec du poussier dans un scorificatoire, avant d'être chauffée jusqu'à sa température de fusion (890 °C) en foyer ouvert. Le plomb obtenu a été coulé en plusieurs fois. D'après ces premiers résultats, l'utilisation de poussier semble favoriser la réduction de l'oxyde de plomb, même s'il n'apparaît pas nécessaire. Malgré tout, les rendements obtenus (15 à 30 %) sont très en deçà des descriptions d'Agricola selon lesquelles on peut produire 100 livres de plomb à partir de 133 livres de litharge, soit un rendement de 75 % confirmé par Ercker (Sisco et Smith, 1951, p. 232) et Schlüter (Schlüter et Hellot, 1750, p. 522-523). Des essais de revivification bien moins concluants ont également été tentés à partir de cendres imprégnées de litharge provenant de la seconde coupellation. Malgré un protocole similaire, aucune coulée n'a pu être

| | Revivification 1 | Revivification 2 | Revivification 3 | Revivification 4 |
|---|---|---|---|---|
| Masse de litharge | 50 g (pure) | 50 g (pure) | 33 g (pure) | 60 g (cendre + litharge) |
| Poussier | Oui | Oui | Non | Oui |
| Durée de l'opération | 47 mn | 24 mn | 22 mn | 45 mn |
| Nombre de coulées de plomb | 2 | 3 | 1 | 0 |
| Masse de plomb obtenue | 15,5 g | 12,2 g | 4,7 g | 7 billes |
| Rendement | 31 % | 24 % | 14 % | – |

Fig. 15 : Descriptif des opérations de revivification de litharge.

effectuée en 45 min. Toutefois, des billes de plomb métalliques ont été retrouvées dans le creuset en fin d'opération (fig. 9), dont l'analyse par fluorescence X a montré qu'elles étaient désargentées à une exception près. Il est donc certain qu'elles proviennent de la réduction de la litharge, bien que le rendement soit extrêmement faible.

Fig. 16 : Bille de plomb obtenue en fin de revivification de cendre imprégnée de litharge.

## 2. Analyse des plombs. Comportement des éléments au cours de la chaîne opératoire

Des échantillons de plombs ont été prélevés à chaque stade de la chaîne opératoire, afin de caractériser les différents produits du procédé par liquation et ressuage, et de suivre le comportement de certains éléments tout au long de la chaîne opératoire. Notre intérêt s'est porté sur deux d'entre eux : l'argent et le cuivre, le premier comme témoin de la réussite de l'opération et le second pour évaluer la potentielle "pollution" en cuivre que cette chaîne opératoire est susceptible d'engendrer (fig. 17).

### 2.1. Comportement de l'argent

L'évolution du titre en argent caractérise le succès de l'opération et son rendement. Le plomb de départ est très pauvre en argent (22 ppm). Au contraire, l'analyse en

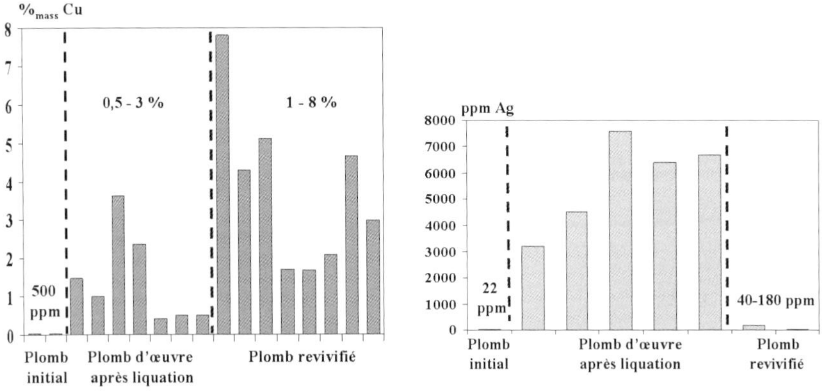


Fig. 17 : Évolution des teneurs en argent et cuivre du plomb tout au long de la chaîne opératoire du *saigerprozess*.

fluorescence X des plombs après liquation montre un pic correspondant à l'énergie de l'argent[14], preuve d'un important enrichissement qui indique que l'argent contenu dans le cuivre est bien passé dans le plomb lors du refroidissement des disques. Avant homogénéisation, l'analyse de ces plombs en LA-ICP-MS donne un titre de 0,45 à 0,76 % d'argent[15]. Ces concentrations, supérieures aux quantités d'argent introduites au départ dans le système[16], illustrent une nouvelle fois l'extrême hétérogénéité de composition des plombs s'écoulant du fourneau de liquation, phénomène déjà constaté dans les anciens traités de métallurgie (Campredon, 1909). À l'instar des plombs de liquation, ceux issus du ressuage sont également hétérogènes, la seule analyse par LA-ICP-MS excédant aussi les teneurs maximales théoriques avec 0,67 % d'argent.

Après coupellation et réduction de la litharge, les plombs revivifiés semblent avoir été correctement désargentés. Aucun ne contient suffisamment d'argent pour le détecter en fluorescence X sur l'anode tournante. Les analyses en LA-ICP-MS donnent des teneurs de 40 à 180 ppm – concentrations compatibles avec les données proposées par Rehren et Prange (1998) pour les plombs désargentés. Ces valeurs prouvent que l'opération de coupellation s'est correctement déroulée bien qu'elle n'ait pas été menée à terme : l'argent ne s'est pas oxydé et n'a pas été piégé dans la litharge. Les essais réalisés avec le plomb de la troisième liquation expérimentale donnent un titre en argent moyen de 0,32-0,33 % (fig. 14), soit un rendement légèrement inférieur à 80 %, parfaitement en accord avec les traités du XVI^e^ siècle, comme Agricola et Ercker, où le rendement varie de 71 à 85 % suivant les quantités de plomb et le rapport plomb/cuivre dans les disques (Hoover et Hoover, 1950, p. 506-509 ; Sisco et Smith, 1951, p. 226). Si les traités du XIX^e^ siècle mentionnent des rendements légèrement supérieurs – 87 % selon Percy (1880, p. 322) –, ils restent du même ordre de grandeur.

Ces derniers résultats sont la preuve irréfutable du succès de cette expérimentation. Il est donc possible d'interpréter l'évolution du comportement du cuivre.

## 2.2. Comportement du cuivre

L'intérêt de tracer le cuivre dans le plomb est de déterminer si le procédé par liquation et ressuage a une influence sur la composition du plomb – ou de la litharge – produit. Le plomb utilisé pour les expérimentations a une teneur en cuivre moyenne (500 ppm) au regard des plombs archéologiques dont la composition est publiée dans la littérature (Wyttenbach et Schubinger, 1973 ; Rehren et Prange, 1998 ;

14. Ces analyses ont été réalisées sur le générateur à anode tournante du LRC DSM01-27. Sans calibration, il s'agit uniquement d'une analyse qualitative. Toutefois, par comparaison avec des plombs de référence, le seuil de détection a pu être estimé à environ 1500 ppm.

15. Ces analyses ont été réalisées au centre Ernest Babelon (IRAMAT CNRS UMR 5060).

16. En considérant que la totalité de l'argent passe dans le plomb, sa concentration maximale serait de 0,41 %. De plus, en théorie, une partie de l'argent reste dans le cuivre et dans les déchets de l'opération dénommés "épines de liquation" (Hoover et Hoover, 1912, p. 505-506).

Cochet, 2000 ; Baron et Cochet, 2003). Après liquation, quel que soit le rendement de l'opération, le plomb d'œuvre est en moyenne de 10 à 60 fois plus riche en cuivre, ce qui est cohérent avec les informations des traités métallurgiques et peut aisément s'expliquer par la température atteinte en liquation. En effet, entre 700 et 800 °C, il est possible de fondre du plomb contenant jusqu'à environ 2 % de cuivre en masse. Pour ces teneurs, le cuivre prend la forme de nodules dans la matrice plombeuse (fig. 18). Le plomb obtenu lors de la première opération de ressuage est encore plus riche en cuivre que le plomb de liquation. Toutefois, il semble que la température atteinte lors de l'opération de ressuage ait été trop élevée. Ces importantes teneurs en cuivre ne sont donc probablement pas représentatives de la réalité technique. Néanmoins, si l'on se réfère à nouveau au diagramme de phase plomb-cuivre, le plomb qui s'écoule lors du début de l'opération de ressuage est susceptible de contenir au moins 5 % de cuivre étant donné les températures atteintes (environ 900 °C).

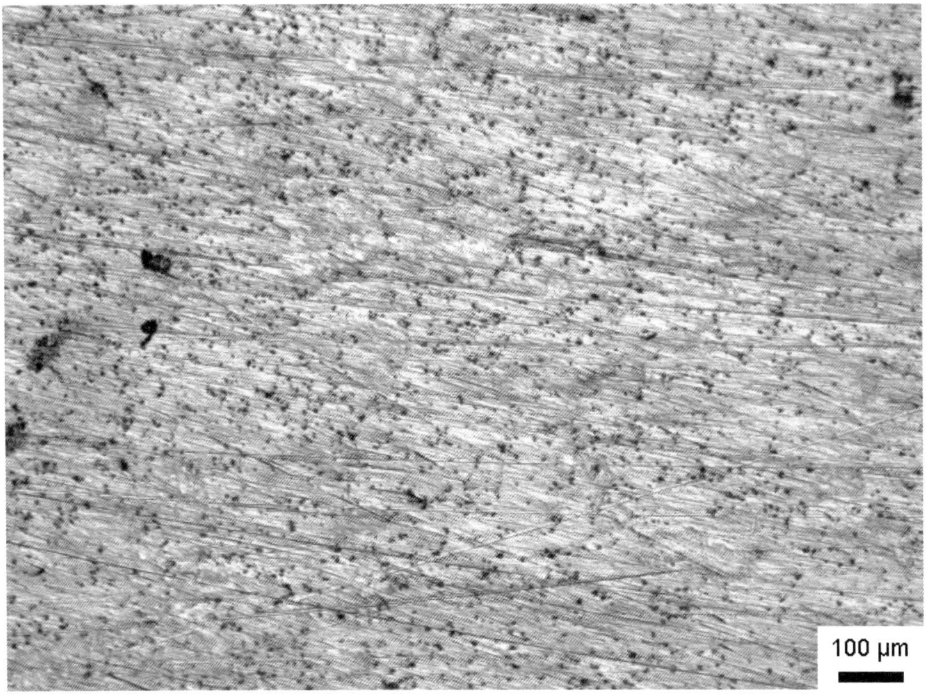


Fig. 18 : Micrographie de l'échantillon MEL08 PB12 montrant des inclusions de cuivre dans la matrice de plomb.

Après coupellation et revivification des litharges, le plomb obtenu est encore plus riche en cuivre que le plomb de coupellation. Les analyses par LA-ICP-MS des billes d'argent selon le protocole publié par Sarah *et alii* (2007) confirment que le cuivre ne reste pas dans le bouton d'argent lors de la coupellation (fig. 19), mais s'oxyde et passe dans la litharge. Seule une perte importante de plomb peut expliquer un tel phénomène d'enrichissement en cuivre, puisqu'aucun ajout de ce métal n'a été réalisé à ce stade. Le faible rendement observé lors de la revivification pourrait en outre ne pas être étranger à ce phénomène. Une perte de plomb limitée aurait probablement réduit la teneur en cuivre des plombs obtenus *in fine*. Néanmoins, dans tous les cas, le passage d'une partie importante – et probablement de la totalité – du cuivre dans les litharges lors de l'opération de coupellation, puis dans le plomb revivifié, assure que les plombs issus de cette chaîne opératoire sont fortement chargés en cuivre, au moins de l'ordre de plusieurs milliers de ppm, voire quelques pourcents.

| | Ag (%) | Cu | Au | Bi | Cd | Hg | Pb | Pd | Ru | Sb | Sn |
|---|---|---|---|---|---|---|---|---|---|---|---|
| AG01 | 99,96 | 150 | 6 | 3 | 11 | 109 | 77 | 18 | 2 | 0 | 0 |
| AG02 | 99,97 | 60 | 6 | 0 | 11 | 148 | 24 | 18 | 1 | 0 | 1 |

Fig. 19 : Analyse par LA-ICP-MS (en ppm, sauf l'argent) des boutons d'argent obtenus en essai.

## 3. Enseignement technique et perspectives

Ces deux campagnes d'expérimentations sur le procédé par liquation et ressuage visaient deux principaux objectifs : une meilleure connaissance des gestes techniques liés à cette chaîne opératoire et l'étude des produits qui en sont issus, en particulier les plombs, pour créer un corpus de référence.

Ces expérimentations ont tout d'abord apporté des données nouvelles concernant les températures de travail. Pour la liquation, une température de 700 à 800 °C, aisée à atteindre en foyer ouvert, semble adéquate. En outre, cette fourchette est loin d'être stricte, comme en témoigne la variabilité de la teneur en cuivre des plombs de liquation relevée dans la littérature[17]. En revanche, l'opération de ressuage tolère moins de variations de température, qui semble en théorie devoir être circonscrite autour de 900 °C. D'après les expérimentations, une température légèrement inférieure à 900 °C pourrait même sembler préférable pour ne pas risquer de dépasser 955 °C et fondre les carcasses. Liquation et ressuage s'effectuent donc sensiblement à la même température, la principale différence étant le passage d'une atmosphère réductrice, dans le cadre de la liquation, à une atmosphère oxydante rigoureusement contrôlée pour le ressuage.

Enfin, il est essentiel de revenir sur la question du rendement et des dimensions traitées. Le traitement d'un disque unique et de plus grandes dimensions est la principale raison de l'augmentation du rendement de la dernière expérimentation, en évitant à la fois la création d'un gradient de température au sein du foyer, qui conduit à une liquation hétérogène des disques, et la désintégration des carcasses trop fines. Malgré tout, les pertes de plomb restent considérables : près de 40 %. Environ 8 % lors de la liquation et 33 % lors du ressuage. Au XIXe siècle, Karsten et Percy (1880, p. 338) évoquent, pour l'ensemble de la chaîne opératoire, une perte de l'ordre de 13 à 16 % essentiellement due aux étapes de ressuage et d'affinage du cuivre que nous n'avons pas conduites. Les rendements n'étaient certainement pas aussi élevés au début de la période moderne, comme en témoignent le traité d'Ercker,

17. Agricola donne jusqu'à 4,8 % de cuivre dans le plomb, un alliage qui fond à 900 °C environ.

qui suggère la perte de 15 % du plomb uniquement pour les phases d'emplombage de liquation (Sisco et Smith, 1951, p. 232) ou encore celui de Schlüter, selon lequel 1/4 à 1/3 du plomb est perdu pour l'ensemble du procédé (Schlüter et Hellot, 1750, p. 518). Sachant que nous disposions à l'origine de matériaux purs et que l'affinage du cuivre n'a pas été réalisé lors de cette campagne d'expérimentations, la perte de 40 % de plomb reste bien en deçà des estimations les plus pessimistes. Toutefois, notre inexpérience dans la maîtrise du procédé ne doit pas être seule mise en cause : les faibles quantités traitées (quelques kilogrammes par opération) expliquent également une perte plus importante de matière par défaut d'inertie thermique. N'oublions pas que les procédés décrits dans les traités concernent toujours des quantités de plusieurs tonnes de métal. Cette perte importante explique également l'absence "d'épines de liquation" dans les déchets, bien que des oxydes de plomb et de cuivre en faibles quantités aient été systématiquement retrouvés au contact des carcasses. Pour obtenir ce type de résidu, il semble donc judicieux de reprendre ces expérimentations en traitant des quantités plus importantes, de l'ordre de plusieurs dizaines de kilogrammes. Les autres produits et semi-produits du *saigerprozess* ont en revanche pu être caractérisés.

Les produits à base cuivre sont susceptibles de contenir de grandes quantités de plomb (plus de 20 %) et ont vraisemblablement pu être utilisés sans affinage préalable, sous la forme de bronze au plomb, comme le proposent Dungworth et Nicholas (2004). Les produits à base de plomb sont quant à eux fortement influencés par le procédé par liquation et ressuage, avec un enrichissement notable en cuivre, tout au long de la chaîne opératoire. Après coupellation, il s'appauvrit également en argent. En revanche, l'argent produit par coupellation ne semble pas se distinguer d'un argent issu du traitement traditionnel d'un minerai de plomb argentifère.

Ce second objectif rempli, il est désormais possible de comparer des échantillons archéologiques à ce corpus de référence afin de pister l'introduction et la diffusion du procédé par liquation et ressuage. Tout d'abord, en reprenant l'analyse des déchets de sites de production de cuivre et d'argent, de nouvelles hypothèses sur la nature des structures pourront être proposées, comme à l'atelier monétaire royal de La Rochelle où un fourneau de liquation du milieu du XV^e^ siècle qui permet le traitement d'alliages de bas billon a ainsi pu être identifié (Mille et Téreygeol, 2011). Par ailleurs, tracer l'apparition et la diffusion du *saigerprozess* sur l'ensemble des sites de consommation du plomb par l'intermédiaire de leur concentration en cuivre ne semble plus illusoire, l'entrée sur le marché de plombs issus de la chaîne opératoire du *saïgerprozess* étant susceptible de faire augmenter sensiblement cette teneur. Cette éventuelle évolution ne saurait être que fort ténue, car il ne faut pas négliger l'importance des mélanges et du recyclage pour ce matériau. L'étude d'un large corpus de plombs de construction médiévaux et moderne qui provient des grandes cathédrales du quart nord-est du royaume de France est actuellement en cours afin de saisir d'éventuelles ruptures dans leur composition.

# Les plombs de vitraux d'après le traité d'Antoine de Pise, maître verrier du Trecento

## *Leadlines of stained glass from treaty of Antoine de Pisa, master glazier of Trecento*

Annick Texier, Anna Zymla, Claudine Loisel, Jean Dubos, Laurence Cuzange, Florian Téreygeol

**Résumé** : Le traité d'Antoine de Pise, maître verrier du Trecento, est un manuel du savoir-faire du vitrail. Toutes les phases du travail du maître verrier comme le choix des couleurs et la coupe des verres, la fabrication de la peinture et du four pour la cuisson du verre peint y sont décrites et ont été expérimentées. Antoine de Pise donne aussi des recommandations succinctes sur la réalisation des moules à plombs pour vitraux, en précisant tout de même que "le meilleur des moules est celui conçu avec un alliage de quatre parts de plomb et d'une part de cuivre".

L'étude du texte et la faisabilité technico-scientifique en laboratoire de ce mélange peu probable dans notre métallurgie moderne ont été suivies d'une expérimentation sur la plate-forme archéologique de Melle. Cette double approche ainsi que la constitution d'une équipe pluridisciplinaire ont permis de mettre en œuvre les moyens disponibles au XIV^e^ siècle pour concevoir ce moule et obtenir des plombs de sertissage.

***Abstract:*** *The treaty of Antoine de Pisa, master glazier of the Trecento, is a manual of knowledge of stained glass windows. All phases of the work of master glass as the choice of colors and cutting of glass, paint production and oven manufacturing for cooking painted glass are described and have been tested. Antoine de Pisa also gives brief recommendations on achieving the molds for leads of stained glass windows, still indicating that "the best of molds is designed with an alloy of four parts of lead and a copper part."*

*The study of the text and the technical and scientific feasibility of this mixture in the laboratory, unlikely in our modern metallurgy, were followed by experiments on the archaeological platform of Melle. This dual approach and the establishment of a*

*multidisciplinary team helped implement the means available in the fourteenth century to design the mold and get lead came.*

**Mots-clés** : Alliage, cuivre, médiéval, moules, plomb, traité, vitraux.

***Key-words**: Alloy, copper, leadlines, medieval, mould, stained glass windows, treaty.*

## 1. Introduction

Antoine de Pise, maître verrier actif à la fin du XIVe siècle, a laissé une admirable verrière à la cathédrale de Florence ainsi qu'un traité sur la pratique du vitrail. Ce traité, traduit en français du vieux toscan par Claudine Lautier *et al.*, attire l'attention du lecteur sur les moules pour faire les plombs de sertissage *[Antoine de Pise, Traité, manuscrit reproduit dans Vetrate, Arte e Restauro (dal trattatodi ANTONIO da Pisa alle nuevo tecnologie di restauro) Perugia, Umbria Editrice, 1991, 176p. Bibliotheca del Sacro Convento, ms692, Assise, traduction et résultats d'expérimentations.]*

Les différentes pièces de verre d'un vitrail sont assemblées (serties) par des baguettes de plomb. Ces baguettes, appelées plombs de sertissage, sont mises en forme soit par coulée de plomb en fusion dans un moule, soit, pour des périodes plus récentes, par passage au tire-plomb d'une ébauche en plomb moulé (fig. 1).

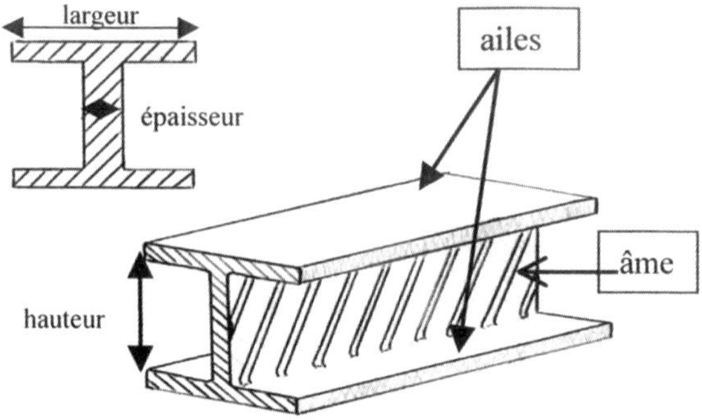


Fig. 1 : Schéma d'un plomb de sertissage pour vitrail.

*Fol. 11r-12r*

*Je veux ainsi te dire la méthode [pour faire] des moules pour couler les plombs des fenêtres, c'est-à-dire ceux qui entourent et relient les verres. Les moules se font de plusieurs choses, selon l'opinion de certains maîtres en cet art. § Il y en a certains qui font leurs moules de marbre. § Certains de travertin. § Certains de pierre de meule. § Certains de fer. § Certains de plomb. § Mais je veux te dire parmi toutes ces choses et ces moules lesquels sont les meilleurs que l'on puisse utiliser et qui durent davantage qui ne se cassent pas à cause de la chaleur du plomb. § Remarque que les moules // qui se font avec deux grosses barres de plomb sont les meilleurs moules que l'on puisse utiliser et plus sûrs que les autres. § Et remarque que lorsque tu veux couler les plombs, il vaut mieux oindre [le moule] d'abord avec une éponge avec de l'huile de grain ou avec de l'huile d'olive ou du suif fondu et lorsque tu as coulé 4 ou 5 fois ou 6, retire les plombs, oins les petits canaux des moules avec ladite éponge et ceux-ci sont les moules les plus parfaits que l'on puisse utiliser. § Les 2e moules qui viennent juste derrière ceux-ci sont ceux faits de pierre de grès tendre, qui ne doit pas être dur, car il se rompt par la chaleur du plomb. De même font ceux de marbre qui par la chaleur et [à cause de] leur dureté se cassent et ne durent pas du tout et ceux de fer ne se joignent jamais bien ensemble. § Remarque que ce plomb-là dont tu veux faire le moule doit être mélangé avec du cuivre c'est-à-dire 4 parts de plomb et une de cuivre. Fais de la sorte qu'une fois le cuivre fondu, mélange le plomb avec lui et coule deux grandes barres et aplanis-les de façon qu'elles se joignent bien, fais les canaux selon la forme des baguettes et oins comme j'ai dit ci-dessus, lorsque tu veux couler les plombs, avec de l'huile ou à la fumée au-dessus d'une lampe ou au-dessus de la fumée de la chandelle de suif, car cette fumée ou un autre onguent empêche le plomb // que tu coules dans les moules d'adhérer. § Et remarque qu'en mettant du suif ou de la cire dans le plomb lorsque celui-ci est fondu, il devient beaucoup plus fluide dans le moule à couler. § Et dans le cas où tu ne voudrais pas faire ces moules en plomb n'ayant pas la méthode pour les faire, tâche de les faire avec une pierre qui ne soit pas trop dure comme est le marbre ou une autre pierre semblable au mortier qui n'est pas bonne à cause de sa dureté, qui lorsqu'elle chauffe à cause de la chaleur du plomb, se rompt et les canaux s'abîment de sorte qu'il convient que tu essaies de trouver une pierre comme celle avec laquelle on fabrique les moules des écuelles d'étain, ou du grès, ou une autre pierre semblable. Deo gratias. Amen.*

Actuellement en France, issus de fouilles archéologiques, seuls deux éléments de moules à plombs en pierre sont répertoriés : celui de Saint-Denis (Seine-Saint-Denis) du Xe siècle ou XIe siècle et celui de Reims (Marne) du XIIIe siècle. Dans le cadre d'une autre expérimentation, l'exécution d'un moule en pierre tendre (pierre de Richemont) a été facile (Debitus *et al.*, 2008). La longueur maximum, de 50 cm, obtenue pour les plombs de sertissage dans ce moule corrobore les observations réalisées sur des résilles du Moyen Âge[1] (Cuzange, 1999).

Antoine de Pise, après avoir cité divers matériaux pouvant être utilisés pour faire des moules et en avoir fait la critique, dit que "*le meilleur des moules est celui conçu avec un alliage de quatre parts de plomb et d'une part de cuivre*". L'objectif de ce travail était d'élaborer un moule dans des conditions proches de celles de la fin du XIVe siècle et de l'utiliser pour la fabrication de plombs de sertissage.

Pour mener à bien cette recherche, nous avons tout d'abord fait une étude technico-scientifique car la préconisation d'Antoine de Pise sur ce mélange cuivre/plomb semblait curieuse. En effet, comme nous le verrons plus avant, ces deux métaux sont très peu miscibles l'un avec l'autre et aucune autre application de son utilisation ne nous était connue.

L'étude technico-scientifique en laboratoire comprend le "décorticage" du texte et l'étude théorique de la faisabilité d'un tel moule afin de définir les paramètres les plus appropriés à la réalisation du mélange cuivre/plomb et les raisons pour lesquelles ce

1. Sur ces résilles, on observe que la longueur de plomb utilisée est moindre.

mélange présente un intérêt. Cette faisabilité confirmée, le prototype de moule est réalisé dans les conditions optimales de laboratoire.

Ensuite, une expérimentation a été menée dans des conditions proches de celles du Moyen Âge, possible par la constitution d'une équipe pluridisciplinaire associant scientifiques de diverses spécialités, fondeur et spécialiste du vitrail et surtout par l'accès à la plate-forme archéologique de Melle avec l'objectif de fabriquer des plombs de sertissage avec le moule cuivre/plomb préconisé par Antoine de Pise.

## 2. Étude technico-scientifique en laboratoire

### 2.1. Texte et approche théorique

Dans son texte, Antoine de Pise parle d'une proportion de 4 parts de plomb pour 1 part de cuivre, sans préciser s'il s'agit de part en masse ou en volume. Il paraît probable que ce soit des parts en masse car plus simples à mettre en œuvre par simple pesée des deux métaux, soit 80 % de plomb pour 20 % de cuivre. Cependant, il ne faut pas écarter la possibilité de mesurer les volumes des métaux. Le contrôle de ces deux options par calcul est présenté dans la figure 2 et montre que le choix des parts en masse ou en volume n'induit pas une différence de composition qui pourrait changer significativement le processus d'obtention de l'alliage et de ses propriétés.

| | Plomb | Cuivre | | Plomb | Cuivre |
|---|---|---|---|---|---|
| Masse volumique en g/cm$^3$ | 11,3 | 8,92 | | | |
| Choix en % massique | 80 | 20 | Correspondance en % volumique | 74 | 26 |
| Choix en % volumique | 80 | 20 | Correspondance en % massique | 83 | 17 |

Fig. 2 : Proportions cuivre-plomb en fonction du choix des parts en masse ou en volume.

L'étude du diagramme de phase (Massalski, 1986) de l'alliage cuivre-plomb apporte diverses informations utiles pour la compréhension de l'alliage. La solubilité à l'état solide du plomb dans le cuivre est très faible ; à 600 °C elle ne dépasse pas 0,29 % (phase $\alpha$). On note également qu'à cette température, la solubilité du cuivre dans le plomb est inférieure à 0,023 % (phase $\beta$). Le diagramme de phases Cu-Pb fait apparaître une zone de démixtion[2] à 954 °C. À cette température, un liquide $L_1$ à 47,75 % de plomb et un liquide $L_2$ à 85,90 % de plomb sont en équilibre. Le liquide riche en cuivre ($L_1$) se transforme selon la réaction $L_1 = \alpha + L_2$ en liquide $L_2$.

Dans le liquide $L_2$, avec la diminution de la température, il y a précipitation de la phase $\alpha$ et le liquide restant se solidifie à la température de 326,3 °C en donnant l'eutectique[3] contenant 99,94 % de plomb et 0,06 % de cuivre dans les conditions d'équilibre.

2. Lacune de miscibilité dans l'état liquide.

3. Mélange de deux phase qui fond et se solidifie à température constante.

Antoine de Pise dit : *"Fais de la sorte qu'une fois le cuivre fondu, mélange le plomb avec lui"*, mais il ne précise pas si l'on doit ajouter le plomb sous forme solide ou liquide. Pour répondre à cette question, considérons le bilan thermique de formation de l'alliage cuivre-plomb pour une fraction massique $x$ de plomb et une fraction massique 1-$x$ de cuivre avec les hypothèses suivantes ; la chaleur spécifique du cuivre et du plomb est constante, la transformation est adiabatique à la fin de l'opération considérée par le bilan, le bain (alliage Cu-Pb) est liquide. Cela suppose que la température du bain ne baisse pas en-dessous de la température de fusion du cuivre : 1 080 °C. On admet également que la température du cuivre ne dépasse pas 1 200 °C, limite possible dans les fours au Moyen Âge.

Les calculs du bilan thermique montrent qu'il n'est pas possible d'obtenir l'alliage souhaité (à 80 % de plomb) en un seul ajout de plomb solide ou liquide dans un cuivre à 1 200 °C. En revanche, il est possible de le faire par des ajouts successifs du plomb dans un alliage à 1 200 °C de plus en plus riche en plomb (Texier et Zymla, 2008).

Un autre point particulièrement important est de savoir comment mélanger ces deux métaux sans avoir de perte de matière par oxydation. En effet, plus le cuivre et le plomb sont chauffés au-delà de leur point de fusion, plus ils s'oxydent, mais aussi plus l'homogénéisation de l'alliage est rapide et facile.

Antoine de Pise écrit : *"Mais je veux te dire parmi toutes ces choses et ces moules lesquels sont les meilleurs que l'on puisse utiliser et qui durent davantage ... "*.

Les données présentées montrent les différences de masse volumique, de masse molaire, de température de fusion entre le cuivre et le plomb, mais surtout les grands écarts (facteur de 4 à 10) de conductivité thermique et de chaleur spécifique[4] .

| Élément | Masse volumique g/cm$^3$ | Masse molaire g/mol | Température de fusion °C | Chaleur spécifique J/kg/K | Conductivité thermique W/m/K (à 300 K) | Chaleur latente de fusion kJ/kg |
|---|---|---|---|---|---|---|
| Cuivre | 8,96 | 63,55 | 1 080 | 516 | 401 | 205 |
| Plomb | 11,35 | 207,2 | 327 | 140 | 35,3 | 24 |

Fig. 3 : Propriétés physiques du cuivre et du plomb.

La spécificité du moule plomb-cuivre (par rapport à un moule en plomb) est son refroidissement rapide et sa capacité thermique dus à la grande conductivité thermique et à la chaleur spécifique du cuivre, ainsi qu'à la diminution des risques de dégradation du moule lors de la coulée et du démoulage des plombs de sertissage facilitée par la structure stable du cuivre à une température élevée ($T_f$ 1 080 °C).

4. Quantité de chaleur nécessaire pour élever de 1 *C une masse de 1kg du matériau.

## 2.2. Réalisation de l'alliage plomb/cuivre

Deux lingots cylindriques de 5,5 cm x 2,5 cm, l'un en alliage plomb-cuivre et l'autre en plomb pur, ont été élaborés dans un four à induction dans une atmosphère d'azote pour s'affranchir des problèmes d'oxydation. L'alliage plomb-cuivre obtenu est de couleur grise avec des reflets mordorés. Après un léger polissage, il prend une teinte couleur cuivre. L'examen de la coupe métallographique révèle la présence de dendrites de cuivre dans la matrice de plomb. Cette structure est assez hétérogène entre deux zones relativement proches du lingot, la concentration et la taille des dendrites peuvent varier d'un facteur 10.

À partir des lingots, un moule en plomb et un autre de plomb-cuivre ont été fabriqués, simulant par une entaille la coupe longitudinale d'un plomb de sertissage.

Après 20 coulées dans le moule avec le cuivre-plomb, le démoulage s'avère facile, les pièces sont précises et il n'y a pas de déformation de l'entaille. Par contre, pour le moule en plomb, après quelques essais, le démoulage devient difficile, la pièce colle aux parois et il faut avoir recours à des outils pour démouler, ce qui l'endommage.

*//Et remarque que lorsque tu veux couler les plombs, il vaut mieux oindre [le moule] d'abord avec une éponge avec de l'huile de grain ou avec de l'huile d'olive ou du suif fondu//*

*//fais les canaux selon la forme des baguettes et oins comme j'ai dit ci-dessus, lorsque tu veux couler les plombs, avec de l'huile ou à la fumée au-dessus d'une lampe ou au-dessus de la fumée de la chandelle de suif, car cette fumée ou un autre onguent empêche le plomb // que tu coules dans les moules d'adhérer//*

Antoine de Pise propose pour améliorer le démoulage d'utiliser divers produits. Après test, l'huile de colza et le noir de fumée (bougie) améliorent bien le démoulage. Les observations au Microscope Électronique à Balayage montrent la présence de particules de carbone sur la surface des plombs de sertissage ainsi obtenus. Dans un cas, il s'agit du noir de bougie, et dans l'autre, de carbone solide obtenu par pyrolyse de la matière organique de l'huile de colza.

L'utilisation du graphite comme agent de démoulage est effectivement connu depuis longtemps en métallurgie.

## 2.3. Conclusion de l'étude technico-scientifique

Le travail effectué montre que le procédé décrit par Antoine de Pise est réalisable et présente divers avantages comme la rapidité du travail, la qualité des pièces obtenues et la durabilité du moule par rapport à un moule en plomb. Cependant, ces essais ont été réalisés en laboratoire en utilisant un four électrique sous atmosphère inerte, ce qui a permis de s'affranchir des problèmes de température d'élaboration et des mécanismes d'oxydation. Les diverses expérimentations sur site archéologique de fabrication d'alliage cuivreux montrent que les températures obtenues dans les fours de refonte des métaux fonctionnant au charbon de bois avoisinent les 1 100 à 1 200 °C (Téreygeol et Happ, 2000), que le risque d'oxydation des métaux en fusion peut être réduit par l'usage d'une couverte (type poussier) ou d'un couvercle.

## 3. Expérimentation sur la plate-forme archéologique de Melle

La première étape de validation théorique et d'essais en laboratoire effectuée, une expérimentation d'archéo-métallurgie paraissait impérative. La plate-forme d'expérimentation archéologique de Melle nous a offert la possibilité de poursuivre nos recherches.

### 3.1. Choix des paramètres et réalisation des barres (ébauches) pour faire le moule à plombs

Antoine de Pise décrit très succinctement la manière de faire le moule : "*§ Remarque que ce plomb-là dont tu veux faire le moule, doit être mélangé avec du cuivre c'est-à-dire 4 parts de plomb et une de cuivre. Fais de la sorte qu'une fois le cuivre fondu, mélange le plomb avec lui et coule deux grandes barres et aplanies-les de façon qu'elles se joignent bien, fais les canaux selon la forme des baguettes*"

Si nous apprenons que le moule est constitué de deux grosses barres et que le profil du plomb de sertissage se fera après coulée, il n'indique aucune dimension ; aussi, c'est à partir d'autres études que nous allons définir certains paramètres.

Après la Seconde Guerre mondiale, de nombreuses restaurations comme celles de Reims (XIIIe), Châlons-sur-Marne (XIIIe), Sens (XIIIe) et Tours (XVe) ont vu le remplacement des plombs anciens par des plombs neufs. Les résilles de plombs anciens ont été stockées et documentées. Les dimensions maximales de ces baguettes varient de 35 à 50 cm.

Même lorsque le verrier du Moyen Âge avait à réaliser un tracé de grande dimension, il n'avait d'autre choix que de mettre bout à bout deux baguettes et de les souder ensemble à l'endroit du raccord. Il arrive donc fréquemment que l'on observe des soudures ailleurs qu'aux intersections entre 2 verres. Ces observations nous orientent vers une longueur de moule d'au moins 50 cm.

Le moule doit être suffisamment épais pour ne pas se déformer, mais pas trop épais pour être facilement manipulable. Chacune des barres sera coulée séparément et en une fois. Le poids total de métal en fusion doit donc tenir dans un creuset restant transportable.

Les barres dite ébauches auront une épaisseur de 2 à 4,5 cm de largeur pour 54 cm de long.

Pour servir de moule de coulée, un coffrage en bois est exécuté. Ce coffrage est rempli de sable de fonderie (sable SPEF 101 à l'huile, degré de finesse 220-grain 0,07 de la société BADIE-SEFFA) puis la forme de l'ébauche est imprimée dans le sable (fig. 4). La proportion de métal pour couler une ébauche est de 1,2 kg de cuivre pour 4,8 kg de plomb. C'est dans un four en trou de serrure chauffé au charbon de bois que les creusets sont placés pour faire fondre les métaux. Les creusets, pour être plus résistants, sont en terre chamottée et contiennent donc de la silice. Dès la première chauffe, à l'ajout du plomb, il se produit une vitrification[5] détruisant le creuset. Il semble que d'autres techniques de préparation des creusets puissent être envisagées mais nous avons pris le parti de travailler dans des creusets de graphite, seule concession "moderne" de notre programme.

Fig. 4 : Étapes de fabrication du moule à plombs en alliage cuivre/plomb.
De droite à gauche : gabarit de l'ébauche en bois, ébauche dans son moule (bois et sable de fonderie), ébauche brute de fonderie, ébauche débarrassée du sable et des oxydes de plomb, deux valves du moule à plomb.

Le cuivre employé lors de l'expérimentation est un cuivre rouge de couverture[6]. Il se présente sous forme de plaques de 4 x 7 cm et le plomb est celui disponible à Melle[7].

Afin d'éviter de refroidir le cuivre au moment du mélange et d'avoir besoin rapidement de plus d'énergie que le four ne peut produire, le cuivre doit être à une

5. Réaction entre l'oxyde de plomb et la silice.
6. Fourniture KME Tréfimétaux.
7. Ce plomb, nous le verrons par la suite, a deux provenances et donc des compositions différentes.

température de 1 100-1 200 °C et le plomb au moment de l'ajout à une température proche des 600 °C. L'oxydation à la surface des deux métaux au moment de leur fusion n'est pas gênante. Quand il y a des oxydes, ils sont écumés facilement. Une façon de limiter l'oxydation est de placer un couvercle sur les creusets. Le cuivre est perché au bois vert avant ajout du plomb. L'alliage est quant à lui mélangé avec un barre d'acier. La coulée dans le moule, maîtrisée par le fondeur de l'équipe, n'a posé aucun problème (fig. 4). Après refroidissement, un léger retrait est visible pour l'ébauche et une couche très épaisse d'oxydes s'est formée à la surface. L'analyse par diffraction X confirme la présence d'oxyde de plomb, et entre autres de litharge et de massicot. L'ébauche ne doit pas être manipulée trop rapidement, il est impératif de la laisser refroidir environ 2 h avant le démoulage car elle reste fragile.

La température du four est primordiale pour travailler dans de bonnes conditions. Son chauffage optimum demande au moins 6 h. Tant qu'il n'est pas obtenu, le cuivre fond lentement et toutes les phases du travail manquent de marge de manœuvre (le cuivre risque de figer dans le creuset – augmentation potentielle de la formation d'oxydes).

Par contre, dès que le four est correctement "réglé", un certain rendement peut être atteint. En effet, en l'espace de 2 h, après avoir cadré l'organisation autour du foyer à 3 personnes, 5 ébauches sont fabriquées. Il est certainement possible d'augmenter le rendement en préparant des moules de coulée en plus grand nombre et plusieurs creusets à disposition dans le foyer. Lors de cette phase d'essai, le rapport consommation de charbon de bois/nombre d'ébauches exécutées s'avère beaucoup plus "rentable" que lors de nos premiers essais.

### 3.2. Élaboration du moule pour plombs de sertissage

*"§ Remarque que ce plomb-là dont tu veux faire le moule... coule deux grandes barres et aplanis-les de façon qu'elles se joignent bien, fais les canaux selon la forme des baguettes."*

Antoine de Pise ne donne quasiment pas d'indication sur la manière de fabriquer le moule à partir de l'ébauche si ce n'est qu'il précise qu'il faut couler les ébauches (barres) puis les rendre jointives, pour ensuite y creuser la forme pour faire les plombs. Sans cette dernière précision, l'option de fabriquer directement à la coulée les moules prêts à l'utilisation aurait pu être envisagée. Les deux ébauches sont débarrassées par martelage, grattage des oxydes et restes de sable de fonderie et autres résidus de la coulée (fig. 4). Sur une enclume, avec un maillet en acier, les ébauches sont légèrement battues pour dégauchir les barres. C'est sur la face de fond de moule que sera tracé le profil du plomb de sertissage. Avec un jeu de limes en acier, cette surface est râpée, frottée pour mettre le métal à nu et le polir grossièrement car, devenant valve du moule, elles doivent être jointives avec l'autre. Au cours de ces opérations d'élimination des oxydes et de nettoyage de la surface des ébauches, de fortes hétérogénéités de concentration de cuivre et des porosités sont visibles.

Les surfaces sont matées par le martelage[8]. La concentration de dendrites de cuivre importante dans la partie médiane de la surface travaillée est moins visible, probablement liée à un recouvrement partiel avec le plomb.

Il y a alternance de ces opérations pour finir par un martelage des 2 barres l'une sur l'autre de manière à ce que les deux faces nettoyées soient le plus jointives possible. Toute cette phase d'opération demande une certaine maîtrise du travail du métal. Cet alliage cuivre-plomb des ébauches, s'il est assez facile à travailler, se déforme aussi très rapidement et un bras mal assuré au lieu de dégauchir peut complètement déformer les barres et les rendre inutilisables. À l'aide d'une surface plane et régulière en acier, les surfaces sont lissées, polies. Les 2 valves sont frottées l'une contre l'autre pour en améliorer encore la jonction.

Un système de repérage de positionnement et de fixation des 2 valves du moule est mis en place. Il est alors possible d'exécuter le creusement du profil de plomb de sertissage que nous souhaitons. Le métal se travaille bien. Il est relativement souple sans être trop “mou”. Il se comporte presque comme du plomb avec cependant des zones plus dures dues aux concentrations de dendrites de cuivre. À une température d'environ 100 °C, la réaction à l'outil est améliorée, mais il est presque trop souple pour un travail sans risque. Les outils employés sont assez simples : ciseau à bois de moyen à très fin, limes grossières plates et d'autres plus fines, réglette métallique, méplat et barre ronde d'acier poli et divers autres petits outils.

2 tracés parallèles pour chacune des valves sont marqués à l'aide d'une réglette et d'une pointe. Les tracés pour les 2 valves du moule devant coïncider, les repères effectués précédemment sur le moule sont utilisés (fig. 4).

La distance entre ces 2 tracés correspond à la hauteur du plomb. Le creusement des sillons perpendiculairement aux tracés déterminera la largeur des ailes du plomb de sertissage, celui en largeur en déterminera l'épaisseur. Le léger rabotage en surface de l'espace entre les 2 sillons formera l'âme et son épaisseur. Les creusements des ailes et de l'âme se font simultanément et progressivement jusqu'à l'obtention d'une forme semblant convenir. Des prises d'empreintes avec un matériau meuble type terre, mie de pain permettent de visualiser ce que sera le profil du plomb. Des finitions de type lissage, matage, polissage sont ensuite réalisées. Afin de faciliter la coulée, un trou de coulée en entonnoir est aménagé sur une des extrémités du moule (un demi-entonnoir par valve) ; l'autre extrémité restant ouverte du volume de la forme du plomb de sertissage (fig. 5).

Pour améliorer la fabrication du moule, il conviendrait de fabriquer un outillage plus adapté au travail de ce métal et aux formes devant être exécutées : une enclume plate adaptée à la taille des ébauches, une table avec des possibilités de calages parallèles, développer des outils en acier comportant la préforme du profil du plomb, certains pour enlever de la matière, d'autre pour polir, mater dans la forme, etc.

8. Bouchage des porosités par déplacement du métal.

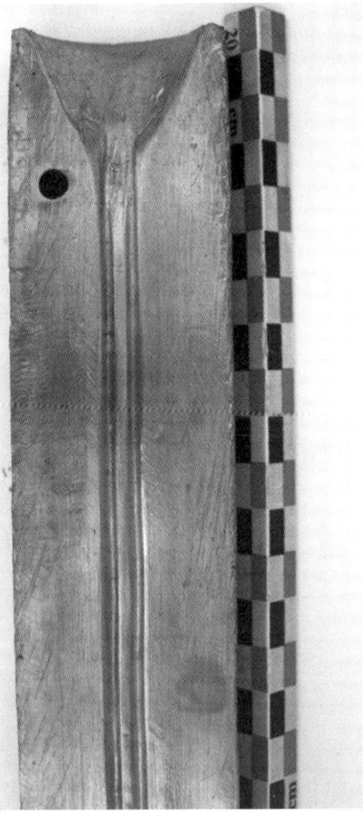

Fig. 5 : Demi-moule prêt à l'utilisation. Forme de l'entonnoir, tracé du profil, couleur rouge sur la partie médiane : concentration de dendrites de cuivre.

### *3.2.1. Étude métallographique d'ébauche et de moule*

L'ébauche a été découpée dans sa partie médiane afin d'observer les oxydes formés à sa surface et sa structure métallographique. Sur la face externe de l'ébauche, le feuilletage très fin d'oxydes de plomb a une épaisseur de 500 à 600 µm (fig. 6).

La structure de l'alliage est composée de dendrites de cuivre et de plomb. Le cuivre se solidifie en premier : $T_{sol}$ (CU) > $T_{sol}$ (Pb) (fig. 7). On remarque la présence de dendrites de cuivre ayant des formes circulaires d'environ 100 à 150 µm de diamètre (fig. 8). Plusieurs hypothèses peuvent être proposées pour cette forme atypique de dendrites comme les différences de densité et de température de solidification du cuivre et du plomb. Des porosités peu nombreuses, mais assez grosses (150 à 200 µm) sont observées.

2 valves de moules différents ont été examinées. L'examen n'a pas mis en évidence de différences. L'observation macroscopique de la face de fond de moule a mis en évidence, au cours de la fabrication du moule, une concentration de dendrites de cuivre plus dense dans sa partie médiane, ce qui a engendré quelques problèmes au creusement du profil du plomb de sertissage. La coupe métallographique réalisée perpendiculairement à cette face montre aussi, en microscopie optique, une hétérogénéité de concentration de dendrites dans la partie médiane de l'épaisseur des valves. Ces dendrites semblent relativement connectées.

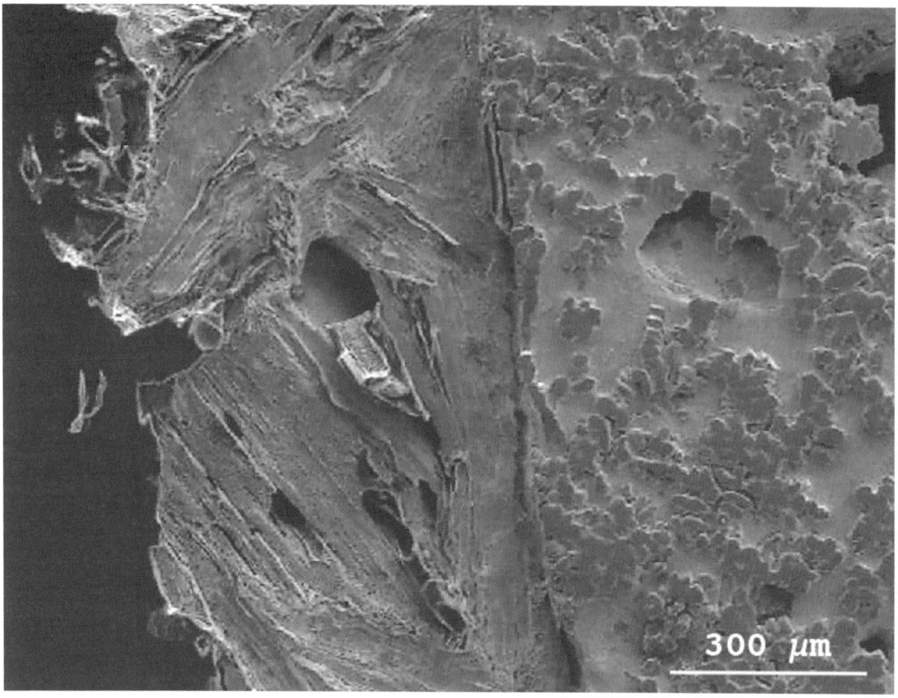


Fig. 6 : Coupe transversale d'une ébauche, visualisation de la couche d'oxydes et de la structure de l'alliage cuivre/plomb, image MEB.

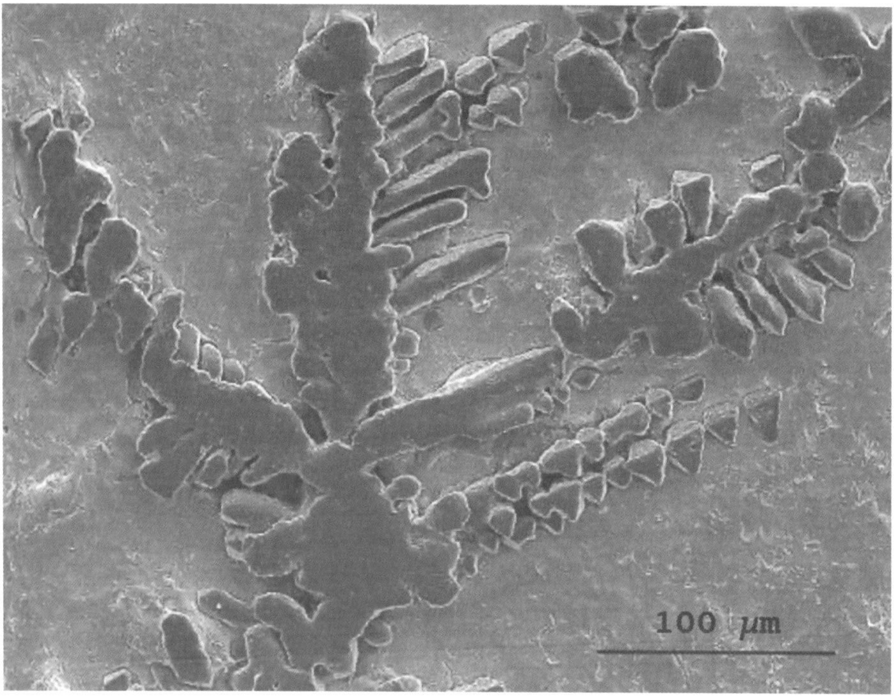


Fig. 7 : Visualisation des dendrites de cuivre, image MEB.

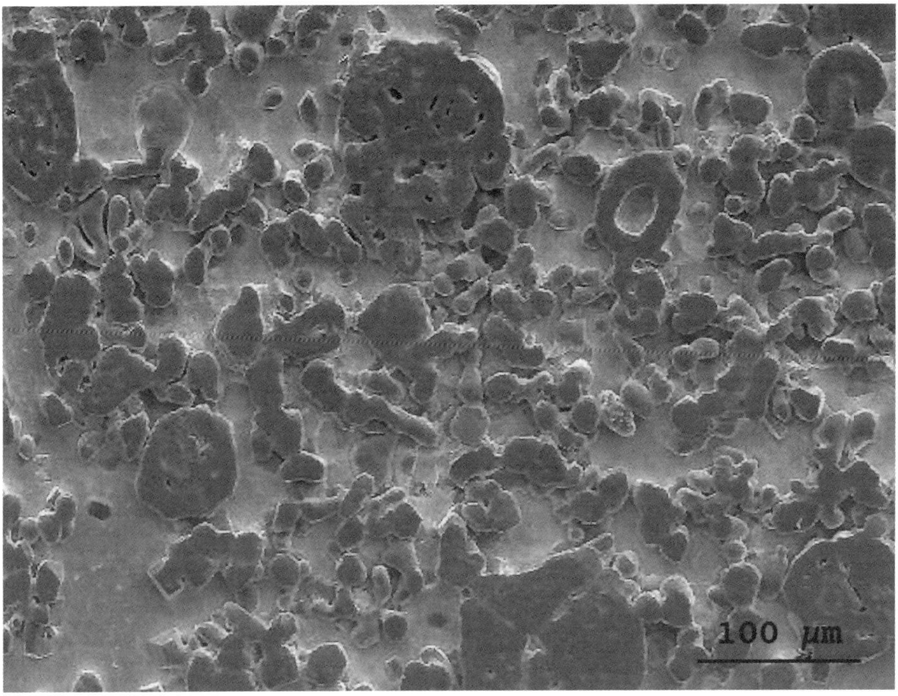


Fig. 8 : Forme circulaire atypique des dendrites de cuivre dans l'alliage cuivre/plomb, image MEB.

### 3.3. Essais de fabrication de plombs de sertissage

*"Et remarque que lorsque tu veux couler les plombs, il vaut mieux oindre [le moule] d'abord avec une éponge avec de l'huile de grain ou avec de l'huile d'olive ou du suif fondu et lorsque tu as coulé 4 ou 5 fois ou 6, retire les plombs, oins les petits canaux des moules avec ladite éponge et ceux-ci sont les moules les plus parfaits que l'on puisse utiliser ... et oins comme j'ai dit ci-dessus, lorsque tu veux couler les plombs, avec de l'huile ou à la fumée au-dessus d'une lampe ou au-dessus de la fumée de la chandelle de suif, car cette fumée ou un autre onguent empêche le plomb // que tu coules dans les moules d'adhérer.*

*Et remarque qu'en mettant du suif ou de la cire dans le plomb lorsque celui-ci est fondu, il devient beaucoup plus fluide dans le moule à couler."*

Différents moules ont été réalisés au cours de 3 années d'expérimentation, avec globalement les mêmes contours. Pour l'un des moules, le sens de la coulée a été modifié ; pour un autre, 2 profils ont été sculptés dans le moule (fig. 9). Ces profils, de taille importante, dans le premier moule, s'affinent jusqu'à obtenir des dimensions proches de celles d'un plomb du XIV$^{e}$ siècle, soit 7 à 7,5 mm de haut, 4,5 mm de large, une chambre d'une hauteur de 4 mm et l'épaisseur de l'âme de 0,6 mm dans les moules suivants (Cuzange, 1998). Au cours de la multitude d'essais pratiqués, de nombreux paramètres sont testés et leurs implications directes ou indirectes sur la qualité des plombs fabriqués ne sont pas toujours claires et reproductibles. Seuls les points majeurs de ces expérimentations seront exposés. Les paramètres testés avec plus ou moins de bonheur se déclinent comme suit :

- *La température* ; le bain de plomb est mis en température dans un récipient posé dans le foyer d'une forge chauffée avec du charbon de bois ; le moule est chauffé près du foyer.

- *Les agents de démoulage* ; le poteyage du moule[9], Antoine de Pise énumérant différentes matières pour traiter le moule. L'huile, la paraffine, le graphite et le noir de fumée sont testés. Très vite le graphite s'est imposé et les essais ont porté sur la cadence des poteyages.

- *L'inclinaison du moule* ; les essais effectués au début des manipulations ont montré qu'une inclinaison d'environ 30° améliorait les résultats de coulée ; ce paramètre est conservé pour la plupart des essais.

- *La désoxydation du bain de plomb* ; le suif et la cire sont recommandés par Antoine de Pise pour fluidifier le bain de plomb. Le saindoux, la colophane et la stéarine ont été aussi employés et donnent d'une manière globale, mais avec des quantités plus importantes, les mêmes résultats que le suif et le saindoux que nous avons largement employés.

Fig. 9 : Moule avec deux profils de plomb – rupture d'une des valves du moule sous l'effet de la chaleur (voir cahier couleur).

Au cours de la première période d'expérimentation, outre la satisfaction de réaliser un premier moule, une des séries de plombs de sertissage obtenue était correcte. Le moule poteyé au graphite broyé finement n'a subi aucune altération et la baguette s'est parfaitement démoulée. Le bain de plomb est à 550 °C et le moule à environ 150 °C. Le moule est fragile quand sa température approche des 400 °C et peut se rompre.

9. Application d'agent de démoulage dans le moule.

Forts de ces premiers paramètres sélectionnés qui semblaient clairs, il a été cependant impossible sur le même moule ou avec un autre de reproduire les longueurs de plomb produites précédemment. Quel que soit le produit démoulant employé, la baguette de plomb colle parfois au moule au niveau de l'entonnoir de coulée. L'hétérogénéité observée à la surface du moule (fig. 5) pendant sa fabrication peut en être la cause, une mauvaise répartition de la chaleur peut aboutir à une fusion ponctuelle du plomb du moule. Les observations et analyses en laboratoire n'ont pas permis de mettre en évidence des différences flagrantes entre les moules. Les problèmes rencontrés lors de la reproductibilité ne sont pas expliqués.

Le trou de coulée est déplacé sur un moule, au lieu d'une coulée verticale dans le sens de la longueur du moule, la coulée se fait par le milieu de la longueur. Le résultat est peu satisfaisant, le remplissage du moule ne se fait pas. Les conditions pour les coulées verticales les plus correctes restent une température de moule de 155 °C, de bain de plomb entre 440 et 450 °C, avec une inclinaison du moule à 30° et un poteyage avec du graphite (graphite + eau) (fig. 10).

Fig. 10 : Coulée de plomb dans le moule (voir cahier couleur).

Acculés par ces résultats fluctuants, plutôt que de modifier les moules, une action sur le bain de plomb est envisagée. Antoine de Pise nous dit que pour améliorer la fluidité du plomb, il faut y ajouter du suif – suif ou saindoux graisse animale – les deux seront testés pour des résultats similaires. Il semble juste que la quantité de saindoux doive être plus importante.

Dans les conditions présélectionnées de température, d'inclinaison et après l'ajout de saindoux, les résultats sont bons. Les plombs sont beaux, sans défaut et se démoulent bien. Il est même nécessaire de boucher partiellement l'autre extrémité du moule pour que le métal ne coule pas au travers. Après quelques coulées, les plombs sont toujours beaux, mais les 50 cm de baguette ne sont pas obtenus. Le bain de plomb maintenu à température dans le foyer s'oxyde. Dès l'ajout du suif, la fluidité est fortement améliorée (fig. 11).

Fig. 11 : Baguette de plomb au démoulage (voir cahier couleur).

Des mesures de dureté effectuées sur les baguettes de plomb avec et sans suif, ainsi que des observations au MEB des surfaces de rupture, ont donné des résultats relativement équivalents. Les coupes métallographiques sur ces 2 fabrications ne révèlent pas de modifications structurales.

Après plusieurs essais, un certain rendement est mis en évidence à 2 personnes avec 1 seul moule il est possible d'obtenir 6 plombs en 15 min. Le moule n'est pas réchauffé quand les manipulations se font successivement et le poteyage est reconduit tous les 4 ou 5 plombs.

Il semble que le saindoux ou suif ait un effet désoxydant sur le bain de plomb. Un résidu de carbone très fin à la surface du bain résulte de l'opération quand la quantité de suif est importante. D'une manière globale, lors des essais, la concentration de carbone est d'environ 300 à 600 ppm dans le bain de plomb si l'on considère que tout le carbone du suif reste dans le bain. Si le suif a un rôle de réduction des oxydes de plomb, quel est le rôle du carbone en tant que lubrifiant ? Il semble que l'oxydation se fasse rapidement, même si visuellement elle n'est pas détectable. L'ajout d'une petite quantité de suif permet de couler 1 ou 2 baguettes de 40 à 50 cm et ensuite leur longueur diminue.

Des séries de fabrication de plombs sont effectuées suivant la procédure, mais les longueurs de baguettes fluctuent entre 30 et 50 cm. Pour l'ensemble de ces séries de

6 h environ, nous obtenons 10 mètres linéaires de baguettes utilisables pour sertir des verres.

Différentes qualités de plomb sont utilisées pour le bain et si l'effet n'est pas visible sur les longueurs de baguettes, il l'est sur la maniabilité des plombs. Une évaluation de la mise en forme des plombs de sertissage est faite manuellement. Cette approche comparative donne une évaluation de l'homogénéité des séries et entre les séries. Il semble que les plombs les plus maniables soient ceux réalisés quand le plomb venait d'être fondu (bain neuf) ou avait eu un gros traitement avec du suif, donc des bains qui *a priori* sont peu oxydés. Ceux faits avec du plomb de couverture, plomb très peu allié, sont également dans les plus maniables. La taille des plombs est aussi un facteur de maniabilité et si le profil s'est affiné au cours des essais, il reste encore un peu épais, mais surtout, une partie du plomb utilisé contenait jusqu'à 4 % d'antimoine, ce qui durcit le plomb.

## 4. Mise en plomb d'un vitrail

Le vitrail du collatéral nord de la nef de Santa Maria del Fiore à Florence conçu en 1396 est attribué à Antoine de Pise. Un carton, des découpes de verre et des peintures s'inspirant du visage de sainte Anne, une des figures du vitrail, ont été réalisés dans une étude précédente (Lautier *et al*, 2008). Des plombs fabriqués lors de notre expérimentation ont été employés pour le montage des pièces de verre de ce vitrail (fig. 12). De l'avis du professionnel du vitrail, la maniabilité des baguettes

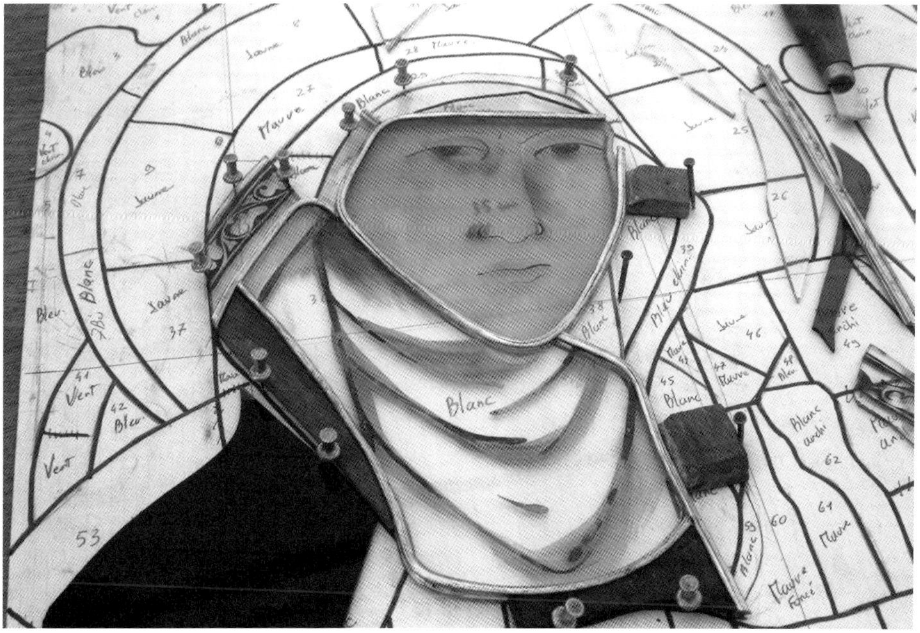


Fig. 12 : Mise en plomb d'un vitrail avec notre production. Copie inspirée par le vitrail attribué à Antoine de Pise (1396). Collatéral nord de la nef de Santa Maria del Fiore à Florence (voir cahier couleur).

de plomb est différente de celles utilisées actuellement. Elles sont plus "rigides", difficiles à couper avec le coupe-plomb. Le montage verre-plomb est plus "difficile à effectuer pour le maître verrier", mais pas plus complexe. En effet, les plombs sont moins malléables.

## 5. Conclusion

Le plomb a très longtemps été le "parent pauvre" du vitrail. Lors des successives restaurations que peuvent rencontrer les vitraux, il était fréquent de tout dessertir et de remettre un réseau de plombs neufs, "solides" pouvant durer. Depuis 1950, la sensibilisation à la conservation des différents matériaux constitutifs du vitrail entraîne une nouvelle approche déontologique. Actuellement, avant de remplacer les plombs anciens, les questions de conservation-restauration sont cruciales entre les différents intervenants de la restauration. La valorisation des plombs anciens est fondamentale; ils font partie de l'histoire du vitrail. Pour cette raison, le projet Antoine de Pise et le projet d'expérimentation sur la plate-forme de Melle sont essentiels à leur reconnaissance.

La réalisation des barres ou ébauches demande un accès à un four, de posséder une bonne connaissance de la gestion des températures du four, de la fusion des métaux et des connaissances sur le moulage et la fonderie. Il semble peu vraisemblable que le maître verrier développe au sein de son atelier ces compétences car s'il possède des fours de cuisson des verres, ils ne sont pas adaptés à ce travail. La réalisation du moule ne demande pas de matériel complexe, mais un savoir-faire dans le travail du métal pouvant s'acquérir probablement avec de l'entraînement. Il est tout à fait possible que ce travail ait pu être réalisé dans l'atelier du maître verrier, qui ensuite faisait les plombs de sertissage à la demande. Ce moule de plomb et de cuivre est bien plus durable que le moule en pierre tendre qui très vite se désagrège sous l'effet de la chaleur. En rapport coût-technicité-durabilité, il semble être un bon compromis entre le moule en pierre et celui de fer. De nouveaux essais pourront peut-être nous en apprendre davantage…

## REMERCIEMENTS

Toute l'équipe tient à remercier François Peyrat, céramiste de son état, sans qui il n'y aurait ni fours ni creusets, et aussi les "multiples" qui se reconnaîtront, présence studieuse et joyeuse dans cet univers mellois. Merci à tous, ce fut une belle expérience !

# CONCLUSION

Ces 3 années, de 2007 à 2009, ont vu se dérouler une quinzaine d'expérimentations dont plusieurs ont nécessité le recours à de multiples sessions (les essais, la frappe, la coupellation etc.). Il s'agit bien là du premier point positif de ce travail, sur lequel on se doit d'insister tant l'expérimentation a eu à souffrir d'approches uniques et sans lendemain. Durant ces 3 ans, les acteurs de ce programme ont pu librement développer sur le moyen terme une problématique de paléométallurgie expérimentale en lien avec leur propre recherche tant en laboratoire que sur le terrain, et plusieurs participent encore au second volet de cette expérience.

Les apports de ce travail collectif transparaissent à plusieurs niveaux. À de nombreuses occasions, il y a eu une mise en lumière de la distance existant entre métallurgie moderne et paléométallurgie. Ceci peut donner l'impression de l'évidence. Pourtant, des recréations d'artefacts ne semblent possibles, dans certains cas, que dans les conditions de "terrain" : la question du débismuthage comme celle de la coulée du plomb au "saindoux" en sont de claires illustrations. Ce dernier exemple oblige, sans avoir une relation servile au texte, à ne pas rejeter un passage d'une recette sous la seule raison qu'il semble dénué de sens, ou pour le moins, obscur.

Caractère constitutif de ce programme, les interactions entre les différents partenaires ont été bien réelles. Elles ont pris forme naturellement lors des discussions autour de l'expérimentation et pendant la table ronde organisée les 10 et 11 décembre 2009 qui a permis de cristalliser ces débats. L'exemple de la ventilation naturelle, par son caractère transverse, est particulièrement symptomatique de ces interactions. Elle implique effectivement 2 métallurgies que tout semble séparer, jusqu'à leur nom : la métallurgie du fer et la métallurgie des non-ferreux. Pourtant, la réflexion sur l'absence d'une soufflerie a pu être appliquée tant à des questions portant sur la production du fer qu'à celles traitant de production d'argent.

Des actions concrètes et collectives ont pu également être menées mêlant plusieurs études : le fonctionnement d'un four de fonte d'alliages monétaires fournissant la matière nécessaire à la réalisation d'un atelier de frappe ; la recréation d'une opération de coupellation pour conclure la chaîne opératoire du *saïgerprozess* ; l'étude des traitements de surface appliquée à différents types monétaires. Les exemples sont nombreux et nous encouragent à éviter un cloisonnement stérile des recherches sur les différents métaux et alliages.

Parallèlement, il ne semble plus possible en paléométallurgie de ne pas faire appel à une phase de laboratoire pour étudier les produits issus des fours. Un minimum de caractérisation est nécessaire pour apprécier le degré de succès d'une expérience. Toutes les expérimentations, sans exception, ont été suivies par une phase d'étude analytique. Plus encore, certaines avaient pour but avoué de fournir des matériaux de référence (réduction du minerai de fer de Rancié, production du plomb comme sous-produit du *saïgerprozess*, affinage de l'argent) afin de fournir des référentiels comparatifs pour des études de mobilier et de provenance.

Ce programme a eu également un rôle fédérateur réunissant autour d'un même enjeu des chercheurs d'horizons différents : archéologues, archéomètres, historiens et restaurateurs. Il est aussi un outil de formation par la recherche. Entre 2007 et 2009, 14 étudiants, de licence jusqu'au doctorat, sont intervenus, la plupart avec une problématique propre à leur sujet de thèse ou de Master.

L'importance de cette action se comprend également par la nécessité de multiplier le geste pour approcher un savoir-faire et en avoir une retranscription scientifique. Le cas de la fabrication monétaire est significatif à cet égard. C'est également la reproductibilité de l'expérience qui est nécessaire comme dans toute science expérimentale. Là encore, à la différence des expérimentations ponctuelles, un travail sur les moyen et long termes est particulièrement bénéfique (les essais de minerai, la coupellation etc.). On voit aussi, au travers de plusieurs expériences, la possibilité offerte par cette programmation archéologique unique de prolonger des études de site (l'atelier monétaire de La Rochelle, la grotte de faux-monnayeurs de La Catette, la fouille de Montadet etc.), de mobiliers (trésor de Preuschdorf, les objets niellés du Louvre) ou de textes (recettes des patines, traité d'Antoine de Pise). Bien que plusieurs expériences aient abouti, certaines restent en suspens, ou posent des questions auxquelles des développements ultérieurs pourront apporter des éléments de réponse. La production du fer avec le minerai de Rancié (Pyrénées) en est la claire illustration, tout comme le débistmuthage du plomb dans le cadre du *saigerprozess*. Enfin, le regroupement de plusieurs équipes de recherche renforce notoirement l'efficacité de la plate-forme et des expériences entreprises grâce à la mutualisation des outils sur le terrain : sondes thermiques, ventilateurs, générateur de rayons X portable, anémomètres, platine chauffante, caméra etc. La vulgarisation est également un des points forts de ce PCR. Ces travaux expérimentaux se déroulant au sein d'une structure à vocation touristique et culturelle, ils donnent l'opportunité de présenter les recherches faites sur le site même sous le regard des visiteurs (15 000 durant nos sessions sur les 3 ans d'activités). Ils offrent également la possibilité de valoriser les opérations archéologiques qui sont à la base de ces expérimentations ainsi que le travail de laboratoire qui s'ensuit soit par des publications généralistes, soit par des réalisations audiovisuelles.

La poursuite des travaux en archéologie expérimentale est nécessaire. Nous avons démontré durant ces 3 premières années d'utilisation de cette plate-forme l'intérêt de la démarche expérimentale sur le long terme. Au-delà de rendre possible la réalisation d'expériences, ce travail commun permet de mieux conceptualiser ce que doit être l'expérimentation en archéologie au sens large. L'expérience reste trop souvent mal définie faute d'une maîtrise de la notion même. Nous nous inscrivons ici, le plus souvent volontairement, dans une historiographie remontant bien sûr à la notion d'expérience telle qu'elle a été fondée au début du XVIII^e^ siècle. Mais notre approche se rattache également à une définition plus ancienne de l'expérience recouvrant plus largement l'idée d'"essayer" en relation avec des pratiques qu'il ne faut pas hésiter à qualifier d'artisanales.

Au moment de conclure, il est intéressant de synthétiser l'ensemble des opérations expérimentales menées sur le site des Mines d'argent de Rois Francs en isolant 4 moments mettant en lumière l'évolution des actions en synergie avec nos partenaires institutionnels. Les expériences sur ce site ont débuté dès 1996 à l'occasion de la réalisation des premières recherches archéologiques sur les mines carolingiennes de Melle (Téreygeol, 2001). Dans ce premier temps, seules les questions propres à la chaîne opératoire de production de l'argent à Melle ont été envisagées en focalisant notre attention principalement sur la question des techniques d'extraction au feu (Téreygeol, 2000). En 2002, nous avons fait le pari d'ouvrir le site à d'autres chercheurs travaillant sur les métallurgies de l'argent. Le nombre annuel d'expériences était encore limité faute d'un programme dédié (en moyenne 3 expériences par an). Mais devant l'intérêt suscité par cette expérience, et en accord avec les gestionnaires du site touristique, un élargissement à toutes les métallurgies ainsi qu'une ouverture chronologique sur l'Antiquité et la période moderne ont été engagés dès 2003. Le nombre d'expériences conduites annuellement s'est accru, atteignant une dizaine. Cette approche s'est poursuivie jusqu'en 2007 qui a été marquée par la mise en place de la plate-forme en tant que structure pérenne. Les 3 années du projet collectif de recherche qui s'en sont suivies n'ont fait que nous conforter dans notre idée de la nécessité d'un lieu où pouvaient être conduites des expériences sur les métallurgies anciennes au rythme des chercheurs. L'accroissement des essais conduits à Melle a encore augmenté, dépassant la douzaine. Ce chiffre semble marquer une limite à la fois structurelle et fonctionnelle qu'il nous sera difficile de dépasser.

Nous ne disposons pas encore du recul suffisant pour entrer dans plus de détails. Il sera intéressant d'observer le *ratio* entre le temps et le nombre d'expériences nécessaires pour parvenir à des conclusions historiques satisfaisantes et de comparer ce chiffre entre les 4 grandes moments de la chaîne de production des métaux : extraction, minéralurgie et les métallurgies extractive et secondaire. De la même manière, nous pourrons apprécier la place de l'expérimentation dans la réflexion touchant aux métallurgies anciennes en fonction des thématiques développées aux échelons national et européen. L'apport considérable de la plate-forme est également de pouvoir penser des expériences que la nature même des fours rendait impossibles jusqu'à maintenant : travailler sur l'affinage de l'argent n'est possible qu'à l'aide d'un four approchant l'échelle 1 des fours de coupellation. Il en va de même pour l'affinage de la fonte ou la fusion de la galène au four à réverbère.

Enfin, en se projetant dans le futur, il se dégage également un point extrêmement positif. De la même façon qu'il nous a été possible de mutualiser certaines expériences, il apparaît que des travaux aboutis ouvrent sur de nouvelles perspectives de recherche. L'archétype en est sûrement les expériences sur les essais de minerai. Ce procédé, à présent maîtrisé grâce à l'assiduité de J. Gauthier, ouvre un champ de possibles pour l'étude des métallurgies de l'argent. Il est maintenant aisé de produire plomb, argent et déchets associés à partir d'une faible quantité de matière première qui reste analysable et peut être comparée aux matériaux archéologiques. Le point de blocage que constituait l'approvisionnement suffisant en minerai avec une gîtologie identique à celle des minerais archéologiquement exploités n'est plus. L'étude de la métallurgie des métaux non-ferreux devrait pouvoir connaître de nouvelles avancées quelles que soient les mines et les périodes considérées.

F. Téreygeol

# BIBLIOGRAPHIE GÉNÉRALE


**Agricola, G., 1556.** *De Re Metallica libri XII* (Basel). Éd. Hoover, H. C. et L. H., Dover Publications, 1950 (réédition), New-York.

**Amandry, M., 1991.** Les coins monétaires et les monnaies. *In Masques de fer: un officier romain du temps de Caligula.* Éd. de la Réunion des musées nationaux, Paris, p. 88-102.

**Amandry, M., 2008.** La genèse de la réforme monétaire augustéenne. *In* M. P. Garcia-Bellido, A. Mostalac, A. Jiménez, (eds.). *Del* Imperium *de Pompeyo a la* Avctoritas *de Augusto, Homenaje a Michael Grant.* Madrid, p. 209-233.

**Andrieux, P., Fluzin, P., Pichot, V., el-Amouri, M., Picard, O., 2005.** Études expérimentales et métallurgiques du moulage de monnaies en bronze de la fin de l'Empire romain. *In L'exception égyptienne ? Production et échanges monétaires en Égypte hellénistique et romaine, Actes du colloque d'Alexandrie, 13-15 avril 2002.* IFAO, Le Caire, p. 225-254.

**Angenoust, Wendel, 1769.** *Mémoire et plans concernant les fourneaux, forges, fabriques d'ancres et fonderies de cuivre du Berry, Nivernais, Dauphiné et Savoie, de Piémont, Carinthie, Styrie, Autriche, Bavière et Tirole,* Nevers, 96 p.

**Anheuser, K., 1997.** The practice and characterization of historic fire gilding techniques, *Journal of the Minerals, Metals and Materials,* 49, 1, p. 58-62.

**Anonyme, 1556.** Schwazer bergbuches, codex Vindobonensis 10851, [1556], Erich Egg (ed.) Essen, 1988, 188 p. et 194 f.

**Anonyme, c. 1540.** *Bergwerk- und Probierbüchlein,* Sisco, A. G., Smith, C. S. (ed.), 1949, American Institute of Mining and Metallurgical Engineers, New York.

**Anonyme, 1327.** *Déclaration du roy Philippes de Valois portant règlement des différends qui estoient entre les maîtres des Monoyes et les ouvriers et monoyers du royaume,* Monnaie de Paris, ms. 4° 4, f° 101r°108v°, 25 septembre 1327, n.p.

**Anonyme, c. 1200.** *Mappae Clavicula.* A little key to the world of medieval techniques, Smith, C.S., Hawthorne, G. (ed.), 1974 *Trans. Amer. Phil. Soc., New Series,* 64, 4, Philadelphia.

**Antoine de Pise, c. 1400.** Traité manuscrit reproduit dans Vetrate, Arte e Restauro (dal trattatodi ANTONIO da Pisa alle nuevo tecnologie di restauro), P. Umbria Ed., 1991, 176 p.

**Ariel, D., 2011.** "Judean perspectives of Ancient Mints ans Minting Technology", Israel Numismatic Research 6.

**Arles, A., 2009.** *Entre monnayage officiel et faux-monnayage. La fabrication de la monnaie au marteau en France (XIII^e^ - XVII^e^ siècles). Approche physico-chimique, expérimentale et historique,* Thèse de doctorat Histoire de l'Université d'Orléans, Orléans, 2009, 2 volumes, 636 p. et 144 p.

**Arles, A., Téreygeol, F., 2011.** Études des structures et des objets liés à la fabrication de la monnaie, dans Téreygeol F. et Mille P., ed., *L'atelier monétaire royal de La Rochelle, La place de Verdun, archéologie d'un espace urbain*, coll. *Documents archéologiques*, n°4, Rennes, Presses universitaires de Rennes, p. 83-148.

**Arles, A., 2010.** Un faux-monnayage d'opportunité: la grotte de Lauradieu (Aude), *Archéologie du Midi médiéval*, 28, p.115-128.

**Arribet-Deroin, D., 2001.** Fondre le fer en gueuses au XVI<sup>e</sup> siècle. Le haut fourneau de Glinet en pays de Bray (Normandie). Thèse de 3e cycle, Université Paris I Sorbonne, Paris, 799 p.

**Arribet-Deroin, D., 2010.** Une industrie normande au début du procédé indirect (1450-1600): la sidérurgie du pays de Bray et l'usine à fer de Glinet. *In* M. Arnoux, A.-M. Flambard-Héricher (éd.), La Normandie dans l'économie européenne (XIIe-XVIIe siècle). Actes du colloque de Cerisy-la-Salle (4-8 octobre 2006), Publication du CRAHM, Caen, Cerisy-la-Salle, p. 119-137.

**Artioli G., 2007.** Crystallographic texture analysis of archaeological metals: interpretation of manufacturing techniques. *Appl. Phys. A*, 89, p. 899–908.

**Aubin, G., 2003.** Les moules monétaires en terre cuite du IIIe siècle: chronologie et géographie. *Revue Numismatique*, 159, p.125-162.

**Awty, B.G., 2006.** The elusive Walloon finery forges of Liège, *Historical Metallurgy*, 40, p. 129-137.

**Awty, B.G., 2007.** The development and dissemination of the walloon method of ironworking, *Technology and culture*, 48, p. 783-803.

**Ayme, R., Dhenin, M., Duday, H., Ghilaine, J., Richard J.-C., 1976.** Atelier de faux-monnayeurs du XVe siècle dans une grotte de Moux (Aude), *Bulletin de la Société Française de Numismatique*, vol. 31, n° 8, p. 93-94.

**Barba, A. A., 1640.** *Arte de los metales*, Imprenta del Reyno (éd.), Madrid.

**Baron, S., Carignan, J., Laurent, S., Ploquin, A., 2006.** Medieval lead making on Mont-Lozère Massif (Cévennes-France): Tracing ore sources using Pb isotopes, *Applied geochemistry*, 21 (2), p. 241-252.

**Baron, S., Cochet, A., 2003.** Étude d'un lot de lingots de plomb antiques des Saintes-Maries-de-la-Mer. Ségrégations et analyses chimiques élémentaires, *Revue d'Archéométrie*, 27, p. 147-163.

**Barrandon J.-N., Godet E., Morrisson C., 1990.** Le monnayage d'or axoumite: une altération particulière, *Revue Numismatique*, 6e série, XXXII, p.186-211.

**Barrett, A., 1999.** The invalidation of currency in the Roman Empire, the Claudian demonetization of Caligula's Aes. *In* G. M. Paul, M. Ierardi. *Roman Coins and Public Life under the Empire*. Ann Harbour: University of Michigan Press, Michigan, p. 83-94.

**Beauchesne, F., Barrandon, J.-N., 1986.** Analyse globale et non destructive des objets archéologiques cuivreux par activation avec des neutrons rapides de cyclotron. *Revue d'Archéométrie*, 10, p. 75-85.

**Bedwin, O.R., 1978.** The excavation of a late sixteenth/early seventeenth century gun-casting furnace at Maynard's Gate Crowborough, East Sussex, 1975-76, *Sussex archaeological collections*, 116, p. 163-178.

**Bedwin, O.R., 1980.** The excavation of a late sixteenth-century blast furnace at Batsford, Herstmonceux, East Sussex, 1978, *Post-Medieval Archaeology*, p. 89-112.

**Beer-Tobey, L., 1982.** Results of coin striking to simulate the mint of Aegina. *In* T. Hackens, R. Weiller (ed.), *Proceedings of the 9th International Congress of Numismatics, Berne, September 1979*, Association internationale des numismates professionnels, Louvain-La-Neuve, Luxembourg, p. 47-51.

**Belhoste, J.-F., 2001.** Mutations techniques et filières marchandes dans la sidérurgie alpine entre le XIIIe et le XVIe siècle. *In* P. Braunstein (dir.), *La sidérurgie alpine en Italie (*XIIe-XVIIe *siècles)*, École Française de Rome, Rome, p. 515-624.

**Belhoste, J.-F., Lecharbonnier, Y., Arnoux, M., Arribet, D., Awty, B.G., Rioult, M., 1991.** *La métallurgie normande* XIIe-XVIIe *siècles. La révolution du haut fourneau*, SPADEM, Paris.

**Belhoste, J.-F., Léon, P., 1996.** Naissance d'une sidérurgie moderne aux confins du Berry (fin du XIVe - XVe siècles), *Mélanges Jean-Yves Ribault, Cahiers d'Archéologie et d'Histoire du Berry*, p. 45-52.

**Berthier, P., 1834.** *Traité des essais par la voie sèche ou des propriétés, de la composition et de l'essai des substances métalliques et des combustibles*, Tome 2, Thomine (éd.), Paris.

**Besombes, P.A., 2008.** *Monnaies de l'Empire romain IV Trajan (98-117 après J.-C.)*. Bibliothèque national de France, Paris/Strasbourg, 140 p.

**Birembaut, A., Tuillier, G., 1966.** Une source inédite : les cahiers du chimiste Jean Hellot (1685-1766), *Annales ESC*, 21, p. 357-364.

**Biringuccio, V., 1540.** *De la Pirotechnia libri X* (Venezia). Éd. Carugo, A., 1977. Il Polifilo, Milano.

**Biringuccio, V., 1540.** *La Pirotechnia*, Dover Publications, Stanley C.S. et Gnudi M.T. (éds.), New York, 1990, 477 p.

**Biringuccio, V., 1572.** *La Pyrotechnie, ou Art du feu, contenant dix livres, ausquels est amplement traicté de toutes sortes & diversité de minieres, fusions et separations des metaux* : des formes & moules pour getter artilleries, cloches et toutes autres figures : des distillations, des mines, contremines, pots, boulets, *fusees, lances, & autres feux artificiels, concernans l'art militaire, & autres choses dépendantes du feu*, traduit de l'édition italienne de 1540 par J. Vincent, éd. Chez Claude Fremy, Paris.

**Blanchard, I., 1981.** Lead mining and smelting in medieval England and Wales, *In* D.W. Crossley (ed.), *Medieval Industry*, Londres, p. 72-84.

**Blanchard, I., 1994.** *International Lead Production and Trade in the "Age of the Saigerprozess" 1460-1560*, Franz Steiner Verlag, Stuttgart.

**Blet-Lemarquand, M., Godet, E., Hahn, W., 2001.** Les monnaies axoumites d'argent : premiers résultats d'analyse, *Bulletin de la Société Française de Numismatique*, 6, p. 86-88.

**Blet-Lemarquand, M., Gratuze, B., Barrandon, J.-N., 2009a.** Characterization of the gilding of Aksumite silver coins. *In* J.-F. Moreau *et al.* (éds). 36e Symposium International d'Archéométrie (ISA 2006). Cahiers d'archéologie du CELAT n° 25, Québec, p. 444-29 à 444-35.

**Blet-Lemarquand, M., Téreygeol, F., Gratuze, B., Barrandon, J.-N., 2009b.** Technical Study of Fire-Gilded Aksumite Silver Coins : First Results. *In* 2nd International Conference, Archaeometallurgy in Europe 2007, 17-21 June 2007, Aquileia Italy, Selected papers. Associazione Italiana di Metallurgia, Milan, p. 464-476.

**Boizard, J., 1692.** *Le traité des monoyes, de leurs circonstances et dépendances*, édité par Clairand A., Kind J.-Y., Paris, K&H, coll. "Documents d'Histoire Monétaire", réédition 2000, XV et 243 p.

**Bolmaro R.E., Molinas B., Sentimenti E., Fourty A.L., 2005.** Textures applied to mechanical processing technology assessment in ancient bronze, *Materials Science Forum*, vol. 495-497, p. 719-724.

**Bolmaro R.E., Pifferetti A.A., Molinas B.J., 2007.** Una nueva tecnica arqueometrica : el estudio de la textura cristalina por difraccion de rayos X, *XVI Congresso National de Arqueologia Argentina*, Jujuy, 8-12 oct. 2007.

**Bompaire, M., Dumas, F., 2000.** *Numismatique médiévale, monnaies et documents d'origine française*, Turnhout, Belgique, Brepols, coll. "L'atelier du médiéviste", t. 7, 687 p.

**Bompaire, M., 1986.** Les cadences de production (XIV^e^-XVI^e^ s.), en France principalement, dans Depeyrot G., Tony H., Ghislaine M., eds., *Rythmes de la production monétaire, de l'Antiquité à nos jours*, Paris, Université Catholique de Louvain, t. 7, p. 579-613.

**Bork, R. (dir.), 2005.** *De Re Metallica. The uses of metal in the Middle Ages*, Ashgate (ed.), Aldershot.

**Bouchu, E., Courtivon, G., 1774.** *Art des forges et fourneaux à fer, descritpion des arts et métiers faites ou approuvées par MM. de l'Académie royale des sciences de Paris*, Paris, 707 p.

**Bourbon, N., 1529.** *Vandoperani, campani, epigrammata,* Laurent Hyllaire, Lyon.

**Bouyon, B., Depeyrot, G., Desnier, J.-L., 2000.** *Systèmes et technologie des monnaies de bronze : (4^e^ siècle avant J.-C. -3^e^ siècle après. J.-C.).* Wetteren, Moneta.

**Bresson, A., 2007.** *L'économie de la Grèce des cités (fin VI^e^-I^er^ a.C.). I, Les structures et la production.* A. Colin, Paris.

**Brisson B., Frerot N., eds., 1611.** *Les basiliques ou edicts et ordonnances des rois de France*, Paris, R. Foüet, 1527 p.

**Brousseau, L., 2010.** Sybaris et l'origine de la monnaie de bronze, *Revue Belge de Numismatique*, p. 23-34.

**Buchwald, V.F., 2008.** *Iron, steel and cast iron before Bessemer*, The Royal Danish Academy of Sciences and Letters, Copenhage.

**Burnett, A., 1988.** *La numismatique romaine - De la République au Haut-Empire.* Éditions Errance, France.

**Caley, E., 1964.** Orichalcum *and related ancient alloys : origin, composition and manufacture, with special reference to the coinage of the Roman Empire.* American Numismatic Society, Numismatic notes and monographs, Vol. 151, New York, 115 p.

**Campredon, L., 1909.** *Guide pratique du chimiste métallurgiste et de l'essayeur*, C. Béranger (éd.), 2^nd^ édition, Paris.

**Cantelaube, J., Verna, C., 2000.** Les forges à la génoise dans les Pyrénées ariégeoises au XVI^e^ siècle : quel transfert d'innovation ?. *In* C. Cucini Tizzoni, M. Tizzoni (dir.), Il ferro nelle Alpi. Atti del convegno, Breno Bienno 2-4 octobre 1998, p. 152-163.

**Cantilena, R., Munzi, P., 2001.** La casa della zecca a Laos (Marcellina – San Maria del Cedro), *In* I Luoghi della moneta. Le sedi delle zecche dall'antichita all'éta moderna, Atti del convegno internazionale, Milan, 1999, p. 175-181.

**Cartechini L., Rinaldi R., Kockelmann W., Bonamore S., Manconi D., Borgia I., Rocchi P., Brunetti B., Sgamellotti A., 2006.** Non-destructive characterization of compositional and textural properties of Etruscan bronzes : a multi-method approach. *Appl. Phys. A*, 83, p. 631–636.

**Cochet, A., 2000.** *Le plomb en Gaule romaine, Technique et formation des produits*, M. Mergoil (éd.), Montagnac. 223 p.

**Colliou, C., Aranda, R., 2005.** Proposition pour une application de la ventilation naturelle à la réduction du minerai de fer par procédé direct. *In Les arts du feu en Normandie.* Actes du 39e congrès organisé par la fédération des sociétés historiques et archéologiques de Normandie, Eu, 21-24 octobre 2004, Ed. Annales de Normandie, Caen, p. 241-254.

**Colliou, C., Peyrat, F., 2007.** Proposition de reconstitution et expérimentation d'un four de réduction de minerai de fer en ventilation naturelle. Journées archéologiques de Haute-Normandie, *Bulletin du Centre de Recherche Archéologique de Haute-Normandie*, 11, fascicule 2, Pub. du CRAHN, p. 15-22.

**Conophagos, C. E., 1980.** *Le Laurium antique et la technique grecque de la production de l'argent,* Ekdotike hellados S.A. (éd.), Athènes, 458 p.

**Cooper, D. R., 1988.** *The art and craft of coinmaking: A history of minting technology.* Spink, Londres.

**Coustures, M.-P., Béziat, D., Tollon, F., 2003.** The use of trace element analysis of entrapped slag inclusions to establish ore-bar iron links: examples from two galloroman iron-making sites in France (Les Martys, Montagne Noire, and Les Ferrys, Loiret). *Archaeometry*, 45, (4), p. 599-613.

**Coustures, M.-P., Rico, C., Béziat, D., Djaoui, D., Long, L., Domergue, C., Tollon, F., 2006.** La provenance des barres de fer romaines des Saintes-Maries-de-la-Mer (Bouches-du-Rhône). Étude archéologique et archéométrique. *Gallia*, 63, p. 243-261.

**Crew, P., Williams, M., 1985.** *Early iron production in north west Wales*, Medieval Iron in Society, Norberg (Suède).

**Crossley, D., 1972.** A sixteenth-century Wealden blast furnace: A report on excavations at Panningridge, Sussex, 1964-1970, *Post-Medieval Archaeology*, 6, p. 42-68.

**Crossley, D., 1975a.** Cannon-manufacture at Pippingford, Sussex: The excavation of two iron furnaces of c. 1717, *Post-Medieval Archaeology*, 9, p. 1-37.

**Crossley, D., 1975b.** *Sidney Ironworks Accounts, 1541-1573*, Royal Historical Society, London.

**Cuzange, L., 1999.** Mémoire de maîtrise de sciences et techniques en conservation-restauration des biens culturels sous la direction d'Annick Texier, Université Paris 1 Panthéon-Sorbonne.

**Cuzange, L., Texier, A., 2000.** Caractérisation de plombs anciens de vitraux, *Corpus Vitrearum Newsletter*, 47, p. 43-51.

**De L'Escalopier, C., 1977.** *Théophile, prêtre et moine, Essais sur divers arts* [publié par], Librairie des Arts et Métiers, Nogent-le-Roi. 315 p.

**De Laurière, E., Secousse, D.-F., De Vilevault, L.-G., De Bréquigny, L. G. O. F., Pastoret E., eds., 1723.** *Ordonnances des rois de France de la troisième race*, 22 tomes, Paris, Imprimerie royale, t. 1, XL-900 p.

**Debitus, H., Lautier, C., Cuzange, L., 2008.** les plombs et les moules en pierre, *Antoine de Pise, l'art du vitrail vers 1400*, éd CTHS, p. 123-128.

**Delamare, F., 1983.** Étude du monnayage d'un faux louis d'or d'époque 1775, *Mémoires et Études Scientifiques Revue de Métallurgie*, vol. 80, 3, p. 385-390.

**Denouden, A., 1981.** The production of wrought iron in finery hearths Part I: the finery process and its development, *Historical Metallurgy*, 15, p. 63-87.

**Deraisme, A., Barrandon, J.N., Guibert, P., Pilon F., Poirier, J., 2003.** Recreation of an ancient process used to produce lead bronze blanks. *In* Archaeometallurgy in Europe, *International conference: 24-25-26 September 2003, Milan, Italy: proceedings, Vol. 1*, Associazione Italiana di Metallurgia, Milan, p. 387-391.

**Desaulty, A.-M., 2008.** *Apport des analyses chimiques multi technique à la compréhension du comportement des éléments traces dans les filières sidérurgiques anciennes. Application à des études de provenance et à la distinction des procédés. Le cas du Pays de Bray normand.* Mémoire de thèse, Université Technologique de Belfort-Montbéliard, France.

**Desaulty, A.-M., Dillmann, Ph., L'Héritier, M., Mariet, C., Gratuze, B., Joron, J.-L., Fluzin, P., 2009.** Does it come from the Pays de Bray? Examination of an origin hypothesis for the ferrous reinforcements used in French medieval churches using major and trace element analyses. *Journal of Archaeological Science*. 36, (10), p. 2445-2462.

**Diatkine, S., 1996.** *Institutions et mécanismes monétaires*. Seconde édition, Masson & Armand Colin, Paris.

**Diderot, D., Alembert, J. Le Rond D', 1778.** *Encyclopédie ou Dictionnaire raisonné des sciences, des arts et des métiers*, Tome 22, entrée: *Monnoie*, 118-156. Pellet, imprimeur-libraire, Genève.

**Diderot, D., Alembert, J. Le Rond D', 1751.** *Encyclopédie ou dictionnaire raisonné des sciences des arts et des métiers*, Tome 3, Briasson, Paris.

**Dillmann, P., 1998.** *Diffraction X, Microdiffraction X et Microfluorescence X sous Rayonnement Synchrotron et analyses comparées pour la caractérisation des inclusions. Application à l'étude de l'évolution historique des procédés d'élaboration des objets ferreux (procédés direct et indirect)*, thèse de 3e cycle, sciences Mécaniques pour l'Ingénieur, Université de Technologie de Compiègne, Compiègne, 300 p.

**Dillmann, P., Arribet-Deroin, D., Vega, E., Benoit, P., 2007.** Early modern cast iron and iron at Glinet,. *In* I.-M.P. Jensen, U. Ohman (dir.), *Norberg-Nora, 700 years of ironmaking*, Jernkontorets Bergshistorika Utskott, Norberg, p. 99-106.

**Dillmann, P., Fluzin, P., Chevallier, P., 2002.** Determination of ironmaking processes using synchrotron microprobe, *British Archaeological Reports International Series*, 1043, p. 327-334.

**Dillmann, P., L'héritier, M., 2007.** Slag inclusion analyses for studying ferrous alloys employed in French medieval buildings: supply of materials and diffusion of smelting processes, *Journal of Archaeological Science*, 34, p. 1810-1823.

**Dillmann, P., Perez, L., Verna, C. (éd.), 2011.** *L'acier en Europe avant Bessemer*, Méridiennes, Toulouse, 529 p.

**Dillmann, Ph., 2006.** *Étude des alliages ferreux anciens: élaboration, utilisation, altération. Apport des techniques microfaisceaux.* Habilitation à diriger des recherches. HDR délivrée par l'Université de Technologie de Compiègne.

**Dillmann, Ph., 2009.** Pour une expérimentation archéométrique. Réflexions sur une approche spécifique de la reconstitution de la chaîne opératoire du fer. *Nouvelles de l'Archéologie*, 116. Archéologie expérimentale du bas fourneau, p 8-12.

**Dillmann, Ph., L'Héritier, M., 2007.** Slag inclusion analyses for studying ferrous alloys employed in French medieval buildings: supply of materials and diffusion of smelting processes. *Journal of Archaeological Science*. 34, (11), p. 1810-1823.

**Doridot, A., Robbiola, L., Téreygeol, F., 2006.** Production expérimentale de laiton par cémentation en creuset ouvert, avec du minerai de zinc, selon des recettes médiévales et modernes, *Archéosciences Revue d'Archéométrie*, n° 30, p. 15-24.

**Drayman-Weisser, T., (éd.), 2000.** *Gilded Metals: History, Technology and Conservation*, Archetype Publications, Londres.

**Dumas, J.-B., 1833.** *Traité de chimie appliquée aux arts*, Béchet (éd.), Paris.

**Dungworth, D., 1996.** Caley's "zinc decline" reconsidered. *The Numismatic Chronicle*, 156, p. 228-234.

**Dungworth, D., Nicholas, M., 2004.** Caldarium? An antimony bronze used for medieval and post-medieval cast domestic vessels, *Historical Metallurgy*, 38(1), p. 24-34.

**Dunikowski, C., Cabboi, S., 1995.** *La sidérurgie chez les Sénons: les ateliers celtiques et gallo-romains des Clerimois (Yonne)*, Documents d'Archéologie Française, 51.

**Durand-Charre, M., 2003.** *La microstructure des aciers et des fontes*, Sirpe, Paris.

**Elayi, J., Elayi, A.G., 1995.** Un moule monétaire de l'époque d'Alexandre Jannée. *Bulletin de la Société française de numismatique*, p. 1084-1088.

**Eluère, Ch., 1990.** *Les secrets de l'or antique*, La Bibliothèque des Arts, Paris.

**Engel, A., Serrure, R., 1891.** *Traité de numismatique du Moyen-Age*, chap. V, p. XILX [*i.e.* IL]-LIII. Ernest Leroux, Paris.

**Ercker, L., 1574.** *Beschreibung Allerfurnemisten Mineralischen Ertzt unnd Bergkwercks arten.* (Praha). Éd. Sisco, A. G. et Smith, C. S., 1951. *Lazarus Ercker's treatise on ores and assaying.* The University of Chicago Press, Chicago, 360 p.

**Estienne H., 1579.** *Project du livre intitulé "de la precellence du langage François"*, Mamert Patisson, Paris, p. 105-110.

**Etienne, R., M., Rachet, 1984.** *Le trésor de Garonne - Essai sur la circulation monétaire en Aquitaine à la fin du règne d'Antonin le Pieux (159-161).* Fédération historique du Sud-ouest, Bordeaux.

**Faucher, Th., 2006.** *L'atelier monétaire d'Alexandrie sous les lagides: problèmes techniques et stylistiques*, Thèse de doctorat, Université Paris IV, France.

**Faucher, Th., 2011.** Productivité des coins et taux de survie du monnayage grec. *In* F. de Callataÿ, *Quantifying monetary supplies in Greco-Roman times (Rome, Academia belgica – September 29th and 30th, 2008.* Bari, p. 113-126.

**Faucher, Th., Shahin, M., 2006.** Le trésor de Gézéïr (lac Mariout, Alexandrie), *Revue Numismatique*, p. 159-180.

**Faucher, Th., Téreygeol, F., Brousseau, L., Arles, A., 2009.** À la recherche des ateliers monétaires grecs: l'apport de l'expérimentation, *Revue Numismatique*, p. 43-80.

**Gauthier, J. et Fluck, P., à paraître.** Assaying ores at Sainte-Marie-aux-Mines (Alsace, France) in the 16th century: diffusion and role of a technical innovation. *In* S. Jihlava, The town of silver 2010, International Conference on history of mining and mining works, 2010, October 6-9, Institut d'archaéologie et de muséologie, Université de Masaryk.

**Gauthier, J., 2007a.** L'essai des minerais avant le XVIIe siècle : l'exemple des minerais d'argent. Approches historique et archéologique. Mémoire de master II, Université Paris I, France.

**Gauthier, J., 2007b.** L'essai des minerais au XVIe siècle : l'exemple des minerais d'argent dans le livre VII du *De Re Metallica* de Georgius Agricola. *In* Ph. Andrieux (dir.). Projet Agricola. Quand l'Europe inventait les machines. Actes du colloque d'Annaberg-Buccholz, Conseil Général du Val-de-Marne, Créteil, p. 369-387.

**Gauthier, J., 2009.** Les techniques d'essai des minerais par la voie sèche. *In* Fl. Téreygeol (dir.). *Programme Collectif de Recherche "Paléométallurgies et expérimentations". Recherches sur les chaînes de production des métaux aux périodes anciennes, 2007-2009. Rapport d'expérimentations archéologiques*, p. 50-62.

**Godet, E., 1986.** Bilan de recherches récentes en numismatique axoumite, *Revue Numismatique*, 6e série, XXVIII, p. 174-209.

**Godet, E., 2003.** Le monnayage de l'Éthiopie ancienne, Thèse de doctorat, Université de Paris I Sorbonne, France.

**Gratuze, B., Blet-Lemarquand, M., Barrandon, J.-N., 2001.** Mass spectrometry with laser sampling : a new tool to characterize archaeological materials. *Journal of Radioanalytical and Nuclear Chemistry*, 247, p. 645-656.

**Guillot, I., Benoit, P., 1994.** L'extraction de l'argent des minerais de cuivre au XVIe siècle : le livre XI du *De Re Metallica* d'Agricola. *In* P. Benoit, A. Bideau (dir.), *Mines et Métallurgie*, coll. *Les chemins de la recherche, 1994, 21,* Programme Rhône-Alpes Recherches en Sciences humaines, Lyon, p. 107-133.

**Guirado, M.-P., Téreygeol, F., 2011.** La casse d'un four d'affinage, dans Téreygeol F. et Mille P., ed., *L'atelier monétaire royal de La Rochelle, La place de Verdun, archéologie d'un espace urbain*, coll. *Documents archéologiques*, n° 4, Rennes, Presses universitaires de Rennes, p. 99-101.

**Hagemann, R., Treuil, M., 1998.** *Introduction à la géochimie et ses applications.* Vol. 1. Ed. CEA.

**Hahn, W., 2000.** Aksumite numismatics, A critical survey of recent research, *Revue Numismatique*, 155, p. 281-311.

**Hahn, W., 2002.** Die Teilvergoldung auf axumitischen Münzen, Metallurgische und ikonographische Aspekte eines münzgeschichtlichen Phänomens, *Money Trend*, 3, p. 124-127.

**Halleux, R., 1986.** L'alchimiste et l'essayeur. *In* C. Meinel (éd.), *Die Alchemie in der europäischen Kultur- und Wissenschaftsgeschichte.* Éd. O. Harrassowitz, Wolfenbütteler Forschungen, 32, Wiesbaden, p. 277-291.

**Halleux, R., 2002.** *Les alchimistes grecs. Tome I. Papyrus de Leyde. Papyrus de Stockholm. Recettes*, [texte établi et traduit par], Les Belles-Lettres, Paris.

**Im, J., Morita, K., Sano, N., 1996.** Phosphorus distribution between CaO-SiO2-FeO slags and carbon-saturated iron at 1573 K, *Iron and Steel Institute of Japan International*, 36, p. 517-521.

**Kalligas, P. G., 1997.** A Bronze Die from Sounion, *In* K.A. Sheedy, Ph. Papageorgiadou-Banis, *Numismatic Archaeology. Archaeological Numismatics. Proceedings of an International Conference held to honor Dr. Mando Oeconomides in Athens 1995*, Oxbow, Oxford, p. 143.

**Karsten, K. J. B., 1831.** *System der Metallurgie*, G. Reimer, Berlin.

**Kloner, A., 1976.** Flan Mould from Khirbet Rafi. *Atiqot*: p. 112-113 et pl. XXXII.

**Kockelmann W., Chapon L.C., Radaelli P.G., 2006b**. Neutron texture analysis on GEM at ISIS. *Physica B*, 385-386, p. 639-643.

**Kockelmann W., Kirfel A., 2004.** Neutron diffraction studies of archaeological objects on ROTAX. *Physica B*, 350, p. e581-e585.

**Kockelmann W., Siano S., Bartoli L., Visser D., Hallebeek P., Traum R., Linke R., Schreiner M., Kirfel A., 2006a.** Applications of TOF neutron diffraction in archaeometry. *Appl. Phys. A*, 83, p. 175-182.

**L'Héritier, M., Téreygeol F., 2010.** From copper to silver. Understanding *saigerprozess* through experimental liquation and drying. *Historical Metallurgy*, 44(2), p. 136-152.

**Lautier C., Sandron D., 2008.** *Antoine de Pise, l'art du vitrail vers 1400*, éd. CTHS.

**Le Coze, J., 2008.** Histoires de fontes. Les descriptions du XVIIIe siècle. Partie II : Sur les diverses conceptions de l'affinage des fontes au bas foyer, *Comptes Rendus Chimie*, 11, p. 1584-1603.

**Le Gentilhomme P., 1946.** Procès-verbaux de la SFN. *Revue Numismatique,* II-VIII.

**Le Rider G., Olcay N., 1988.** Un trésor de tétradrachmes d'Alexandre trouvé à Akçakale en 1958. *Revue numismatique*, p. 42-54.

**Lechevallier, G., Dillmann, P., Benoit, P., Fluzin, P., 2000.** L'affinage wallon des fontes phosphoreuses, approche expérimentale et historique. *In* Y. Petrequin, P. Fluzin, J. Thiriot, P. Benoit (dir.), Arts du feu et production artisanale-XXe Rencontres d'Archéologie et d'Histoire d'Antibes, APDCA, Antibes, p. 171-182.

**Leever S., Visser D., Kockelmann W., Dik J., 2006.** An archaeometallurgical study of two harquebusier breastplates using time-of-flight neutron diffraction. *Physica B*, 385-386, p. 542–544.

**Leroy, M. *et al*, 2000.** La restitution des savoir-faire pour comprendre un procédé technique : l'apport de l'expérimentation en archéologie du fer. *In Actes des Rencontres Internationales d'Archéologie et d'Histoire d'Antibes*, Antibes, 1999, Ed. APDCA, Antibes, p. 37-53.

**Leroy, S., 2010.** *Circulation au Moyen Âge des matériaux ferreux issus des Pyrénées ariégeoises et de la Lombardie. Apport du couplage des analyses en éléments traces et multivariées.* Thèse de doctorat, Université Technologique de Belfort Montbéliard, France.

**Leroy, S., Simon, R., Bertrand, L., Williams, A., Foy, E., Dillmann, Ph., 2011.** First examination of slag inclusions in medieval armours by confocal SR-µ-XRF and LA-ICP-MS. *Journal of Analytical Atomic Spectrometry*, 26, (5), p. 1078-1087.

**Lide D. R., ed., 1991.** *CRC handbook of chemistry and physics*, 72ème ed., Boston, USA, CRC Press, 2624 p.

**Lins, P. A., Oddy, W.A., 1975.** The origins of mercury gilding, *Journal of Archaeological Science*, 2, 4, p. 365-373.

**Lins, P. A., 2000.** Gilding techniques of the Renaissance and after. *In* T. Drayman-Weisser (*éd*). *Gilded Metals : History, Technology and conservation*, Archetype Publications, Londres, p. 241-265.

**Mackenzie, R.J., Whiteman, J.A., 2006.** Why pay more? An archaeometallurgical investigation 19th-century Swedish wrought iron and Sheffield blister steel, *Historical Metallurgy*, 40, p. 138-149.

**Malkmus, W., 1991.** Addenda to Vermeule's Catalog of Ancient Coin Dies: Part III, *Society for Ancient Numismatics,* Vol. XVIII, n° 2, p. 40-49.

**Mangin, M. (dir), 2004.** *Le fer*, Errance, Paris.

**Martinelli, B., 2000.** Le choix de la combustion lente. Mutation technique et mutation sociale au Yatenga, Burkina Faso. dans les *Actes des Rencontres Internationales d'Archéologie et d'Histoire d'Antibes*, Antibes, 2000, p. 37-53.

**Martinón-Torres, M., Rehren, Th., 2005.** Alchemy, chemistry and metallurgy in Renaissance Europe: a wider context for fire-assay remains. *Historical Metallurgy*, 39, part 1, p. 14-28.

**Massalski, T., 1986.** Binary Alloy Phase Diagrams, edit ASM, Vol. 1, p. 944-946 p.

**Mattingly, H., 1965.** *Coins of the Roman Empire in the British museum, volume I, Augustus to Vitellius.* The trustees of the british museum, Londres.

**Meshorer, Y., 1982.** *Ancient Jewish Coinage. I, Persian Period through Hasmonaeans.* Amphora Books, New York.

**Mille, P., Téreygeol, F., (dir.), 2011.** *L'Atelier monétaire royal de La Rochelle, La place de Verdun, archéologie d'un espace urbain*, coll. *Documents archéologiques*, n° 4, Rennes, Presses universitaires de Rennes, 237 p.

**Miquel, J., Pujol, J., Simonin, M., 2002.** Un atelier de faux-monnayeur à la tour du Viala-du-pas-de-Jaux, *Vivre en Rouergue Cahier d'archéologie aveyronnaise*, vol. 16, p. 187-195.

**Molenda, D., 1985.** Le plomb dans le bâtiment en Pologne au Moyen Âge et au XVIe siècle. *In* O. Chapelot, P. Benoit (éd.), *Pierre et métal dans le bâtiment au Moyen* Âge, Éditions de l'EHESS, Paris, p. 319-329.

**Nicolaou, K., 1972.** Découverte d'un Hôtel de Monnaies de l'époque ptolémaïque à Paphos (Chypre). *Bulletin de la Société française de numismatique*, p. 310-315.

**Northover, P., Anheuser, K., 2000.** Gilding in Britain: Celtic, Roman and Saxon. *In* T. Drayman-Weisser (*éd*). *Gilded Metals: History, Technology and conservation*, Archetype Publications, Londres, p. 109-121.

**Oddy, W.A., 1988.** The gilding of Roman silver plate. *In* F. Baratte (éd.). *Argenterie romaine et byzantine.* De Boccard, Paris, p. 9-25.

**Oddy, W.A., 2000.** A History of Gilding with Particular Reference to Statuary. *In* T. Drayman-Weisser (*éd*). *Gilded Metals: History, Technology and conservation*, Archetype Publications, Londres, p. 1-19.

**Oddy, W.A., Cowell, M.R., 1993.** The technology of Gilded Coin Forgeries. *In* M.M. Archibald et M.R Cowell (éds). *Metallurgy in Numismatics*, Royal Numismatic Society, Special Publication, 24, Londres, p. 199-226.

**Anonyme, 1423.** *Ordonnance portant règlement pour les fonctions des officiers des Monnoyes et justiciables d'icelles*, Trésor des chartes, ms. 4° 18, f° 188v°-196r°: Des ouvriers et monnoyers, n. p.

**Orléan, A., 2006.** Monnaie. *In* S. Mesure et P. Savidan (dir.). *Dictionnaire des sciences humaines.* Presses Universitaires de France, Paris.

**Osten, S. von, 1998.** *Das Alchemistenlaboratorium von Oberstockstall: ein Fundkomplex des 16. Jahrhunderts aus Niederösterreich.* Universitätverlag Wagner, Monographien zur Frühgeschichte und Mittelalterarchäologie, 6, Innsbrück.

**Pantheus, J.A., 1550.** *Voarchadumia contra alchimiam, ars distincta ab archimia et sophia, cum additionibus, proportionibus, numeris et figuris opportunis Joannis Augustini Panthei, veneti sacerdotis*, V. Gaultherot, Parisiis.

**Pantos, E., Kockelmann, W., Chapon, L.C., Lutterotti, L., Bennet, S.L., Tobin, M.J., Mosselmans, J.F.W., Pradell, T., Salvado, N., Buti, S., Garner, R., Prag, A.J.N.W., 2005.** Neutron and X-ray characterisation of the metallurgical properties of a 7th century BC Corinthian-type bronze helmet. *Nucl. Instrum. Meth. B*, 239, p. 16-26.

**Percy, J., 1870.** *The metallurgy of lead, including desilverisartion and cupellation*, éditions John Murray, Londres.

**Percy, J., 1880.** Metallurgy: *the art of extracting metals from their ores. Silver and gold – part 1*, éditions John Murray, Londres.

**Pernot, M., 1999.** L'artisanat, *In* P. Chardron-Picault, M. Pernot, *L'artisanat. Un quartier antique d'artisanat métallurgique à Autun (Saône-et-Loire). Le site du Lycée militaire.* Documents d'archéologie française, 76, Éditions de la Maison des sciences de l'homme, Paris, p. 153-189.

**Peyrat, F., 2009.** L'emploi des terres pour la construction des bas fourneaux, le cas particulier de Forges-les-Eaux, *Les Nouvelles de l'archéologie*, 116, p. 23-28.

**Philibert, J., Vignes, A., Brechet, Y., Combrade, P., 1998.** *Métallurgie du minerai au matériau*, Masson, Paris.

**Piaskowsky, J., 1989.** Phosphorous in iron ore and slag and in bloomery iron, *Archaeomaterials*, 3, p. 47-59.

**Picard, O., 2001.** La découverte des gisements du Laurion et les débuts de la chouette. *Revue Belge de Numismatique*, p. 1-10.

**Pilon, F., 2003.** Un fait unique en Gaule romaine: la découverte de moules à flans monétaires en pierre calcaire. *Schweizerische Numismatische Rundschau*, 82, p. 37-60, pl. III-V.

**Pilon, F., 2004.** La fabrication de monnaies d'imitation à Châteaubleau (Seine-et-Marne, France) au IIIe s. après J.-C. *In* A.-F. Auberson, H. R. Derschka, S. Frey-Kupper (éds), *Faux – contrefaçons – imitations. Actes du quatrième colloque international du Groupe suisse pour l'étude des trouvailles monétaires (Martigny, 1er-2 mars 2002)*, Éditions du Zèbre, Prahins, p. 43-53.

**Ploquin, A., 1994.** L'analyse chimique en paléosidérurgie. *In* M., Mangin (ed.). La sidérurgie ancienne de l'est de la France dans son contexte européen: archéologie et archéométrie. Actes du colloque de Besançon, 10-13 novembre 1993. Les Belles Lettres, Paris, p. 16-23.

**Poirier, J., 1983.** *Contribution à l'analyse de l'or antique. Application aux monnayages du monde méditerranéen du IIe au XIVe siècle*, Thèse de doctorat de Sciences Physiques de l'Université d'Orléans, Orléans, 206 p.

**Rancoule, G., Nouvian, S., Soulères, R., 1974.** La grotte nord de Lauradieu (commune d'Auriac, Aude), "Un atelier de faux monnayeur du XVe siècle", *Bulletin de la Société d'Études Scientifiques de l'Aude*, vol. 74, p. 171-176.

**Raub, C., 1993.** How to coat objects with gold- Pliny, Leyden Papyrus X, Mappae Clavicula and Theophilus seen with a modern chemist's eyes. *In* Ch. Eluère (éd.). *Outils et ateliers d'orfèvres des temps anciens.* Société des amis du Musée des antiquités nationales et du château de Saint-Germain-en-Laye, Antiquités Nationales, Mémoire 2, St. Germain-en-Laye, p. 101-110.

**Rehren, T., Prange, M., 1998.** Lead metal and patina: a comparison, *Der Anschnitt*, Beiheft 8, p. 183-196.

**Roseleur, A., 1873.** *Guide pratique du doreur, de l'argenteur et du galvanoplaste*, De Plazanet, Paris.

**Russo, F., Russo, G., 1989.** Sugli intarsi in oro nella monetazione aksumita, *Bolletino di Numismatica*, 13, p. 144-160.

**Sarah, G., Gratuze, B., Barrandon, J.-N., 2007.** Application of laser ablation inductively coupled plasma mass spectrometry (LA-ICP-MS) for the investigation of ancient silver coins, *Journal of Analytical* Atomic *Spectrometry*, 22, p. 1163-1167.

**Schlüter, Chr. A., 1750.** *De la fonte des mines, des fonderies & c., 1, Essais des mines et des métaux.* Traduit de l'allemand par Koenig, J. Hellot (éd.), Ed. Chez la veuve Pissot, J.-Th. Herissant, Pissot fils, Paris.

**Schnabel, C., 1898.** Translated by H. Louis (1916), *Handbook of metallurgy, Volume I. Copper, lead, silver, gold*, Macmillan and co, Londres.

**Sellwood, D., 1993.** Early Austrian and German machine minting, dans Archibald M. M., Cowell M. R., eds., *Metallurgy in numismatics,* Londres, Angleterre, Royal numismatic society, 1993, t. 3, p. 108-117.

**Sellwood, D. G., 1963.** Some experiments in Greek minting techniques. *Numismatic Chronicle*, p. 217-231.

**Sellwood, D. G., 1980.** Technique de la frappe monétaire dans l'Antiquité grecque. *Bulletin de la Société française de numismatique*, p. 767-769.

**Serneels, V. 2002.** Analyse chimique des matières premières et des produits de l'opération de réduction dans le four basque d'Agorregi, *La ferreria y los molinos de Agorregi Aia, Gipuzkoa, Arkeolan.* Editor. Diputacion Foral de Gipuzkoa – European comunity, San Sebastian, p. 93-121.

**Serneels, V., 1993.** *Archéométrie des scories de fer, recherche sur la sidérurgie ancienne en Suisse occidentale*, Thèse de doctorat, Université de Lausanne, Suisse.

**Siano, S., Bartoli, L., Kockelmann, W., Zoppi, M., Miccio, M., 2004.** "Neutron metallography" of archaeological bronze. *Physica B*, 350, p. 123-126.

**Stannard, C., à paraître.** Weight adjustment al marco in Antiquity, and the Athenian decadrachm. *In Proceedings of the XIV International Numismatic Congress (Glasgow 31 August - 4 September 2009).*

**Steinberg, M., Treuil, M., Touray, J. C., 1979.** *Géochimie: principes et méthodes, II, Cristallochimie et éléments traces.* Dolin, Paris.

**Stewart, J.W., Charles, J.A., Wallach, E.R., 2001.** Iron-Phosphorus-Carbon system part III - Metallography of low carbon iron - phosphorus alloys, *Materials science and technology*, 16, p. 291-303.

**Suhling, L., 1976.** *Der Saïgerhüttenprozess, die Technologie des Kupferseigerns nach dem frühen metalurgischen Schriftum*, Stuttgart.

**Suhonen, M., 1998.** A lead-bronze ingot from Mulli at Ihala in Raisio, *Fennoscandia,* 15, p. 71-75.

**Téreygeol, F., 1998.** Les mines de Melle (Deux-Sèvres): une expérimentation d'attaque au feu *in situ* dans *L'innovation technique au Moyen Âge, Actes du Congrès de la Société d'Archéologie Médiévale*, Dijon, p. 111-113.

**Téreygeol, F., 2000.** L'abattage au feu : étude des variations de température et de la nature des roches lors d'une attaque au feu, dans les *Actes des Rencontres Internationales d'Archéologie et d'Histoire d'Antibes*, Antibes, p. 531-544.

**Téreygeol, F., 2001.** *Les mines d'argent carolingiennes de Melle,* Thèse d'archéologie de l'Université Paris 1.

**Téreygeol, F., 2004.** *Melle. Recherches sur la production de l'argent à l'époque carolingienne.* Rapport d'opérations archéologiques, Document final de synthèse, SRA Poitou-Charentes, p. 41-58.

**Téreygeol, F., Thomas N., 2003.** La coupellation des alliages cuivre-argent : Approches expérimentales de l'essai d'argent par voie sèche, dans la revue *Archéomètrie*, n° 27, p. 171-181.

**Téreygeol, F., Arles, A., Vivier, M.-C., 2007.** *Grotte de La Catette (11), Recherches sur l'atelier de faux-monnayeur, Document final de synthèse*, SRA Languedoc-Roussillon, 61 p.

**Téreygeol, F., Happ, J., 2000.** La production d'argent à Melle au Moyen Âge, du minerai au métal : approche expérimentale, dans les *Actes des Rencontres Internationales d'Archéologie et d'Histoire d'Antibes*, Antibes, 2000, p. 189-204.

**Téreygeol, F., Cruz, P., sous presse.** The silver mine of Potosi : the technology center of power struggles between Inca and Spanish, *Der Anschnitt.*

**Texier, A., Zymla, A., 2008.** L'alliage du cuivre et du plomb pour fabriquer les moules à plombs, *Antoine de Pise, l'art du vitrail vers 1400*, éd. CTHS, 2008, p. 179-187.

**Timbert, A. (dir.), 2009.** *L'homme et la matière. L'emploi du plomb et du fer dans l'architecture gothique*, Picard, Paris.

**Truffaut, E., 1994.** Contribution du manganèse au développement historique sidérurgie : aspects techniques. *La Revue de Métallurgie-CIT*, p. 1703-1719.

**Tylecote, J. N., 1971.** The mechanisme of the bloomery process in shaft furnace. *Journal of the Iron and Steel Institute*, p. 342-363.

**Tylecote, R.F., 1962.** *Metallurgy in archaeology : a prehistory of metallurgy in the British Isles.* Arnold, London.

**Tylecote, R.F., 1992.** *A history of metallurgy*, Institute of Materials, London.

**Vaissière, P. de, 1892.** *La découverte à Augsbourg des instruments mécaniques du monnayage moderne et leur importation en France en 1550 d'après les dépêches de Charles de Marcillac, Ambassadeur de France.* Imprimerie Ricard frères, Montpellier.

**Vega, E., Dillmann, P., Fluzin, P., 2002.** Contribution à l'étude du fer phosphoreux en sidérurgie ancienne, *La Revue d'Archéométrie*, 26, p. 197-208.

**Wagner, A.G., Weisgerber, G., 1985.** Silber, Blei und Gold auf Sifnos, prähistorische und antike Metallproduktion, *Der Anschnitt,* Beiheft 3.

**Wailly, N. D.,** *Mémoire sur les variations de la livre tournois depuis le règne de Saint Louis jusqu'à l'établissement de la monnaie décimale,* Paris, Imprimerie Impériale, 1857, 251 p.

**Weber, J.-P., 1997.** *Marsolle : un complexe sidérurgique du* XVIe *siècle en Terre de Mirwart*, Maison et ville d'édition.

**Williams, A., 2003.** *Biringuccio and the metallurgy of italian armour, Archaeometallurgy in Europe*, AIM, Milan, p. 143-151.

**Wyttenbach, A., Schubinger, P. A., 1973.** Trace element content of roman lead by neutron activation analysis, *Archaeometry*, 15, p.199-207.

**Xie, Y., Lutterotti, L., Wenk, H.R., Kovacs, F., 2004.** Texture analysis of ancient coins with TOF neutron diffraction. *J. Mater. Sc.*, 39, p. 3329-3337.

**Zehnacker, H., 1983.** *Pline l'Ancien, Histoire naturelle, Livre XXXIII*, [texte établi, traduit et commenté par], Les Belles-Lettres, Paris.

**Ziegaus, B., 2009.** Ein keltischer Regenbogenschüsselchen-Münzstempel aus dem Berchtesgadener Land (Oberbayern). *In* van Heesch, Johan, ed., Heeren, Inge, ed., *Coinage in the Iron Age: essays in honour of Simone Scheers*, Londres, p. 421-439.